東北文化叢書

总主编　邵汉明 刘信君

东北服饰文化

曾慧　著

社会科学文献出版社
SOCIAL SCIENCES ACADEMIC PRESS (CHINA)

《东北文化丛书》编委会

关于边疆民族文化特色化发展的思考

——《东北文化丛书》序

马大正

吉林省哲学社会科学基金重大委托项目《东北文化丛书》皇皇十二卷，付梓在即，丛书总主编之一邵汉明院长嘱我书序。想到吉林省社会科学院多年来对我研究工作的支持，汉明院长也是与我相知多年的研友，因此为丛书出版盛事写几句感悟也在情理之中。思之再三，斗胆妄论陋见如下。

文化是民族的血脉，是人民的精神家园。文化价值集中表现在民族素质的形成和国家形象的塑造上。文化具有超越时空的稳定性和极强的凝聚力，一个民族的文化模式一旦形成，必然会持久地影响社会成员的思想和行为。在人类历史发展进程中，同一民族通常具有共同的精神信仰、价值取向、心理特征和行为模式。人们正是通过这种共同的文化，获得了认同感和归属感。因此，文化始终是维系社会秩序的精神"黏合剂"，是培育社会成员国家统一意识的深层基础。国家统一固然取决于强大的政治、经济、军事实力，但文化却是物质力量无法替代的"软实力"，是一种更为基础性、稳定性、深层次的战略要素。

中华文化因环境多样性而呈现丰富多元状态。自春秋至战国，各具特色的区域文化已经大体形成。秦汉以后，华夏族群继续与周边民族文化交往、交流、交融，经唐、宋、元、明、清历代发展，终于奠定中国辽阔领土，为中华民族及其文化的繁衍生息提供了广阔天地。历史上，在中原和周边多种经济文化之间，不断通过迁徙、聚合、战争、和亲、互市等进行经济文化互补和民族融合。不同类型经济文化的交流、交往、交融，最终形成气象恢宏的中华文化。由于地理差异和区域经济文化发展不平衡，中华文化内部呈现南北、东西差异。在中国五千多年文明发展史上，中华各族共同创造了悠久的中国历史和灿烂的中华文化。秦汉雄风、盛唐气象、康乾盛世，是各民族共同铸就的辉煌。多民族文化是中国的一大特色，也是中国发展的一个重要动力。

在当前文化大发展大繁荣的形势下，边疆民族文化的特色化发展面临极好的机遇，也面临形色各异的挑战。为抓住机遇，应对挑战，我认为正确处理好如下三个辩证关系，对边疆民族文化的特色发展极为必要。

1. 正确处理整体与局部的关系

我们这里讲的整体，首先是指由统一多民族的中国和多元一体的中华民族所创造的中华文化，也就是说中华文化是由 56 个民族共同创造的；其次是指构筑在中国文化版图上的各个地域文化共同组成了中华文化这一个文化共同体的概念和实体。相对于上述中华文化的整体和全局，边疆民族文化则是一个局部。今天中华人民共和国各民族文化和各地域文化，包括边疆民族文化，都是中华文化的有机组成部分。各民族文化和各地域文化，包括边疆民族文化，在长期历史发展过程中，互相学习、互相交流、互相促进、互相补充，造就了中华文化源远流长、博大精深、多姿多彩的宏大气象，显示了中华文化多样性、包容性、互补性和创新性的特色。

作为中华文化重要组成部分的边疆民族文化，除了上述多样性、包容性、互补性和创新性特色外，还具有鲜明的地域性和鲜活的民族性。边疆民族文化的存在和补充，使中华文化出现争奇斗艳、绵绵不绝的奇观，让每一位中华儿女增添了无限的文化自信和文化豪情。

如果在现实生活中忘却整体，或将整体和局部倒置，必然造成将因存在地域性和民族性而产生的差异性置于中华文化主体之上。若如此，在政治上是有害的，对文化发展本身也是无益的。

2. 正确处理传承与创新的关系

生活在边疆地区的诸多民族，在长期的历史发展进程中形成了自身的文化传统、文化特色。对此，今人面临如何传承和如何创新的任务。所谓传承，即继承和发扬边疆民族文化的优良传统。所谓创新，一是对传统文化不能墨守成规，要与时俱进；二是对传统文化的糟粕要摈弃、要改造。须知尊重文化传统的最高境界，是使文化传统有活力、不断创新。

在创新时，要注意如下两个问题。其一，对任何文化，包括边疆民族文化的价值不能只说好，而要指出其不足。对民族文化价值的讨论也是这样。美国著名学者塞缪尔·亨廷顿曾说："尽管种族主义和种族歧视的一些现象继续存在，但在半个世纪后，再利用种族主义和种族歧视来解释黑人的成就不足，已经说不过去了。"其二，对边疆民族文化的改进与创新，必须依靠本民族群体的共同努力，自下而上地有序推进，切忌迷信行政权力的强制推行和非本民族力量的介入，若此，效果必然适得其反，甚至出现强烈反弹。当然国家的指导、相关政策的引导和现代文化的引领是必不可少的，是十分重要的。

3. 正确处理文化认同与国家认同的关系

文化认同是国家认同的基础，文化认同对维护国家统一具有以下几个特殊功能。

一是标识民族特性，塑造认同心理。文化是一个民族和国家区别于其他民族和国家的基本特质和身份象征。在一定民族地域内形成和发展起来的共同文化传统，塑造了该民族成员的共同个性、行为模式、心理倾向和精神结构，并表现为一定的民族心理或我们通常所说的国民性。中华文化是中华民族身份认同的基本依据，"崇尚统一"是这个文化价值体系中最显著的特征之一。数千年来，国家统一一直被视为国家的最高政治目标和民族的最高利益，一切政治活动通常都以国家统一作为核心价值和行为准则。这种民族心理沉积于中国社会和价值系统的最深处，主导着中国的政治法律制度、经济生活方式和主流价值观念。中国历史上虽然有分有合，但不论是割据时期还是统一时期，中华民族都有一个共同的思想意识，这就是国家统一的意识。中华文化这种强烈的国家认同意识，为遏制割据倾向、凝聚统一意志、消除政治歧见提供了最坚固的精神堤防。

二是规范社会行为，培育统一意识。在社会通行的准则规范和行为模式中，通常总是潜隐着一整套价值观念体系，这一系统始终居于民族文化体系的核心部位，自觉或不自觉地支配着人们的思想和行为。每个民族成员都生活在特定的文化背景之中，世代相传地承受着同一文化传统，个人的价值观念就是在这种文化传统的耳濡目染中构建起来的。不仅如此，人们在文化的内化过程中，还会把民族共同的价值观转化为自己的内在信念，从而在特定的民族文化传统中获得认同感和依赖感。“大一统”是中华文化的主流意识之一，是中华民族世代相承的基本社会理念和普遍的价值取向。正是这种追求统一的价值取向，使中华民族的文化认同始终如一，从未出现过文明断层的历史悲剧。在中国历史进程中，统一的文化理念主导着统一的实践，“大一统”的政治实践反过来又强化着人们追求统一的信念。因此，历代统治者无不高度重视“大一统”政治秩序的巩固与维护，无不致力于探索天下分合聚散的规律与对策。在这种文化背景下，军事战略最重要的价值取向就是维护国家安全统一，文化认同不仅为维护国家安全统一提供了强有力的精神支撑，而且为军事等物质力量发挥作用奠定了坚实平台。

三是凝聚民族精神，强化统一意志。中华文化的价值意识具有强烈的感情色彩，内聚性、亲和性和排异性的特征十分明显。这一特性决定了每当国家存亡、民族兴衰的关键时刻，民众都会激发出强大的国家意识和民族精神。“天下兴亡，匹夫有责”，这正是中华民族大多数成员所认同的道德规范。民族精神是民族文化的精华，也是国家认同心理的深层源泉。爱国主义就是这一精神的集中反映。中国历经治乱分合而始终以统一为主流，正是得益于以国家统一为核心价值追求的民族精神。数千年来，无论是庙堂之上的统治者，还是江湖山野间的老百姓，都普遍认为唯有实现“大一统”，国家才能获得最大的安全，民族才能得到应有的尊严，天下才可能实现长治久安。正因为如此，中国历史上虽然多次出现过割据局面，但是在古代典籍中几乎找不到任何一个主张割据分治的学派，反而都把“天下一统”作为政治斗争的原则与旨归。尤其是每次统一战争爆发之前，社会上总会出现一股势不可挡的统一潮流，每当国家遭受外敌入侵的时刻，社会内部总会产生一种捐弃前嫌、同仇敌忾的强大意志。中华文化所拥有的这种统一意志，为维护国家统一奠定了坚韧无比的精神国防。离开这种精神的支撑，政治、军事上的统一是难以持久的。

文化认同的上述功能，在由多民族构成的国家内显得异常重要。中国是一个多民族的大国，文化认同始终是政治家维护国家统一的战略主题。《周易》早就有“观乎人文，以化成天下”的认知，南朝萧统提出过“文化内辑，武功外悠”的治国方略，龚自珍发出了“灭人之国，必先去其史”的警告。所有这些都体现了中国政治注重“文化立国”的历史传统。正是这种将文化认同作为民族认同、国家认同和政治认同基础的价值取向，为中国数千年来的政治统一奠定了坚实的信念和基础。纵观历史，当统一形成共识然而阻力重重时，文化认同的力量更能显示出“硬实力”不可替代的特殊作用。可以说，文化认同就是政治，文化认同就是国防，政治上、军事上的统一只有有文化认同的基础，才能更加稳固与持久。归之为一就是文化认同是国家认同的基础，没有牢固的文化认同，国家认同便是脆弱的；只有将文化认同的基础工作做扎实，国家认同才能经得住风浪的考验。

无须讳言，在边疆地区，特别是在一些与中华文化存在较大差异的边疆民族文化地区，实际上存在着如下四个值得警示的倾向：第一，地缘政治方面带有孤悬外逸的特征；第二，社会历史方面带有离合漂动的特征；第三，现实发展方面带有积滞成疾的特征；第四，文化心理方面带有多重取向的特征。

一旦认识不正确，随之处理不当，这些倾向就将对国家的向心力、民族凝聚力产生消极影响。历史上是如此，现实生活中何尝不是如此！

国家、民族、文化是三个相互联系的领域，也是国家社会构成的三个基本层面。

国家的统一取决于国民的凝聚力、向心力，归根到底取决于国民对国家的“高度认同”；或者说，没有国民对国家的认同，就没有国家的统一，也就没有一个国家立足于世界的基础。国家的认同，从根本上体现在民族的认同上。这里的“民族”，不是单一族裔的“族群”，而是整合于一体的国家民族，在中国就是中华民族。中华民族的认同，归根到底是56个民族对中华文化的认同。从中国稳定社会主义建设大局和高度出发，还应包括全民对社会主义道路的高度认同。新疆维吾尔自治区提出“四个高度认同”，即统一多民族中国的高度认同、中华民族的高度认同、中国文化的高度认同、社会主义道路的高度认同，并开展“四个高度认同”思想工程是具有战略意义的。

回顾这些年我们走过的历程，如果说“三个离不开”活动致力于杂居一地的不同族群感情上的融合，如果说“五观”教育引导各族人民对民族大团结的理性认识，那么，这种感情和理性的升华经过“高度认同”思想工程，将最终导入更深层次即心理上的认同，使边疆各族人民正确认识民族和国家的关系，自觉维护国家最高利益，自觉维护祖国统一、民族团结和社会稳定，不断增加国家意识、法律意识和现代意识，尊重各民族的文化和风俗习惯，推动各民族和睦相处、和衷共济、和谐发展。

在任何国家，国家认同的建设都是一个长期艰苦的事业，中国也不例外。我们还是需要两方面的努力。一方面是体制上的。国家认同、国家制度的建设、国家制度与人民的相关性，这其中存在着很大关联。国家制度必须能够向人民提供各种形式的公共福利，使人民在感受到国家权力存在的同时，获取国家政权所带来的利益。同时，人民参与国家政权的机制也必须加紧建设。如果人民不能成为国家政权或者政治过程的有机部分，人民的国家认同感就会缺少机制的保障。另一方面就是“软件”建设，即国家认同建设。没有一种强有力的国家认同感，中国就很难崛起。

应当指出的是，国家认同建设与民族主义相关，但它并不等于狭隘的民族主义。狭隘的民族主义反而会阻碍中国真正崛起。中国是一个多民族国家，民族的融合是大趋势，容不得任何一个民族走狭隘民族主义路线。再者，在全球化的今天，各国的依赖性越来越强。狭隘的民族主义最终会是一条孤立路线，它已经被证明是失败的。

如何在推进全球化的同时避免狭隘的民族主义？如何在加紧民族国家建设的同时迎合全球化的大趋势？如何在强调人民参与政治的同时维持中央政府的权威？这是中国在走向现代化过程中，必须认真对待的问题。

《东北文化丛书》以东北农耕、渔猎、游牧、宗教、服饰、饮食、建筑、民俗、文学、流人、移民、域外文化诸题立卷，对独具地域特色与民族特色的东北地域文化，运用历史学、人类学、民族学、文化学、地理学等多学科的理论与研究方法，从源流、内涵到形成演变的历史过程，以及历史地位、社会价值，进行了全方位、多维度、深入系统的阐论，充分展现了东北地域文化在东北边疆，乃至东北亚历史发展进程中的作用，充分体现了东北地域文化之于中华文化的统一性和共同性，及其自身的多元性和独特性。

综观丛书各卷，其特色有如下五端。

一是体例上的正确选择。丛书选择了中国传统志书的体例，采用“横排竖写、事以类从”，“以时为经、以事为纬”的形式展开。从不同文化横向和纵向视角观察中，选择了横向的视角，即对每一选题分立若干子项目、子选题，每一个层面构成每一卷的章和节，坚持了传统志书的体例，避免写成不同类别的诸如东北宗教史、东北服饰史、东北移民史、东北流人史、专门文化等等，体现了主编的意图、丛书的特色。

二是宏观与微观的结合。宏观把握起到引领作用，通过微观叙论以印证。宏观是对各类别文化整体的把握和宏观的概括，同时又将整体的把握、宏观的概括和评议，建立在微观的论述、微观的阐释基础上，二者之间的关系是以宏观为统领，以微观阐释为重心。

三是共性与个性的结合。东北地域文化是东北多民族共同创造的，地域性和民族性既有交融，又有不同。研究东北地域文化，共性和个性问题不容回避。这里的所谓共性是指中华民族文化，所谓个性是指东北地域文化，包括东北各民族的民族文化。丛书在强化共性、同一性的阐论基础上，正确阐释个性的特色，做到了突出共性、阐释个性。

四是自然地理与人文历史的结合。“一方水土养一方人”，东北的黑土地养育了东北人。人文历史的演进、东北地域文化的形成和演变，离不开地理环境的因素，但东北地域文化的形成还是人的因素是第一位，精神文明的创造人的因素才是第一位的。这个主次关系必须把握好。

五是学术性与知识性相结合，以学术性为主。丛书立足学术，坚持学术性、知识性兼具的原则，并在大众化上颇下功力。丛书做到了叙事通畅，雅俗共赏，还根据各卷内容特色，将具有地域特色的服饰、饮食、建筑、民俗诸卷配发彩色图版，在图文并茂上做到精益求精。

拉杂写来，自感所言诸项仅仅是有感而发，错谬之处，还望专家和读者大众指正。

权充序，愧甚矣！

2018年2月25日　草成于北京自乐斋

总前言

广义的文化是人类在社会历史发展过程中所创造的物质财富和精神财富的总和。狭义的文化是在历史上一定的物质生产方式的基础上发生和发展的社会精神生活形式的总和，包括能够被传承的一个国家或民族的历史、地理、价值观念、思维方式、行为规范、文学艺术、生活方式、风土人情、传统习俗等，是人类之间进行交流的普遍认可的一种能够传承的意识形态。

地域文化是在一定自然地理范围内，经过长期历史过程形成的，为当地人民所熟知、所认同，带有地方文化符号特点的物质文化与非物质文化。其包括历史遗存、文化形态、生产生活方式、社会习俗等诸方面。地域文化首先在于它具有明显的地域性。由于地理环境不同、古代交通不便和行政区域的相对独立性，各地的文化形态具有各自不同的风格和特点，从而使中华民族的文化呈现丰富多彩的多样化。地域文化划分的标准具有多重性，如以地理相对方位为标准划分，则分为东方文化、西方文化、南方文化、北方文化、东北文化、西北文化等；如以地理环境特点为标准划分，则分为黄河文化、长江文化、珠江文化、松辽文化、运河文化、大陆文化、高原文化、草原文化、绿洲文化、岭南文化、海疆文化、长城文化、丝路文化、红山文化等；如以行政区划或古国疆域为标准划分，则分为齐鲁文化、中原文化、三秦文化、三晋文化、燕赵文化、关东文化、巴蜀文化、湖湘文化、荆楚文化、吴越文化、闽台文化、八桂文化、黔贵文化、青藏文化、西域文化、徽文化、赣文化等。正因为有丰富多彩、独具特色的地域文化，中华民族才拥有了光辉灿烂的优秀文化，从而屹于世界民族之林。

中国地域文化研究的历史非常悠久，特别是改革开放以来，随着地域史研究和文化研究热潮的兴起，地域文化的研究也逐渐展开。主要体现在以下三个方面。

一是成立了众多地域文化研究的专门机构。如燕赵文化研究中心（河北省社会科学院）、华夏文明研究中心（山西省委宣传部）、晋学研究中心（山西师范大学）、西北民族研究中心（陕西师范大学）、西北少数民族研究中心（兰州大学）、西夏学研究中心（宁夏大学）、草原文化研究所（内蒙古社会科学院）、草原文化遗产研究中心（内蒙古大学）、西域文化研究院（塔里木大学）、齐鲁文化研究院（山东师范大学）、河南省河洛文化研究中心（河南省社会科学院）、殷商文化研究所（郑州大学）、楚文化研究所（湖北省社会科学院）、荆楚文化研究中心（长江大学、荆州博物馆）、中国地域文化研究所（武汉大学）、湖湘文化研究中心（湖南省社会科学院）、湖南省湖湘文化研究基地（湖南大学岳麓书院）、徽学研究中心（安徽大学）、江淮文化研究所（合肥学院）、赣鄱文化研究所（江西省社会科学院）、赣学研究院（南昌大学）、江南文化研究中心（浙江师范大学）、浙江省越文化研究中心（绍兴文理学院）、岭南文化研究中心（华南师范大学）、巴蜀文化研究中心（四川师范大学）、中国藏学研究所（四川大学）、茶马古道文化研究所（云南大学）等。

二是开展了对各地域文化发展史和文化现象、文化特征的梳理工作，出版了一大批地域文化研究成果。出版的全国性地域文化丛书有：《中国地域文化丛书》24 卷（辽宁教育出版社，1995～1998），《中国地域文化大系》6 种（上海远东出版社，1998），《中华地域文化研究丛书》5 种

（学林出版社，1999），《中国地域文化通览》34卷（中华书局，2013），《客家区域文化丛书》12卷（广西师范大学出版社，2005），《中国北方地域文化》（吉林文史出版社，2014），《中国南方地域文化》（吉林文史出版社，2014），《中国海洋文化丛书》14卷（海洋出版社，2016）；出版的某一省市或某一地域文化丛书有：《浙江文化史话丛书》4种（宁波出版社，1999），《楚文化知识丛书》20种（湖北教育出版社，2001），《荆楚文化研究丛书》8种（湖北人民出版社，2003），《徽州文化全书》20卷（安徽人民出版社，2005），《巴蜀文化研究丛书》（巴蜀书社，2002），《齐文化丛书》22卷（齐鲁书社，1997），《魅力长治文化丛书》10卷（北京燕山出版社，2005），《东港文化丛书》6卷（中国文联出版社，2006），《山西历史文化丛书》20册（山西出版集团、山西人民出版社，2009），《中原文化记忆丛书》18卷（河南科学技术出版社，2011），《人文肇庆系列丛书》9册（广东旅游出版社，2012），《湖湘文库》702册（岳麓书社，2017），《沅陵历史文化丛书》10册（中国文史出版社，2014），《陕西历史文化遗产丛书》3册（陕西旅游出版社，2015），《邵阳文库》201种218册（首批41种）（光明日报出版社，2016），《代县人文丛书》4种16卷（三晋出版社，2016），《佛山历史文化丛书》第一辑10种（广东人民出版社，2016），《佛山历史文化丛书》第二辑10种（广东人民出版社，2017）。此外，《岭南文库》350种、《岭南文化知识书系》300种，《闽南文化研究丛书》14册、《闽南文化百科全书》14卷也在陆续出版。此外，还出版了数百种专著、专书。

三是创办了一批专门发表地域文化研究方面文章的刊物，发表了数以千计的学术论文。如《地域研究与开发》（河南省科学院地理研究所1982年创办）、《东南文化》（南京博物院1985年创办）、《西域研究》（新疆社会科学院1991年创办）、《中国文化研究》（教育部、北京语言文化大学1993年创办）、《中华文化论坛》（四川省社科院1994年创办）、《地方文化研究》（江西科技师范大学2013年创办）、《中原文化研究》

（河南省社科院2013年创办）、《地域文化研究》（吉林省社科院2017年创办）。此外，《社会科学战线》《学习与探索》《北方论丛》《边疆经济与文化》《学术月刊》《江海学刊》《江汉论坛》《广东社会科学》《福建论坛》《齐鲁学刊》《东岳论丛》等刊物也设有研究地域文化的专栏，发表了大量的学术论文。

就东北地区而言，成果亦十分丰硕，主要体现在三个方面。一是成立了地域文化研究方面的机构：东北文化研究院（吉林师范大学）、萨满文化与东北民族研究中心（长春师范大学）、东北建筑文化研究中心（吉林建筑大学）、萨满文化研究中心（长春大学）、满族语言文化研究中心（黑龙江大学）、东北历史文化研究中心（哈尔滨师范大学）、东北少数民族历史与文化研究中心（大连民族大学）等。这些研究机构，对于深入研究东北文化起到重要作用。二是出版了一批有关整个东北地域文化研究的丛书或专著。有关整个东北地域文化的代表作有：《东北各民族文化交流史》（春风文艺出版社，1992），《满族民俗文化论》（吉林人民出版社，1993），《关东文化》（辽宁教育出版社，1998），《东北文学文化新论》（吉林文史出版社，2000），《中国古代北方民族文化史》（黑龙江人民出版社，2001），《松辽文化》（内蒙古教育出版社，2006），《东北三省革命文化史》（黑龙江人民出版社，2003），《中国东北草原文化丛书》第一辑、第二辑（长春出版社，2015）等；分省、市文化丛书或专书的代表作有吉林省的《松原蒙满文化系列丛书》（吉林人民出版社，2011），《中国地域文化通览》吉林卷（中华书局，2013），《吉林文学通史》（吉林人民出版社，2013），《松原历史文化研究》（人民出版社，2013），《吉林历史与文化研究丛书》17卷（吉林人民出版社，2015～2017），《通化历史文化研究》（人民出版社，2018）。辽宁省的《中国地域文化通览》辽宁卷（中华书局，2013），《沈阳地域文化通览》（沈阳出版社，2013），《鞍山文化丛书》18册（春风文艺出版社，2015），《沈阳历史文化丛书》10册（沈阳出版社，2017）。黑龙江省的《中国地域文化通览》黑龙江卷（中华书局，2014），《黑龙江历史与文化研究》首批66种（黑龙江人民出版社，2015～2017）。《辽河地域文化系列丛书》《牡丹江地域文化丛书》正在陆续出版中。此外，出版了一批资料性很强的书籍和工具书，如《长白丛书》百余卷（吉林文史出版社，1987～2018），《东北历史与文化论丛》（吉林文史出版社，2007），《满族口头遗产传统说部丛书》（吉林人民出版社，2007），《关东文化大辞典》（辽宁教育出版社，1993），《吉林百科全书》（吉林人民出版社，1998）等。三是发表了数以百计的学术论文。

综上可知，全国包括东北在地域文化研究方面，已经有了较深入的研究，研究领域不断拓展，成果丰硕。但也存在许多不足，如研究力量分散，各自为战，自说自话，缺乏整合；地域文化之间的互动、交融明显滞后，缺乏比较研究；研究成果粗线条的较多，高质量的精品力作较少。

就东北地域文化而言，也有许多问题值得深入研究、思考。首先，就研究机构而言，成立的专门研究东北文化的机构并不多，许多有实力的大学，如吉林大学、东北师范大学、辽宁大学等没有设立专门的研究机构，东北三省社会科学院也见不到相关机构。至于创办的研究文化的专门刊物，也只有吉林省社会科学院的《地域文化研究》，这不能不说是一个很大的缺憾。

其次，关于东北地域文化的命名问题，很不统一。最常见的有“东北区域文化”“东北文化”“关东文化”“松辽文化”“松漠文化”“辽海文化”“辽河文化”“长白山文化”“龙江文化”等。东北地区文化名称的不统一，反映了学者们认识上的差异，实则是存在分歧。鉴于后五种称谓地域狭小，有以偏概全之嫌，故舍弃不论。前四种称谓中，“东北区域文化”“东北文化”是以地理相对方位为标准命名的，“关东文化”是以古代行政区划和历史沿革为标准命名的，“松辽文化”是以地理环境特点为标准命名的。我们采用了“东北文化”之名称，主要考虑当代人们对“东北”的习惯性称呼，且比“东北区域文化”之称更简捷。

再次，关于东北文化研究，还存在许多薄弱之处。如东北文化理论阐释长期得不到重视，既缺乏研究，也很少讨论；研究的方法比较单一，很少运用新的研究方法——计量、比较、社会、心态等史学、文学或文化学方法；档案资料的挖掘与利用远远不够，确切地说只是冰山之一角；断代文化研究还有空白之处，关于夫余文化、高句丽文化、渤海文化、辽金文化、元明清文化还没有进行深入研究，缺乏高质量的精品力作；当代东北文化的研究还没有广泛开展，尤其是为现实经济社会发展服务的当代文化缺乏系统的研究。东北老工业基地要振兴，文化软实力不可缺少，东北的曲艺文化、影视文化、大学文化、冰雪文化、会展文化、汽车文化都亟须加强研究。

最后，目前还没有一套比较全面地反映东北文化的丛书，只有宏观的相关论述，缺乏系统研究，尤其是缺乏专题性的研究。

有鉴于此，我们决定编写《东北文化丛书》（下简称“丛书”）。

丛书最早设定19个专题，后经过反复酝酿、科学论证，最后确定为12个专题，即《东北农耕文化》《东北渔猎文化》《东北游牧文化》《东北文学文化》《东北宗教文化》《东北流人文化》《东北移民文化》《东北服饰文化》《东北饮食文化》《东北建筑文化》《东北民俗文化》《东北域外文化》。这些专题已经基本涵盖东北文化中的主要方面，同时可为今后丛书的续编留有余地。

丛书的编写宗旨在于从12个侧面，对独具地域、民族与历史特色的东北地域文化的源流、内涵、发展及历史地位、社会价值进行全方位、深入系统的研究。值得高度重视的是，在研究、继承东北优秀地域文化的同时，也应注意阐释其时代价值。正如习近平同志所阐释的那样：“培育和弘扬社会主义核心价值观必须立足中华优秀传统文化。牢固的核心价值观，都有其固有的根本。抛弃传统、丢掉根本，就等于割断了自己的精神命脉。”习近平的讲话高屋建瓴，充分肯定了中华优秀传统文化的价值。我们在具体落实中，结合东北优秀文化不同的地域、不同的民族传统和风俗习惯，充分展示东北文化在中国乃至东北亚历史进程中的地位与作用，满足人们日益增长的物质与精神文化生活的需要，增强东北优秀文化的软实力，并为东北老工业基地振兴和全面建成小康社会服务。这也是东北地域文化研究方兴未艾、持续发展的重要前提和基础。

丛书编写总体要求：一是自然地理与人文意识兼顾，侧重人文历史。“一方水土养一方人。”东北的水土养育了东北人，东北文化与黑土地是息息相关的，离不开自然地理。但是我们不主张地理环境决定论，而是将自然地理与人文历史相结合，尤其侧重人文历史，以人文历史为重心。二是共性与个性兼顾，阐明共性，突出个性。东北文化是东北多民族共同创造的，从地域性和民族性上既有交融又有不同。在研究东北文化时，共性和个性问题不容回避，要把共性和个性阐释清楚，既要阐明共性，又要突出个性，重心放在突出个性、差异性上。三是宏观与微观兼顾，侧重微观。宏观是从整体和专题上都应该有整体的把握和宏观的概括。整体的把握、宏观的概括和评价，一定要建立在微观的论述、微观的阐释基础上。二者之间的关系应该是以宏观为统领，以微观阐释为重心。四是纵向和横向兼顾，以横向为主。丛书不是编写文化史。每一个专题都可以写一部史，比如东北服饰史、东北饮食史、东北宗教史、东北建筑史等。我们要摈弃写成文化史，而要从文化的角度，在每一个选题中分出若干子专题，每一个重要的层面构成选题的每一章、每一节，将重心放在子专题上，围绕子专题展开研究。纵向要对历史的脉络和发展做出初步的、粗线条的勾勒。因此在横向和纵向的问题上，横向是重心。五是学术性与知识性兼顾，侧重学术性。丛书编写的效果最好能达到雅俗共赏，即对专家而言具有学术借鉴作用，对普通读者来说也能受益。二者的重心放在学术性上，不能倒向知识性，做成通俗的作品。六是图文并茂，以文为主。丛书要求图文并茂，每一部书、每一个专题都要选一些代表性的图作为辅助，阐释文意，以增强视觉效果，但总体上以文字（论述）为主。六是篇幅适中，不宜太长。每部书的篇幅30万字左右，这样的篇幅可以增加读者面，社会影响力能广一点。

丛书最早策划于2010年，真正启动于2016年3月，至2018年9月完成出版，历时两年半。就作者队伍而言，集中了辽宁、吉林、黑龙江三省研究东北文化方面的学者。他们专业功底深厚，知识积累广博，治学态度严谨，研究成果丰硕，是名副其实的“专业队”。就写作过程而言，其间召开了一次组委会，具体讨论了编写体例与编写大纲；召开了四次作者会，及时解决撰写过程中出现的问题，督促写作进度，检查学术质量，为丛书的按时保质出版打下了坚实的基础。

为了保证良好的学风，丛书进行了严格的学术不端检测。凡是重复率高的著作，一律进行修改，直至达到学术标准为止。为了保证学术质量，我们聘请了学术专家进行外审，按丛书书序他们分别是：衣保中、程妮娜、武玉环、张福贵、杨军、李治亭、赵英兰、郑春颖、曹保明、曲晓范、赵永春、郑毅先生。他们以严谨治学的态度、一丝不苟的精神，在百忙之中审阅了书稿，提出了许多宝贵意见。在此，我们表示诚挚的谢意！

本丛书为吉林省哲学社会科学基金重大委托项目。在课题立项过程中，吉林省社科规划办领导给予了大力支持；在出版经费方面，省财政厅鼎力相助；在项目管理方面，丛书编写办公室的同志们，包括吉林省社会科学院科研处、财务处的同志，付出了艰苦的劳动；在出版方面，社会科学文献出版社的领导和编辑高度重视，兢兢业业，体现了良好的专业素质。对此，我们致以崇高的敬意！

丛书是一个卷帙浩大、洋洋400万言的大项目。由于时间紧迫，水平有限，错漏之处在所难免，敬请广大读者批评指正。

编　者

2018年5月

目 录

绪　论

任何一种民族文化的生成，都离不开孕育它的地理环境。民族文化的发展，也是在一定的地理环境中实现。祖国的东北地区是东北亚大陆古代文明孕育和发展最早的地区之一，在亚洲以及世界范围内都占有着重要的地位。东北地区地域辽阔，地势复杂，周边绵延的群山是东北地区主要的地貌特征。东北地区既有苍茫的林海，又有肥沃的草场和平原，物产丰富，成为众多民族生息繁衍、往来融通的理想场所，形成了以渔猎、畜牧和农耕为主的三种经济类型和三大文化系统并存互动的格局。东北地区的三种经济类型与文化系统不仅在地理分布上界线明显，而且各以不同语族的民族系列为开拓者：东北地区的西部，曾是乌桓、鲜卑、契丹、蒙古等游牧民族纵横驰骋的场所；东部和北部则是由黑龙江、松花江、乌苏里江为主脉联结起来的密林河谷地带，是以狩猎网捕著称于世的通古斯语族各民族及其历代先人——肃慎、挹娄、勿吉、靺鞨、女真、满、鄂伦春、鄂温克、赫哲等族的传统居住地。

东北地区历来都是多民族的地区，生活在这富饶土地上的各族人民，都有着悠久的历史，创造了灿烂的文化。东北地区少数民族自古以来就存在，相互交织、相互更迭不断向前发展，现存的少数民族和已经消失的民族都为人类留下了大量的宝贵财富，它在我国民族发展历史中占有特殊的地位。东北地区古属幽州，金代始称白山黑水，清咸丰八年（1858）

以前，泛指辽河、黑龙江、绥芬河、图们江等流域，远至库页岛。东北地区各个少数民族对中国的历史都做出过贡献。[①] 从先秦时期开始，东北地区形成了四大族系，即华夏（汉族）、东胡、濊貊和肃慎。在漫长的历史发展、演变和兴衰中，许多民族消失了，或者融入了其他民族之中，或者族称发生了改变；有些民族如鲜卑、契丹、女真、蒙古和满族，建立了政权和王朝，有的统一了全国，在历史上起到了重要作用，为统一的多民族国家的形成、巩固和发展做出了巨大贡献。[②]

服饰是人类物质生活的重要组成部分，也是人类精神世界的物化形式。它作为一种文化符号反映了一个民族在一定历史时期的政治、经济、文化、宗教信仰，同时也折射出一定历史时期民族之间的涵化、融合以及服饰自身的创新和再生。每一个民族都有自己独特的服饰文化，每个民族的生产方式、风俗习惯、宗教礼仪、地理环境、气候条件、审美心理、艺术传统等，无不折射到他们的衣冠服饰上。法国著名作家阿纳托尔·法朗士曾说过："假如我死后百年，还能在书林中挑选，你猜我将挑选什么？……在未来的书林里，我既不选小说，也不选类似小说的史籍，朋友，我将毫不迟疑地只取一本时装杂志，看看我身后一个世纪的妇女服饰，它能显示给我未来的人类文明，比一切哲学家、小说家、预言家和学者们能告诉我的都多。"这段话告诉我们：服饰是展现人类文明的复合物，是一种意蕴深厚的文化形态。

服饰是人类物质文化水平发展的一个直接标志和体现，是人类文明的重要组成部分。我们可以笼统地说，一个地区或者是一个国家、民族，服饰文化发展的水平就标志着这个地区或者是国家、民族文化艺术的发展水平，标志着其文明程度的高低。一个民族富有民族特色的传统服饰，对于其他民族来说是一种区别的标志，对于本民族而言则是互相认同的

① 傅朗云、杨旸编著《东北民族史略》，吉林人民出版社，1983，第1～3页。

② 蒋秀松、朱在宪：《东北民族史纲》，辽宁教育出版社，1993，第1页。

旗帜，集结的纽带。而这一切，都是由于人类历史传承发展的“本能”。民族服饰形成的原因是比较复杂的，东北地区少数民族的服饰首先是出于实用，然后才有美的追求。它不仅受地理环境、经济方式及生活习惯等客观条件的限制，也受民族心理、审美观念和传统习俗等主观因素的约束。东北地区少数民族服饰的文化遗产，能使我们对于在长期的历史积淀中所传承的服饰文化有更加深刻的了解。[①]

本书是以在东北地区历史发展进程中，各个阶段各个民族在服饰上呈现的形态以及服饰背后所隐喻的文化内涵为主要研究内容，本书中的东北地区地理范围则是以当下我国东北地区的行政区划范围为主，即本书中的东北地区包括辽宁、吉林、黑龙江三省。本书将以一条共同的人文经济地理条件和相近的自然地理环境为背景，以诸民族交汇融合的文化内涵为纽带，以各民族服饰在不同时期不同阶段的发展形态为载体，探究在服饰文化的背后给我们所带来的博大精深的历史厚重感和深厚的文化资源，通过服饰管窥其他文化事项。本书所涉及的民族是指世居在这片土地上的少数民族，少数民族是按照新中国成立后认定的少数民族即满族、蒙古族、赫哲族、鄂伦春族、鄂温克族、达斡尔族、锡伯族、朝鲜族、回族为线索，对每一个民族从“概说”“服饰溯源与现状”“宗教服饰”三个层面对其进行阐述和研究，由古至今、由外及内，对我国东北地区少数民族服饰进行系统梳理。书中将结合考古资料、文献资料以及田野调查资料，全方位、立体式开展对东北地区服饰文化的研究。本书以东北地区民族服饰为视角，一方面有助于我们加深对东北各民族服饰历史发展、文化变迁及其相互影响的了解；另一方面也有助于为东北各民族之间的关系发展提供新的例证、新的研究视角，从而深化对东北民族关系以及历史发展的认识，更深刻地理解中华民族“你中有我、我中有你”的关系格局。

① 曾慧：《满族服饰文化的变迁》上，《辽东学院学报》（社会科学版）2009 年第 4 期。

第一章

满族服饰文化

满族是中国56个民族中的一员，是中国统一的多民族大家庭中的一员，是人口超过千万的少数民族之一。2010年第六次全国人口普查数据统计显示，全国满族现有人口10387958人，男性5401812人，女性4986146人，主要分布在辽宁、吉林、黑龙江、河北及北京、天津、上海、陕西、山东、宁夏、内蒙古和新疆等省、自治区、直辖市。辽宁省满族人口5336895人，占满族总人口的51%，吉林省满族人口866365人，占满族总人口的8%，黑龙江省的满族人口748020人，占满族总人口的7%，居住在辽宁、吉林和黑龙江的满族共计6951280人，占满族总人口的67%[①]。满族与汉族、回族、蒙古族等民族交错杂居，形成了大分散、小聚居的分布特点。

一　满族概说

在长期发展过程中，满族对祖国各方面的发展起到了重要作用。在

① 人口数据来源于中华人民共和国国家统计局网站，http://www.stats.gov.cn/。

统一多民族国家的形成、奠定中国的版图、抗拒外来的侵略以及维护祖国统一诸方面都曾做出了重大贡献。满族劳动人民勤劳勇敢，富有进取精神，勇于摒弃自身落后的陋习，积极地向其他先进民族学习，较少保守思想，奋发而开放，是一个既古老又崭新的充满勃勃生机与活力的民族。满族是公元前16世纪初开始形成的一个民族，它的名称是在明代末年（17世纪初）才出现的。但是它有着悠久的历史，追根溯源，可上溯到三千年前的肃慎人。先秦古籍中所记载的生活在商周时期的肃慎人（公元前16世纪至公元前3世纪），就是满族的最早先人。汉代以后，不同朝代的史书上分别记载的挹娄（汉、三国、晋）、勿吉（南北朝）、靺鞨（隋、唐）、女真（辽、宋、元、明），是肃慎的后裔，也是满族的先人。[①] 追溯满族历史必须从这里开始。

> 东北之民族，大别之有三，曰汉族，曰满洲族，曰蒙古族。然此三民族，曾经数度之分合蜕变，非古代民族之本来面目也。古代之东北民族，大别之为四系。一曰汉族，居于南部，自中国内地移殖者也。二曰肃慎族，居于北部之东。三曰扶余族，居于北部之中。四曰东胡族，居于北部之西。此皆早居于东北之民族也。……肃慎族，中经数变而为满洲，其中一部则有鲜卑契丹之化合。[②]

满族最早的称呼是“满洲”。“满洲”作为民族自称最早出现于1635年11月22日。在这一年，后金国汗皇太极，公布了一个重要的诏令：“我国原有满洲、哈达、乌喇、叶赫、辉发等名，向者无知之人，往往称为诸申。夫诸申之号，乃席北超墨尔根之裔，实与我国无涉。我国建号‘满洲’，统绪绵远，相传奕世。自今以后，一切人等，止称我国满洲原

① 《满族简史》，中华书局，1979，第1页。

② 金毓黻：《东北通史》，五十年代出版社，1981，第19~20页。

名，不得仍前妄称。”[①] 清高宗云：“金之先出靺鞨部，古肃慎地。我朝肇兴时，旧称满珠，所属曰珠申，后改称满珠。而汉字相沿，讹为满洲，其实即古肃慎为珠申之转音。”[②] 因此满族族名的发展过程是：最初为肃慎，一变称挹娄，再变称勿吉，三变而称靺鞨，四变而称女真，五变而称为满洲族，新中国成立后确定族名为满族。

满族在漫长的历史发展过程中形成了具有自己特色的文化，这种文化与满族的形成发展是同步进行的。民族文化在很大程度上反映了这个民族的发展经历和发展水平，并且能够表现出这个民族的某些基本特征。[③] 满族服饰文化的发展经历也证明了这一点。

二 满族服饰溯源与现状

满族是中华民族发展史中占有重要地位的少数民族之一，其先祖女真人建立的渤海国、金朝以及满洲族建立了中国最后一个封建王朝对中国历史发展都起着极为重要的作用及其意义。满族贵族所建立的清朝，统治中国长达近三百年，晚清又是中国近代史的开端。从封建社会末期到半殖民地半封建社会，从闭关锁国到受到西方文化的冲击，直至今日在市场经济和全球化时代的历史进程中，满族的社会、经济、文化都经历了巨变，满族服饰在不同的时代背景中也有自己发展变化的轨迹。

满族及其先世的服饰元素丰富了中华民族的服饰文化，众所周知的旗袍、坎肩、马褂等在近现代已被国人普遍接受，并成为中华民族服饰的典型代表。从整个服装发展的历史来看，清代服饰的形制，在中国历史服饰中最为庞杂、繁缛，规章制度也多于以前任何一代。清代服饰是

① 《清实录二·太宗文皇帝实录》卷25，影印本，中华书局，1985，第330~331页。

② （清）阿桂、于敏中等纂修《钦定满洲源流考》（二十卷），清乾隆四十三年内府刻本。

③ 张佳生：《中国满族通论》，辽宁民族出版社，2005，第6页。

以满族贵族、八旗子弟为主要穿着群体的宫廷官定服饰，主要体现着满族先祖女真人的服饰文化特征；清代满族民间服饰显示出各民族之间相互借鉴与吸纳的文化特征。清代满族服饰在其文化变迁的过程中受到来自两个方面的影响：一是由于环境变化而引起的社会内部需求的变化；二是由于与其他群体接触而受到的外部影响。[①]

（一）满族先祖服饰

满族作为一个新生的民族，并不完全等同于他们的先祖，她是从肃慎到女真，经过多次分化与融合形成的民族。相近的生产和生活方式使满族无可选择地继承了其先祖的文化传统。满族服饰与女真人的服饰是一脉相承的，与肃慎到女真这一时期的服饰文化有着千丝万缕的联系。但又不等同于女真时期的服饰文化。她不仅继承了女真服饰文化，而且在满族历史发展的进程中不断地丰富和变化着。在满族服饰文化中，可以找到许多从他们先祖那里继承下来的痕迹，其中一些内容已成为满族服饰文化发展的基因和核心，服饰文化的种子从先祖那里就已经种下了。满族先祖有火葬的习俗，加之在金代以前，满族作为少数民族存在，年代距今过于遥远，服饰尤其是织物质料远不及陶器、铜器那样久存不朽，相对来讲资料比较少，只得借助于器皿纹饰、文献中的只言片语等资料以及依据他们当时的社会性质、社会经济、政治、与中原的往来、社会生产与风俗、同期的中原服饰的发展等方面来研究它的发展轨迹。

满族的先祖肃慎，又写作息慎，是东北地区最早见于中国古代文献记载的古老民族之一，多次出现于先秦古籍中，是东北地区的土著居民。《竹书纪年·五帝纪》载："帝舜二十五年（约为公元前二十二世纪），息慎氏来朝，贡弓矢"、"肃慎者，虞夏以来东北大国也"，她也是和中原华夏族发生联系最早的民族，在传说中的舜、禹时代就和中原王朝建立

① 曾慧：《满族服饰文化变迁研究》，中央民族大学博士学位论文，2008，第1页。

了联系。《大戴礼记》卷七《五帝纪》载："宰我曰：'请问帝舜？'孔子曰：'……举贤而天下平，南抚交趾、大敖，鲜支、渠搜、氐、羌，北山戎、发、息慎（郑玄曰：息慎，或谓之肃慎，东北夷），东长，鸟夷，羽民"。"南抚交趾、北发，西戎、析枝、渠瘦、氐、羌，北山戎、发、息慎，东长，鸟夷。"[1] 这些记载表明早在四千多年前的虞舜时代，肃慎已和中原建立了"入贡"和"来服"的关系。《尚书》是记载肃慎称呼的最早史书："成王既伐东夷，肃慎来贺，王俾荣伯，作贿肃慎之命"；《国语·鲁语》也有记载："昔武王克商，通道于九夷百蛮，使各其以为贿来贡，使无忘职业。于是肃慎民贡楛矢、石砮，其长尺有咫。……故铭其括曰'肃慎氏之贡矢'"；《左传·昭公九年》记载："肃慎、燕、亳，吾北土也。"处于石器时代的肃慎人，过着穴居和渔猎的生活，楛矢石砮是肃慎人具有特点的生活和生产工具。黑龙江省宁安市镜泊湖南部的莺歌岭文化是古肃慎分布区的遗址。经考古考证，莺歌岭遗址是公元10世纪前后的肃慎族遗址，出土的一批陶猪，是文献记载"好养豕"的证明。[2]《吉林西团山石棺发掘报告》[3] 中说明了父系氏族社会的稍晚一些时期，肃慎人已经有了原始农业，家畜饲养已相当发达，男女有了分工，妇女主要从事纺织、家务及一部分农业劳动，男子则主要从事狩猎和捕鱼等艰苦的生产活动。他们以氏族为单位，住在长方形半地穴式的房屋内。

在满族先人肃慎时期，由于生产力水平的低下，地理位置和生活环境的影响，服饰只是起到遮体护身的作用，人们依社会生产方式来获得服装的材料，服装的形制也比较简单。在远古时代，肃慎人以狩猎、驯养动物而获得了大量的猪皮、猪毛、貂皮、兽皮等，这些为他们提供了创制服装原材料的来源。黑龙江省宁安市的莺歌岭文化是古肃慎文化，

① （汉）司马迁：《史记·五帝本纪》卷1，中华书局，1959，第43页。

② 王绵厚：《秦汉东北史》，辽宁人民出版社，1994，第238页。

③ 参见《考古学报》1964年第1期。

莺歌岭遗址是文献中最早记录的中国北方肃慎人繁衍生息所在地。莺歌岭遗址通过出土实物生动地展现了先秦几千年北方肃慎人的生产、生活情形。从莺歌岭文化遗址出土的陶猪的形态看，当时的猪处于野猪到家养猪之间的过渡阶段，说明那时候的肃慎族人不仅狩猎、捕鱼，饲养猪已成为重要的生产内容。这就表明了莺歌岭上层文化时期的古代人们已进入了动物饲养，猪是当时普遍饲养的家畜之一，猪的普遍饲养为服装提供了大量的原材料。①

图1-1 陶猪 莺歌岭遗址出土的肃慎人遗物②

在裁剪缝纫的服装出现之前，人们就地取材，身上围的是野兽的皮毛。围披皮毛就是古代服装的形制。肃慎人用猪皮做衣服，以御风寒，且已懂得用（猪）毛来织布，用经尺余的布来蔽前后。“肃慎人，无牛羊，多畜猪，食其肉，衣其皮，绩毛以为布。有树名雒常，若中国有圣帝代立，则其木生皮可衣”；“俗皆编发，以布作襜，经尺余，以蔽前后”。③“夏则裸袒，以尺布蔽其前后。”④ 到了后期，肃慎人已经有了最初的手工纺织技术，能将毛皮纺成线，织成布，皮毛以猪皮和貂皮为主。

① 曾慧：《满族服饰文化变迁研究》，中央民族大学博士学位论文，2008，第13页。
② 王永强等主编《中国少数民族文化史图典》东北卷一，广西教育出版社，1999，第29页。
③ （唐）房玄龄：《晋书》卷97，中华书局，1974，第2535页。
④ （南朝宋）范晔、（唐）李贤等注《后汉书》卷85，中华书局，1965，第2813页。

左衽是肃慎时期服装的特点之一，史料记载中原地区称胡服皆左衽。由于肃慎人居住在寒冷的东北地区，在肃慎时期生产力还很低下，人们着装的目的就是保暖。因此，冬天他们用厚厚的猪油涂在身上抵御寒冷。由于北方地处寒带，穿皮衣、戴皮帽是肃慎人依自然条件而形成的穿着习惯。肃慎人的发式习俗是编发。“俗皆编发。”①

挹娄是古代肃慎族的后裔，古代肃慎在汉魏时期称为挹娄。“挹娄，在夫余东北千余里……古之肃慎氏之国也。”② 肃慎族到了汉代，称为挹娄，其服饰和发式习俗有着明显的历史传承。畜牧业有了较大的发展，尤以养猪业最为发达，农业则种植五谷和麻。“挹娄，古代肃慎之国也……有五谷、麻布，出赤玉、好貂……好养豕、食其肉，衣其皮。冬以豕膏涂身，厚数分，以御风寒，夏则裸袒，以尺布蔽其前后。”③ “有五谷、牛、马、麻布”。④ 《太平御览·四夷传》的记载则更为详细：“其畜有马、猪、牛、羊。不知乘马，以为财产而已。猪放山谷，食其肉，坐其皮，绩猪毛以为布”；《后汉书·挹娄传》载：“有五谷、麻布，出赤玉，好貂。”冬用猪皮、牛羊皮和貂皮，夏用麻布制作服装。挹娄人已经会用麻来织布，但普遍的还是用猪皮做衣服。赤玉是用来做装饰品，好貂皮主要用来做衣服，冬天御风寒是用猪油涂身，夏天基本上是裸体的，承袭了肃慎人的习俗。“以尺布蔽其前后”。这里已有了遮羞的意味。由此可见，其服饰形制还是很原始的。挹娄时期出现了麻布，人们穿麻皮农服，面料由皮毛发展为麻布，虽然数量少，但说明挹娄人不仅掌握了早期的毛纺织技术，还学会了将植物纤维纺织成布的技术。貂皮的加工技术有了进一步发展，“挹娄貂”已成为中原地区备受欢迎的一种进贡物品。挹娄时期，裘衣种类很多，贵贱不一。最有价值的是貂狐，羊鹿皮为最贱。

① （唐）房玄龄：《晋书》卷97，中华书局，1974，第2535页。

② （晋）陈寿撰、（南朝宋）裴松之注《三国志·魏书》卷30，中华书局，1959，第847页。

③ （南朝宋）范晔、（唐）李贤等注《后汉书》卷85，中华书局，1965，第2812页。

④ （晋）陈寿撰、（南朝宋）裴松之注《三国志·魏书》卷30，中华书局，1959，第847页。

服饰的款式形制不详，应与肃慎时期相似。为了抵御严寒，满族先祖曾过着“穴居”的生活。汉魏时，挹娄人“处于山林之间，土地极寒，常为穴居，以深为贵，大家至接九梯”。[①] 因此，虽然现在我们没有出土挹娄人的服饰实物，但可以分析出来为了适应居住的环境，挹娄人的服装款式应是方便行走、居住和适合生产生活需要的服装，这一时期出现了袍即清朝旗袍的前身——左衽、窄袖（便于狩猎和活动）、交领，领、袖、下摆处以沿边装饰（主要是毛边）。出现了单层夹衣、短袖衫、短上衣。[②]

勿吉的族称大约出现于南北朝时期，是肃慎族系继肃慎、挹娄之后的又一称呼。始见于《魏书》。“勿吉国，在高句丽北，旧肃慎国也。”[③] 勿吉族的社会组织、经济发展状况、风俗习惯等方面都与肃慎、挹娄大体相同，只是在原有的基础上更为进步，但在大多数领域还只是量的增加，尚未达到引起服饰变革的程度。勿吉时期的服饰基本上承袭了先人肃慎和挹娄的服饰习俗，在生产力不断提高的基础上，发展了自己的服饰，服饰开始讲究起来。勿吉人不单单是利用兽皮来制作衣服，还进一步用植物纤维来纺线和织成布帛，增加了衣服的面料品种。“妇人则布裙，男子衣猪犬皮裘”，“头插虎豹尾，善射猎”[④]，这也是由当地气候条件及他们的经济条件所决定的。气候寒冷，男子出外打猎必须穿皮裘，妇人居穴中穿布裙即可。妇女“服布裙”，表明已能织布。“头插虎豹尾”，一是借虎豹的力量显示自己的勇猛；二是夸耀其猎获虎豹以显珍贵和富有，以后则转化为装饰品。妇女已能用布制裙，男子用猪皮或狗皮做皮裘，“裙”和“裘”在款式上已不仅仅满足于实用，已经萌生了对美的追求；将虎尾、豹尾插于头上，一方面是显示他的善战勇猛，另一方面将其作为一种装饰品，说明随着勿吉族社会经济、政治、生产的发

① （南朝宋）范晔、（唐）李贤等注《后汉书》卷85，中华书局，1965，第2812页。
② 曾慧：《满族先祖服饰的发展演变》上，《满族研究》2004年第4期。
③ （北齐）魏收：《魏书》卷100，中华书局，1974，第2219页。
④ （北齐）魏收：《魏书》卷100，中华书局，1974，第2220页。

展，服饰也随之发展而变化。[①]

靺鞨是勿吉在隋唐时期的转称。关于靺鞨的族源，史料记载为："靺鞨，盖肃慎之地，后魏谓之勿吉。"[②] 隋唐时期，靺鞨由七部构成，其中黑水部在七部中势力最强大，它成为靺鞨时期的主要构成部分。黑水靺鞨分布于黑龙江中下游流域地区，"南至渤海德理府，北至小海，东至大海，西至室韦，南北约二千里，东西约一千里"。黑水靺鞨包括十六个部落，分为南北两大部。以渔猎为主要生产方式，"性忍悍，善涉猎"，种植粟、麦，"畜多豕"[③]，先进的部落已出现明显的贫富划分。黑水靺鞨臣服唐朝较早，唐武德五年（622），其渠长阿固郎曾赴长安朝贡。而《册府元龟》记载：贞观五年（631），"黑水部独来，自此每岁朝贡"。黑水靺鞨的服饰习俗基本上是在勿吉习俗的基础上发展而来。妇女穿布衣，男子穿皮衣，衣料主要以猪狗皮为主。"妇人服布，男子衣猪狗皮。"[④] 黑龙江省宁安市东康二号房基址，发现了骨锥、骨针、骨纺轮。由此可见，靺鞨人的"服布"，是有相当一段历史了。从"男子衣猪狗皮"来看，皮服还是主要的。后因和汉族接触渐多，渐随中原风俗，但仍保持着民族特色。头饰主要用野猪牙、野鸡的尾插在头上作为一种装饰品。《新唐书・黑水靺鞨》载："俗编发，缀野豕牙，插雉尾为冠饰，自别于诸部。""善射猎，土多貂鼠、白兔、白鹰。"[⑤] 靺鞨人是一种前剃后辫的发饰，编发即辫发。

粟末靺鞨建立的渤海国（698～926），是满族先祖建立的第一个民族政权，它为后来女真人建立的金朝、清朝打下了一定的基础，服饰更是深受其影响。大祚荣建立渤海国以后，渤海国的社会不断发展，到9世纪初期成为"海东盛国"，这时渤海人的服装已与唐朝服装十分接近了。1980年

---

① 曾慧：《满族服饰文化变迁研究》，中央民族大学博士学位论文，2008，第15页。
② （后晋）刘昫：《旧唐书》卷199，中华书局，1975，第5358页。
③ （宋）欧阳修、宋祁：《新唐书・黑水靺鞨传》卷219，中华书局，1975，第6177页。
④ （唐）魏徵：《隋书》卷81，中华书局，1973，第1821页。
⑤ （宋）欧阳修、宋祁：《新唐书》卷219，中华书局，1986，第6178页。

发掘的渤海贞孝公主墓壁画，展示了当时渤海人的穿着：身穿各色圆领长袍、腰束革带、足着靴或麻鞋。唯一与唐朝服饰不同的是头饰，即除了戴幞头外，还有梳高髻、扎抹额的男子，幞头的样式也与唐幞头略有不同。渤海国有百官的章服制度，规定三秩（相当于唐代三品）以上服紫、牙笏、金鱼；五秩以上服绯、牙笏、银鱼；六秩七秩浅绯衣、八秩（九秩）绿衣、皆木笏。根据出土文物，渤海时期的佩饰也受到中原地区的影响，出现了珠宝金饰品，这为后来金朝、清朝的服饰制度的形成奠定了基础。

图 1－2　靺鞨－渤海墓葬出土的金耳坠①

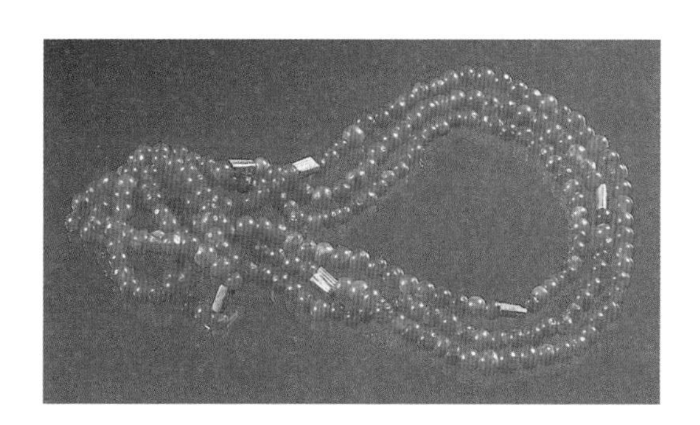

图 1－3　靺鞨－渤海墓葬出土的玛瑙金项饰：由 266 颗玛瑙珠和 6 根金管串成②

① 王永强等主编《中国少数民族文化史图典》东北卷一，广西教育出版社，1999，第 33 页。
② 王永强等主编《中国少数民族文化史图典》东北卷一，广西教育出版社，1999，第 32 页。

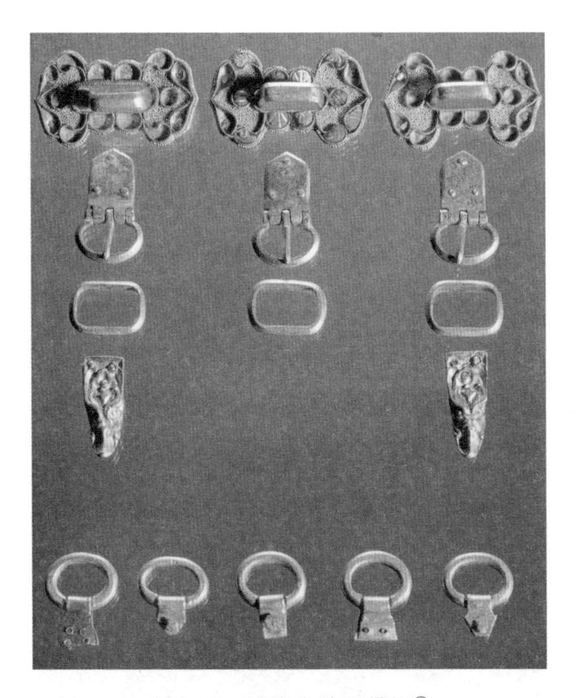

图 1-4 渤海人的金带饰①

靺鞨人的服装面料已经由最初的毛皮、麻布，发展到了毛、柞蚕丝。纺织业相当发达。渤海境内盛产细布、紬布和白拧，显州（今吉林和龙一带）的麻布颇富声誉。沃州（今朝鲜咸镜南道）以织锦著称，龙州（今黑龙江宁安）则以织绸闻名。有锦罗、绸、缎、纱、绢等，向唐朝进贡的“鱼牙绸”、“朝霞绸”相当精美。纺织技术进一步细化，麻布分粗布和细布两种，细布颇为精好，曾作为地方特产贡献于后唐，是与契丹交易的主要产品。

女真族称初见于唐天复三年（903），史载阿保机于是年“伐女直，下之”。② 女真在不同的史书中被写成虑真、女直、朱里真、诸申等。其

① 王永强等主编《中国少数民族文化史图典》东北卷一，广西教育出版社，1999，第56页。

② （元）脱脱：《辽史》卷一，中华书局，1974，第2页。

族源与靺鞨，与前面的肃慎、挹娄、勿吉乃一脉相承。女真族主要由黑水靺鞨发展而来。

图1－5　渤海贞孝公主墓壁画①

辽朝统治下的女真各部，仍然处于原始社会末期的发展阶段，社会以氏族为单位，实行父权制。经济以渔猎为主，熟女真则已开始农耕经济。辽女真时期，女真族还是处于经济比较落后的时期，服饰上主要承袭前代的习俗，仍采用毛皮、麻布及少量的丝织品作为服饰的主要原材料。在10世纪中叶（北宋初），辽统治下的女真人已向宋多次贡“名马，貂皮”。② “衣服是用麻布或皮制作。贫者用牛、马、猪、羊、猫、犬、鱼、蛇的皮，或以獐、鹿、麋皮做裤做衫。”③ “富人春夏以纻丝绵䌷为衫裳（也用细布），秋冬貂鼠、青鼠、狐貉皮或羔皮为裘”；④ 辽女真人喜欢穿白色的衣服。没有桑蚕，因此很少丝绸。贵贱仅以布的粗细为区别，

① 王永强等主编《中国少数民族文化史图典》东北卷一，广西教育出版社，1999，第57页。

② 王锺翰主编《中国民族史》，中国社会科学出版社，1994，第485页。

③ （宋）徐梦莘：《三朝北盟会编》卷三。

④ 王锺翰主编《中国民族史》，中国社会科学出版社，1994，第498页。

在服饰上已经有贫富等级的差别。辽女真时期的男子服饰为短而左衽，圆领，窄袖紧身，四开气。女真族妇女则着左衽长衫，系丝带，腰身窄而下摆宽，成三角形。妇女上衣称大袄子，短小形式，无领，至膝以上或至腰部，对襟侧缝处下摆开气，袖端细长有袖头，衣身较窄小。颜色以白、青、褐色为主。此时袖端的袖头即为后世旗袍箭袖的最初形式。下身穿锦裙，裙去左右各阙二尺许，以铁条为圈，裹以绣帛，上以单裙袭之。[①] 窄袖衣是当时妇女较为流行的一种便服，对襟，交领，左衽，窄袖，衣长至膝。领襟上加两条窄窄的绣边装饰。妇女的裙前后有四幅、六幅等，前后左右开叉，便于行动。女真人两耳垂金、银环作为装饰。发式和契丹人不同，男人剃去头顶前部的毛发，仅留脑后发，梳成辫，用色丝系之。富者还用珠玉加以装饰。妇女则"辫发盘髻"。[②] 辽代时期的女真人服饰在前人的基础上有了进一步的发展，款式品种增多，有了贫富差别，服饰从遮体护身的功能逐渐向审美及其等级的功能转变。总的来说，辽女真服饰发展的特点是传承性和民族性的体现。

金朝为女真族所建立，原臣服于辽，自完颜阿骨打于 1115 年建国，到 1234 年被蒙古所灭，前后经历了 117 年。"金之先出靺鞨氏，靺鞨本号勿吉，勿吉古肃慎地也。……唐初有黑水靺鞨、粟末靺鞨……五代时附于契丹，其在南者籍号熟女直，在北者不在契丹籍号生女直。"[③] 金（女真）在辽（契丹）的基础上建国一百多年，是中国历史上又一次的南北朝，是中国民族史上具有丰富内容的一个时期，也是中国多民族历史发展的重要组成部分。金朝继辽、北宋之后，在改变中国历史的面貌、丰富中国历史的内容上，是一个不容忽视的朝代。金代文化发展的最大特点，不仅表现在它对中原文化的继承发展上，更重要的表现在它自身

---

① （宋）宇文懋昭：《大金国志·男女冠服》卷三十九，明抄本。

② （宋）宇文懋昭：《大金国志·男女冠服》卷三十九，明抄本。

③ （元）脱脱：《金史卷一·本纪第一·世纪》，中华书局，1975，第 1 ~ 2 页。

在民族和区域的范围中发展出来的具有自己特点的文化。

中国服饰文化在公元 11 世纪至 14 世纪这段时间，又一次出现了胡汉合流。北方少数民族的服饰与内涵丰富的汉族文化在不断地碰撞、摩擦和递进，先是互相排斥，再互相融合，然后在融合中得到发展，不可逆转地形成了一些全新的文化元素。金代女真服饰就是在这种环境下继承和发展与融合的。金代女真人的服装逐渐趋向于汉化或辽化，即趋向于繁奢。金代规定的常服是辽服，辽服并不是契丹固有的服装，而是入主中原后，融合汉族服装而形成的。“辽的衣冠制度，有他本族的服饰，又采用汉族的服饰。”[①] 由于金代作为一个朝代载入历史史册，加之近些年来不断出土的金墓、绘画（壁画、摩崖石刻）和出土的砖俑等考古文物，为研究金代服饰提供了宝贵的资料。

金代的女真服饰在民族服饰，尤其是满族服饰发展的历史中占有重要的地位。从服装的款式到色彩，从面料到佩饰，从冠服到常服都反映了北方民族的生存环境、社会经济、科学技术、文化、审美意识和宗教等，体现着时代的进步以及对后世服饰的深刻影响。金代女真服饰发展的脉络：建国后服饰基本上承袭辽制，服装仍较为朴素；进入中原地区后，受汉族的影响，服饰渐趋奢华，逐渐汉化。总的说来，金代女真服饰既有本民族自己的特色，又融合了汉族和契丹族的优秀成分。金代女真服饰不但继承了汉族在历史上衣着的长处，而且还把自己民族经历过检验、实践，证明既适合于生活需要，又有民族特色的东西保留了下来，为后来的后金、清朝的服饰奠定了基础，培育了具有民族特色的服饰种子。

金朝初期，社会生产力低下，社会经济实力薄弱。金朝刚刚立国，太祖阿骨打提倡简朴：“我家自上祖相传，止有如此风俗，不会奢饰。只

① 周锡保：《中国古代服饰史》，中国戏剧出版社，1984，第 333 页。

得个屋子冬暖夏凉，更不必修宫殿，劳费百姓也。”[①] 金世宗在位时也证实说：“国初风俗淳俭，居家惟衣布衣……”[②] 从以上可以看出，金王朝初期的太祖、太宗时期的女真族服饰是比较简朴化的，而且也没有形成一定的服饰制度。同时，在金王朝初期，女真族统治者为了维护其统治，令女真族人南迁，“蕃汉杂处”[③]，女真族人“散居汉地”[④]，还强制其他各族人改穿女真人服装和发式。自从女真人进入燕地，开始模仿辽分南、北官制，注重服饰礼仪制度。进入黄河流域后，吸取宋朝宫中的法物、仪仗等，从此衣服锦绣，一改过去的朴实，参照宋代服制，把原有的服饰作了某些修改和定制。在元旦及视朝诸典礼中的服饰，都如汉族的制度。金朝官服的基本款式为窄袖、盘领、缝腋，即腋下不缝合，前后襟连接处作折裥而不缺胯。《金史·熙宗本纪》记载：天眷三年（1140）定冠服之制，上自皇帝的冕服、朝服，皇后的冠服，下至百官的朝服、常服等，都做了详细的规定。皇统七年（1147）定诸臣祭服。世宗大定三年（1163）定公服之制。服制规定，“皇帝服通天、绛纱、衮冕、偪舄[⑤]，即前代之遗制也”。[⑥] 官僚朝服，“其臣有貂蝉法服，即所谓朝服者”。[⑦] 章宗时，“参酌汉、唐，更制祭服，青衣朱裳，去貂蝉竖笔，以别于朝服”。[⑧] 百官参加朝会，则依品级，分别紫、绯绿三种服色，五品以上服紫，六品、七品服绯，八品、九品服绿，公服下加襕。文官加佩金、银鱼袋；金之卫士、仪仗戴幞头，形式有双凤幞头、间金花交脚幞头、金花幞头、拳脚幞头和素幞头等。

---

① （宋）徐梦莘：《三朝北盟会编》。

② （元）脱脱：《金史》卷八，宗纪下。

③ （宋）宇文懋昭：《大金国志》卷二，太祖武元皇帝下，明抄本。

④ （宋）宇文懋昭：《大金国志》卷八，太宗文烈皇帝六，明抄本。

⑤ 狭窄的鞋。

⑥ （元）脱脱：《金史·舆服志》卷四十三，中华书局，1975，第975页。

⑦ （元）脱脱：《金史·舆服志》卷四十三，中华书局，1975，第975页。

⑧ （元）脱脱：《金史·舆服志》卷四十三，中华书局，1975，第975~976页。

图1-6　金代贵族服饰：左衽窄袖袍、长裙穿戴

资料来源：根据出土砖雕、陶俑复原绘制。①

金俗衣服好白色，由于地处北方寒冷，所以贵贱皆衣皮毛。金代时期常服中的男子服饰主要有四种：带、巾、盘领衣、乌皮靴，此为金代男子服饰的通制，从大量金墓壁画和阿城齐国王墓出土的服饰实物就可以得到证实。带也称吐鹘，是男子袍服的腰间束带，带上所嵌之物为："玉为上、金次之，犀象骨角又次之。銙周鞓，小者间置于前，大者施于后。"② 山西繁峙县金墓壁画的人物形象中有一男像端坐，身着圆领官绣袍，腰系玉带。河南焦作金墓出土的砖雕俑服饰形制上均为袍服佩带。巾是金代常服之制，巾以皂罗若纱为之，上结方顶，折重于后，巾又称幞头，沿袭宋代之物。在金代官服中，仪卫中多见各式黑色罗纱幞头。金国王墓中出土的服饰中就有皂罗垂脚幞头。金代男子袍服用盘领③、窄袖、左衽，其服长至小腿部位，以便于骑乘。从金墓壁画人物服饰上可以

① 上海市戏曲学校中国服装史研究组编著《中国历代服饰》，学林出版社，1984，第210页。

② （元）脱脱：《金史·舆服志》卷四十三，中华书局，1975，第985页。

③ 唐代将源自西北胡人的"盘领"纳入朝服，其形制为领圈圆形，第一扣在右肩顶，然后直线下降至末端，与前裾等齐。

看到民间男子常服中袍服有长也有短，领式有圆也有方。金人所穿鞋履为乌皮靴。在反映金代服饰制度的史料中，亚沟摩崖石刻、山西岩上寺金墓壁画，金代张瑀所作《文姬归汉图》中的人物形象中都有穿乌皮靴的遗迹。

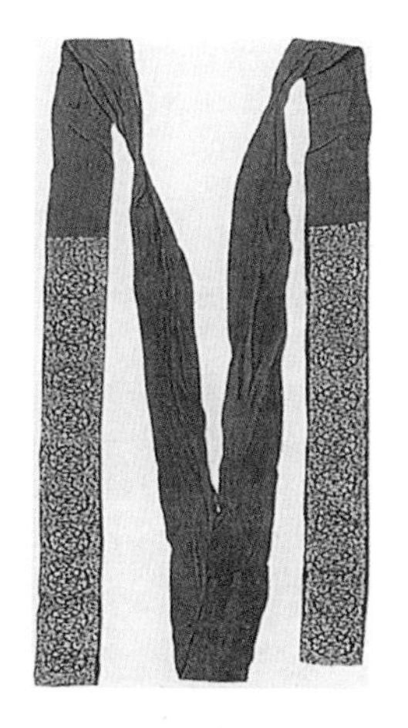

图 1-7 金浅棕色印金罗腰带①

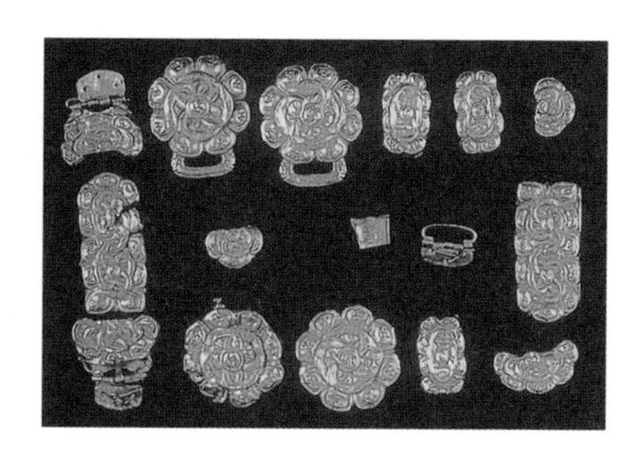

图 1-8 金盘花金带铐②

图 1-9 皂罗垂脚幞头后面③

图 1-10 出土的金罗地绣花女鞋④

① 陈高华、徐吉军主编《中国服饰通史》，宁波出版社，2002，第 51 页。
② 陈高华、徐吉军主编《中国服饰通史》，宁波出版社，2002，第 51 页。
③ 黑龙江省阿城市 1988 年 5 月金齐国王墓出土的实物。
④ 陈高华、徐吉军主编《中国服饰通史》，宁波出版社，2002，第 51 页。

图 1－11　骑士猎归图①

图 1－12　河南焦作金墓壁画：戴凤翅垂角幞头，盘领窄袖袍，腰系抱肚，束革带，着乌皮靴②

图 1－13　平阳金墓砖雕中男主人头戴幞头，身着团领长袍；身侧侍童束髻扎缯，着团领袍，腰间束带，下露腿裤③

---

① 常沙娜主编《中国织绣服饰全集》第 4 卷，天津人民美术出版社，2004，第 56 页。该图人物像头戴翻皮毛帽、身着窄袖胡服，领袖处露出毛皮一寸余（清代称之为“出锋”）。

② 《文物》1979 年第 8 期。

③ 崔元和总编辑《平阳金墓砖雕》，山西人民出版社，1999，第 132 页。

图 1-14　平阳金墓砖雕中女主人头上绾髻插簪，外罩窄袖褙子，下系褶裙，足蹬云头鞋①

金代时期妇女上衣着团衫，直领而左衽式，在腋缝两旁作双折裥。用黑紫或黑及绀诸色。前长至拂地，后裾则托地余尺，用红绿带束之，垂至下齐。许嫁之女则服着绰子（褙子），用红或银褐明金，作对襟式，领加彩绣，前齐拂地，后托地五寸余。金代妇人大多喜爱金和珠玉首饰，常戴羔皮帽。女真人妇女多辫发盘髻。其衣服大多保持旧俗。一般妇人首饰不许用珠翠钿子等物，奴婢只许服绝、䌷、绢布、毛褐等。金代妇女服饰中有一种特殊的形制，“妇人服襜裙，多以黑紫，上编绣金枝花，

① 崔元和总编辑《平阳金墓砖雕》，山西人民出版社，1999，第140页。

周身六襞积”。[①]“裳曰锦裙，裙去左右各阙二尺许，以铁条为圈，裹以绣帛，上以单裙笼之”[②]，实际上是以铁条圈架为衬，使裙摆扩张蓬起的裙子，虽与欧洲中世纪贵妇所穿铁架支衬的部位不同，但是，从河南焦作金墓壁画中的妇人服饰图像和阿城齐国王墓中出土的服饰来看，它体现出了一种特殊的服饰美，即金国试图通过服饰款式的改变，来达到华丽的目的，这一点在中国古代服饰发展史上是十分独特的。

图1－15　襜裙[③]

图1－16　金锦裙[④]

金代女真人的妇女发饰为辫发盘髻，男子是髡发，辫发垂肩，与契丹的样式不同。“人皆编发与契丹异，耳垂金环，留颅后发，以色丝系之。”[⑤]“妇人辫发，盘髻。男子辫发垂后，耳垂金银，流脑后发，以色丝系之，富者以珠玉为饰。”[⑥] 女真人“辫发垂肩，与契丹异。耳垂金环，

① （元）脱脱：《金史·舆服志》卷四十三，中华书局，1975，第985页。

② （宋）宇文懋昭：《大金国志·男女冠服》卷三十九，明抄本。

③ 周锡保：《中国古代服饰史》，中国戏剧出版社，1984，第350页。

④ 陈高华、徐吉军主编《中国服饰通史》，宁波出版社，2002，第53页。

⑤ （南宋）陈准：《北风扬沙录》，商务印书馆，1930。

⑥ 《三朝北盟会编》卷三，女真传。

留颅后发，系以色丝。富人用珠金饰。妇人辫发盘髻，亦无冠。”[①] 金人张瑀所画的《文姬归汉图》中的匈奴人“前额及两鬓稍加剃剪，脑后留发梳成两条辫子过肩于背后”，就是金代女真人的真实写照[②]。

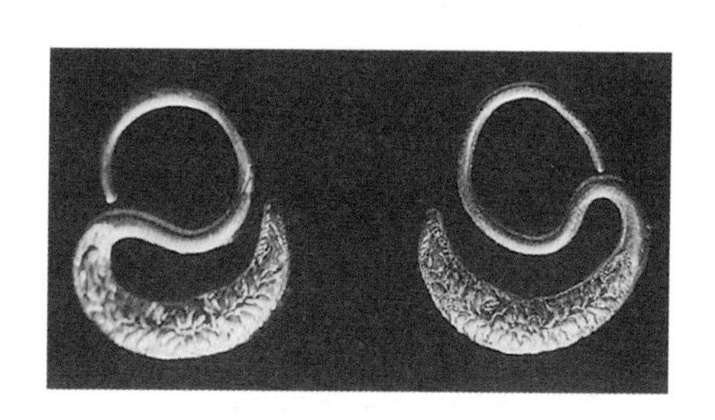

图 1－17　金耳环[③]

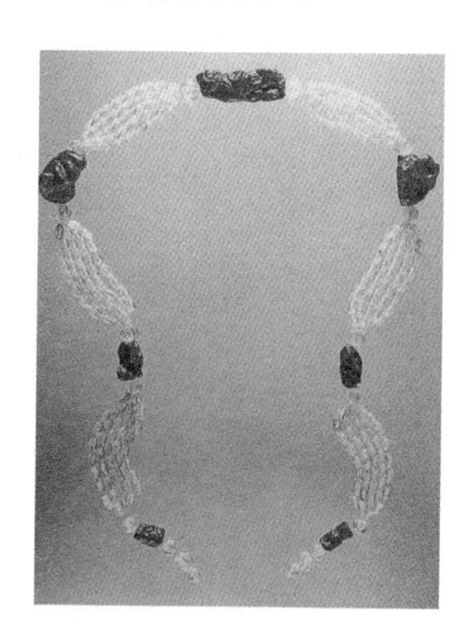

图 1－18　红玛瑙项链[④]

黑龙江省阿城市亚沟摩崖石刻图像，是金代早期的石刻，这里对人物的描绘，为我们留下了可贵的服饰资料，日本学者对此有过详细的描述：“此武士身着胡服，头戴盔，右手握鞭，足着长靴，可谓其全副武装矣。盔顶附有甚大之玉。……胡服之衿较广，全身皆有装饰之花纹，两肩之部分露有高贵披肩之两端，自胸部以迄两腕之上部，亦隐约有花纹存在。……由左肩下迄腕所披之装饰，似为其品位之象征。与其相并盘膝而坐者为一妇人之像，其服装与契丹妇人服相同。……头戴帽，于右肩之上部有甚长之突出物，为帽之附属品，当为贵妇人之象征。衣为左衽，袖甚长。”[⑤]

① （宋）宇文懋昭：《大金国志·男女冠服》卷三十九，明抄本。
② 曾慧：《满族服饰文化变迁研究》，中央民族大学博士学位论文，2008，第 18～22 页。
③ 陈高华、徐吉军主编《中国服饰通史》，宁波出版社，2002，第 42 页。
④ 黄能馥、陈娟娟：《中华历代服饰艺术》，中国旅游出版社，1999，第 331 页。
⑤ 鸟居龙藏：《金上京及其文化》，《燕京学报》1948 年第 35 期。

元朝建立后，女真族由统治民族转变为元朝统治下的东北民族之一。在元代，女真族分为三个部分：第一部分是迁居中原的女真人，他们进一步汉化，逐渐融入汉族之中，社会经济发展较快，已经开始转变为封建制经济，第二部分女真人是居住在辽东地区以及金代时迁居今内蒙古一带的女真人；第三部分是金代留居东北的女真人，主要包括建州女真、海西女真和野人女真，这部分构成了元明代时期女真人的主体，其社会经济发展较为缓慢。由于元代史书中关于女真族的记载较少，有些问题只能根据金代、明代有关女真人的记载进行推断。按照文化变迁的传承性的规律来看，元代女真人仍采用传统的皮毛作为衣料，夏季用麻布，服装形制基本承袭了金代民间女真人的服装式样。衫襦袖窄而长，有袖头，衣长到腰，左衽。衫襦之外罩穿半臂。袍袄为交领，衣长至膝下，腰束大带，肩部有云肩装饰。“金绣云肩翠玉缨”。比甲是一种常服，是有里有面的比马褂稍长的皮衣，此种款式无领无袖，前短后长，以襻相连便于骑射。服装的色彩以红、黄、绿、褐、玫红、紫、金等为主。

在明代，汉族的经济文化对女真族的社会发展具有重大的影响。明朝统治者在女真人居住区设立卫所、建立驿站、开关互市，主要目的是加强统治力量，然而也为经济联系提供了必要条件。明代初期，女真人主要居住和活动在“东滨海，西接兀良哈，南邻朝鲜，北至奴儿干、北海”的广大区域内，主要分为间州、海西和“野人”三大部。建州女真是建立后金、形成满族共同体的主体。明代时期，女真人的手工业已经从农业中分离出来，成为独立的生产部门。纺织业很发达，在嘉靖十年（1531）前后，卢琼在《东戍见闻录》中说：建州女真是：“乐住种，善纺织，饮食服用，皆如华人。”以后朝鲜人李民寏叙述，努尔哈赤进入辽沈地区以前的情况是：女工所织，只有麻布，织锦刺绣，则为汉人所为做。万历六年（1578）《抚顺关交易档册》中记载21次品目残缺的交易中，就有13次记载了麻布名目，表明女真人麻织业的发达情况。[1] 但渔猎经济仍然在社会经济的发展中起着重要的作用，这是由女真社会的经济发展特点决定的。

明代女真族的对内对外贸易十分活跃，建州、海西女真以貂皮、马、人参等土特产向明朝政府进贡，同时在京城通过贸易可以获得明政府赏赐的江南丝织品，如绢、缎、纻丝，或以丝织品制作的衣物，如素纻丝衣、冠带蟒衣等。明政府从江南地区获得丝绸制品，通过赏赐，把丝绸制品转到女真人手中，带到女真地区；同时也把丝绸制品赏给手下的官员。从女真族那里获得的马、貂皮及人参等皮货、山货，明政府把马匹发放给军队，把貂皮、东珠等赏赐或分发给大臣及官员。“野人”女真，包括黑龙江及后来的东海女真地区，是优质貂皮——黑貂的主要产地。传统的皮料仍然是明代女真人主要服装面料的来源。此外，明女真通过朝贡和马市获得了新的服装面料，绢、布、缎均成为新增添的面料之一，明代建州、海西女真“善缉纺”，是满族先祖传承下来的手工工艺，这为后来纺织业的发展起到了启蒙作用。织蟒缎、帛子、补子、金丝、绛丝、做精细闪缎都有了生产与提高。以前襟的纽扣代替了几千年来的带结。袍子的领子为盘领状，因此称“盘领衣”。窄袖，衣长至膝，领袖下摆均有缘边；大袖衫的式样为盘领式对襟，衣襟宽三寸，用纽子系结衣襟；长袄、长裙的式样为盘领、交领或对襟，领子上用金属扣子系结[2]。

（二）清代服饰制度

清朝是中国封建专制制度发展的鼎盛时期，是中国重要的历史阶段。清朝上承明朝中晚期封建社会强劲发展，专制主义中央集权急剧加强，经济领域出现崭新的资本主义萌芽；下接中国封建专制制度全面巅峰之

---

① 李燕光、关捷主编《满族通史》，辽宁民族出版社，2003，第108页。

② 曾慧：《满族服饰文化变迁研究》，中央民族大学博士学位论文，2008，第29~31页。

后的社会转型。清朝在其相对短暂的历史长河中创造了前所未有的社会业绩。因此服饰作为清朝社会发展的一个组成部分，呈现出由初期发展到鼎盛时期再到走向衰落曲线发展的一种状态。清代服饰以浓郁的满族民族特色和独特的装饰风格，曾经盛行近三百年时间，并对近现代服饰发展起着举足轻重的作用，它是中国服饰发展史的一个重要历史阶段。从整个服装发展的历史来看，清代服饰的形制，在中国历史服饰中最为庞杂、繁缛，条文规章也多于以往任何一代，是中国服饰沉淀、固化的时期。而清代服饰是以满族服饰为基础，又采纳了汉族服饰的某些服饰元素发展起来的，清代服饰中的满族成分大于其他任何民族，也是起主导作用的影响因素。清代服饰文化的产生与满族形成的历史及清入关前后所处的社会背景有着十分重要的联系。清代服饰制度是典章制度的一个重要组成部分，它属于上层建筑的范围，但又与经济基础紧密相连，并受到经济基础的制约。在封建社会中，作为指导政府行动准则的典章制度，是受封建生产方式的制约，为巩固封建秩序而服务。

清代的服饰制度是清政府在其所建立的王朝时期进行指导工作的准则，并将所制定的服饰规章制度以法律的形式确定下来。清朝坚持以满洲族的传统服饰为基础制定服饰制度，因此对明朝的服制有较大的变革。制定和颁布这些条规、法律，既是为了协调统治阶级内部的关系，更重要的是为了要规范、约束广大被统治者。清代服饰制度主要指由满族贵族建立起来的清王朝统治者，包括皇帝、皇后、王公大臣等在不同场合、不同环境中所穿用的服饰。因其服饰制度的制定是以统治者的主导思想为主，而清代统治者又是以满族贵族为主体，因此，清代的上层服饰可以说是以满族服饰为主要特点，融入了汉族（主要是明代的服饰）及其他民族（以蒙古族为主要对象）的服饰元素而建立的服饰制度，是封建服饰制度融汇、创新与发展的阶段。

服饰制度是封建等级社会的产物，人们的服饰必须与其身份地位相适应，这是政治的需要，也是礼制的规定。《春秋左传》曰：“君子小人，物有服章。贵有常尊，贱有等威，礼不逆矣。”人们的社会地位从其服装佩饰便可一目了然，即所谓“见其服而知贵贱，望其章而知其势”。官服也叫章服，一般是指包括皇帝、后妃、王公大臣以及各级官员在内的按章规定、借以明辨等级的服饰。官服制度也叫章服制度或衣冠制度，它是随着阶级的分化而出现的，它是阶级的产物，也是等级的象征，在中国已有几千年的历史。服饰制度是中国典章制度的一个重要组成部分，其最终目的是借以维护封建秩序和巩固其统治地位。在中国的历史上，统治者在改朝换代后所做的第一件事就是“改正朔，易服色”。从奴隶社会到封建社会，虽然不断改朝换代，但是作为一种维护和巩固统治秩序的典章制度中的官服制度来说，却始终是在历史的因袭中流传下来，直到最后一个封建王朝——清朝。

根据文献资料及出土文物分析，中国服饰制度的初步建立，大约在夏商以后，到了周代才逐步完善。西周的社会生产力，比起商代有着长足的进步；据《周礼》记载：周代已有纺绩、练漂、染色以至服装制造的专门机构。随着西周等级制度的逐步确立，与这种等级制度相适应产生了完整的服饰制度。周代后期，奴隶社会日趋瓦解，封建社会逐渐形成，冠服制度被纳入礼治的范畴，成为礼仪的一种表现形式。从此，贵贱有等、衣服有别，上自天子卿士、下至庶民百姓，服制各有等差，衣冠服饰成为区别尊卑、昭明等威的一种工具。自周朝建立起完备的服饰制度以后直至封建社会的最后一个王朝——清朝的覆灭，历朝历代都在沿袭官服制度，但总体不变，只是在细节上会有所变动。如各个朝代的统治者对服饰的颜色、选用的面料、纹饰等方面都会有本朝自己的规定。但最终的目的就是把它作为一种统治工具来使用。清代官服制度是中国历代官服制度的延续，是清代服饰的一个重要组成部分。清朝的典冠服制，从其形成发展的角度来看大体可分为如下几个阶段：第一阶段是入关前时期。此时的规制，无论就其形式，或是内容，都是十分粗糙的，而且与当时的满族发展水平大体相适应，可以说是清朝服饰典制的初创期，但清入关前满族服饰制度的形成和发展，无疑为清代服饰制度的形成奠定了坚实的基础。第二阶段是顺治时期。清统治者入关以后，面对着急速扩大的关内统治区，以及人数远比满族要多，经济和文化发展水平也高出一大截的汉族子民百姓，要用关外的那套典制协调上层关系和维持对下统治显然是不够用或不能用的。为了适应新的需要，清统治者利用一批明朝降官，陆续制定出一些新的冠服典制。其中一部分是从明代典章中摭拾来的。以明制为蓝本，编定新典制。而更重要的一部分则是满族贵族依据本民族的习俗和特征，制定了一系列与前朝历代不同、彰显本族特征的冠服制度。第三阶段是康熙、雍正、乾隆时期。随着清朝疆域的确立和政治局面的稳定，清朝的冠服制度已基本定型，直至清末[①]。

1. 清代服饰制度的初创（入关前努尔哈赤至皇太极时期）

清代服饰制度的确立，有一个逐步发展和完善的历史过程，从 17 世纪初叶开始（天命元年），至 18 世纪中叶（乾隆三十一年）《皇朝礼器图》校勘完成，整整花费了 150 年时间，历经天命、天聪、崇德、顺治、康熙、雍正、乾隆等朝，经过 6 位皇帝的不懈努力才算大功告成。就时间而论，清代冠服制度形成于入关以前，创立于顺治之初，确定于康熙、雍正年间，至乾隆朝日臻完备，直到清末无大的改动。明万历十一年，努尔哈赤以“遗甲十三副”起兵对抗明朝，统一建州，宏括女真，试兵辽西，叩打雄关，创立八旗制度，建立意在与中央政权比肩的古老王城赫图阿拉。皇太极继承了努尔哈赤的遗愿，保持战略进攻的主动权，并致力于八旗政权建构与完善，确定了满族共同体的民族名称，接受汉族先进文化的熏陶，使满族的社会发展出现突飞猛进的势头。“……女真由牧猎经济转化为农耕经济，初步实现了满族社会由牧猎文化向农耕文化的转变。”[②]

17 世纪中叶，满族贵族乘李自成率军攻入北京、明朝灭亡之机，在

① 曾慧：《满族服饰文化变迁研究》，中央民族大学博士学位论文，2008，第 34 页。

② 朱诚如主编《清史图典》第 1 册，紫禁城出版社，2002，第 9 页。

山海关总兵吴三桂的帮助下，一举攻占了北京城。为了扩大已取得的政权，迁都北京。不久又以迅雷不及掩耳之势，统一了全国。清统治者占领全国以后，为了巩固新政权，采取了大批起用汉官、优待明朝宗室、开科取士、以武功保天下等一系列措施，其中以武功保天下是最重要的措施。清统治者认识到，要想从根本上巩固其统治地位，必须加强自身的武功，时时保持军队精武而善战。这关键在于时时习武，做到弓马娴熟，“骑射国语，乃满洲之根本，旗人之要务。”早在建国之初，崇德元年（1636）十一月，太宗文皇帝就对诸王及贝勒们说：“我国家以骑射为业，今若轻循汉人之俗，不亲弓矢，则武备何由而习乎?”顺治七年(1650)，世祖章皇帝又谕：“我朝以武功开国，历年征讨不臣，所至克捷，皆资骑射，今仰荷天休，得成大业。虽天下一统，毋以太平而忘武备，尚其益习弓马，务造精良。”至高宗纯皇帝时，为了保住满洲的先正之风，不被汉人所同化，又于乾隆十七年（1752）组织诸王大臣重温太宗谕训，并在多处刻、立石碑，警示后代，勿忘骑射。要想使弓马娴熟精良，必须有一整套有利于骑射的衣冠制度与之相适应。

满族未入关之前，由于长期从事狩猎骑射，所穿的是紧身窄袖的长袍、马褂等适合骑射的衣冠服饰，据《清实录》记载，崇德元年（1636）十一月，太宗文皇帝就“上御翔凤楼，集诸亲王、郡王、贝勒、固山额真、都察院官，命弘文院大臣读《大金世宗·本纪》……先时儒臣巴克什达海、库尔缠屡劝朕改满洲衣冠，效汉人服饰制度。朕不从，辄以为朕不纳谏。朕试设为比喻，如我等于此聚集，宽衣大袖，左佩矢，右挟弓，忽遇硕翁科罗巴图鲁劳萨挺身突入，我等能御之乎？若废骑射，宽衣大袖，待他人割肉而后食，与尚左手之人何以异耶！朕发此言，实为子孙万世之计也。在朕身岂有更变之理。恐日后子孙忘旧制，废骑射，以效汉俗，故常切此虑耳”[①]。崇德二年（1637），又对诸王、贝勒说：

① 《清实录二·太宗文皇帝实录》卷32，中华书局，1985，第404页上。

“昔金熙宗及金主亮废其祖宗时冠服，仪度循汉人之俗。迨至世宗，始复旧制。我国家以骑射为业，今若轻循汉人之俗，不亲弓矢，则武备何由而习乎？射猎者，演武之法；服制者，立国之经。嗣后凡出师、田猎，许服便服，其余悉令遵照国初定制，仍服朝衣。并欲使后世子孙勿轻变弃祖制。”① 太宗文皇帝在这里不仅指出了着满族衣冠的重要性，同时，还指出宽衣大袖的汉族服装不利于骑射，认为金朝就是因为改祖宗的衣冠，循汉俗、服汉衣冠废弃武功才导致灭亡，从历史的角度阐明了汉服不能效，祖宗衣冠不能改的根本原因。太宗文皇帝为了使王公大臣均能充分地认识到衣冠制度关系社稷的重要性，不仅三令五申地坚持满族服饰的重要性，同时还于崇德三年（1638）七月下谕礼部：“有效他国衣冠束发裹足者，重治其罪。”在清朝皇帝看来，保持满族衣冠，对于满族野战则克，攻城则取，立于不败之地有重要意义。选择便于行动、实用性很强的紧身窄袖的民族服装，并未改为宽衣大袖、装饰性强的汉族服饰是明智之举。择取历代传统衣冠之纹饰，保留满洲的衣冠之形式，两者合而为一，这是清代服饰制度的建立依据，决定了清代衣冠制度的发展方向。清代的衣冠，在形式上保持了紧身窄袖的民族特点和风格，与其骑射的经济生活相适应，更富有实用性；而在纹饰以及用法上，则沿袭了自有虞氏以来的传统典章制度，丰富了中国的服饰内容。一个民族总要强调一些有别于其他民族的风俗、习惯，特别是像满族这样建立全国政权的民族，更是这样，他要把这种衣着风俗升华为这个民族的标志。由于统治者有这样的一种思想，因此，在清朝统治中国近三百年的时间里，尽管满族服饰吸收了许多其他民族的文化元素，但其在服饰上始终保持着满族自己的民族特色。

在满族入关以前的漫长历史岁月中，曾先后建立过许多部落组织，在这些部落组织中，其具体的服饰是否像中原王朝一样有严格的规定并

① 《清实录二·太宗文皇帝实录》卷34，中华书局，1985，第446页上。

形成制度化已不可得而闻，但是我们从有关的文献材料中可以对入关前一定时期内满族服饰制度进行勾勒和描述。在后金建立的前后，女真奴隶制生产关系开始变革，出现了封建生产方式的萌芽，封建主和依附农民、奴仆逐渐成长为社会上的两个基本阶级。当时的阶级矛盾是非常尖锐的，它成为女真社会发展的真正动力，改造了生产关系中落后的野蛮部分，因而推动了社会生产力的发展。早期满族的习俗，是女真族习俗的绵延。正如《满洲源流考》中记载的那样，满族与女真族“虽语言旧俗不殊，而文字实不相沿”，这就说明他们的“旧俗”和语言是延续下来未变的。直到进关以后，尽管是受到了许多汉族习俗的影响，但在其主要方面，却仍是长期保持着自己的特色，有些方面直到清代末期依然如故，满族服饰就是其中之一。满族的衣着服饰，基本上是因袭女真族的，《大金国志》记载：“好白衣、辫发垂肩”，又“垂金环、留颅后发，系以色丝”，他们以“厚毛为衣，非入室不撤”。女真人在后金时期和入关后整个社会对先进民族开放，大批吸收、迁入汉、朝鲜、蒙古各族人口，或者全部迁居汉区，与汉人杂居，共同生产、共同生活；调整与各个民族的关系，与蒙古结为一家，与汉族结为一国，变阻力为助力，实现民族团结；这种积极向上，力求进取，善于学习和吸收先进的制度、文化，皆有利于满族社会的发展与进步。①

天聪九年（1635）出现在中国历史上的满族，是一个新的民族共同体。它是在比较固定的地区里，过着统一的政治经济生活，并有紧密的文化联系，其中最为重要的是民族心理素质的加强，这在相当长的时间内，就形成了一个稳固的整体。它不同于金代女真，就是元明两代的生女真各部也没有全部收拢在一起，有些部落已发展为与满族并列的兄弟民族（例如赫哲、鄂伦春、鄂温克）。清代满族这个新的民族共同体是以女真人为主体，收拢了部分汉人、蒙古人以及其他少数民族的成员，因

---

① 李燕光、关捷主编《满族通史》，辽宁民族出版社，2003，第215～216页。

此，在服饰上体现着民族融合的印迹。努尔哈赤和皇太极时期，制定了一系列的服饰制度，清入关前冠服制度的发展变化，为入关后的服饰制度奠定了基础。清代的服饰制度，据《清史稿·舆服志》记载："自崇德初元，已定上下冠服诸制，高宗一代，法式加详。"这就是说，清代的服饰制度形成于崇德年间，成形于乾隆时期。在这里我们把它分成两个阶段来进行分析和阐述：第一个阶段是努尔哈赤时期；第二个阶段是皇太极时期。朝鲜使臣申忠一于1595年来到建州，他称努尔哈赤为"奴酋"，申忠一对努尔哈赤观察得很仔细，在他看来，"奴酋不肥不瘦，躯干健壮，鼻直而大，面铁而长。头戴貂皮，上附耳掩，附上钉象毛如拳许，又以银造莲花台，台上作人形，亦饰于象毛前。诸将所戴，亦一样矣。身穿五彩龙文天益，上长至膝，下长至足背，皆裁剪貂皮以为缘饰。诸将亦有穿龙文衣，缘饰则或以貂，或以豹，或以水獭，或以山鼠皮。护项以貂皮八、九令造作。腰系银入丝金带，佩帨巾、刀子、砺石、獐角一条等物。足纳鹿皮乌拉鞋，或黄色或黑色。胡俗皆剃发，只留脑后少许，上下两条辫结以垂。口髭亦留左右十余茎，余皆镊去"。[①] 从这段描述中我们可以看到努尔哈赤此时的穿戴质料以皮质为主，有镶边、系腰带，穿乌拉鞋，髡发，这些都是很有民族特色的服饰。从他对努尔哈赤的描述中我们可以看到，它为我们了解清代早期贵族的服饰提供了一个完整的框架。结合后来清朝皇帝的各种礼服衣冠制度，我们可以看出，它是清代服饰制度的原始依据，即原型。

后金冠服制的初定，是在天命年建元不久。因为受到物质条件的限制，人们在后金初期所穿着的衣冠，样式简单，面料品种单一，锦缎丝绸面料极为稀少。在后金初期所使用的锦缎等面料，多是来源于与明王朝及朝鲜李氏王朝的互市中得来。为了改变后金无锦缎、丝绸的现状，努尔哈赤一方面"布告全国，为缫丝织缎，而饲养家蚕；为织布而种植

---

① 林基中：《燕行录全集第八册》"申忠一建州闻见录"，东国大学出版社，2001，第127页。

棉花”，并强调养蚕织锦的重要性。1623 年，为了适应不断增长的服装面料需要，努尔哈赤又决定采取相应的经济措施，给予那些能织锦缎和补子的汉人工匠，以特殊的奖励。1623 年，都堂派遣 73 人织蟒缎、细缎、补子。努尔哈赤看到所织的蟒缎、细缎、补子，嘉奖道：“于不产之地织此蟒缎、细缎、补子，乃至宝也。遂故封无妻之人，全给以妻、奴、衣、食，免其各项官差兵役，就近养之。一年织蟒缎、细缎若干，多织则多赏，少织则少赏，按劳给赏。其各项官差兵役皆免之。再者，若有做金线、硫磺之人，当荐之，其人亦至宝也，……今若有织蟒缎、细缎之人，即行派出，免其各项官差。”①

图 1－19　清太祖努尔哈赤朝服像②

① 中国第一历史档案馆、中国社会科学院历史研究所译注《满文老档》，中华书局，1990，第 414 页。

② 朱诚如主编《清史图典》第 1 册，紫禁城出版社，2002，第 136 页。

天命六年（1621）七月努尔哈赤制定官员补子："诸贝勒服四爪蟒缎补服，都堂、总兵官、副将服麒麟补服，参将、游击服狮子补服，备御、千总服绣彪补服。"[①] 这是清代补子的最初形制，也是清代服饰与汉族服饰融合借鉴的一个例证，第三章将对补子做一详细的叙述。天命六年十一月，努尔哈赤又制定了一项制度："允许总兵官以下备御以上各官自制金顶"，[②] "总兵官、副将，著尔等以所得赏赉之金，自制顶子。至于参将和游击、备御以上各官，各以纸包金并附文，送交各贝勒，由各贝勒之工匠制给。"[③] 顶子制度的确定，是满族贵族在服饰上具有自己民族特色的一个体现，顶子制度成为清代冠服制度的重要内容之一。1623 年 6 月，努尔哈赤制定了较为详细的官民服饰制度："汗赐以职衔之诸大臣，皆赏戴金顶大凉帽，着华服。诸贝勒之侍卫皆戴菊花顶凉帽，着华服。无职巴牙喇之随侍及无职良民，夏则戴菊花新纱帽，着蓝布或葛布之披领，春秋则着毛青布披领。若于行围及军事，则戴小雨缨笠帽。于乡屯之街，则永禁戴钉帽缨之凉帽。禁着纱罗，将纱罗与妇代劳衣之。"[④] 从以上文献中我们可以看出，努尔哈赤时期服饰已有官服和平民之分，以帽饰及披领作为区分等级的标志。

在努尔哈赤时期，面料仍以皮毛、毛青布、翠蓝布为主。后期面料品种相对丰富起来，出现了各种缎、种类繁多的皮毛。从努尔哈赤给各级各类人员的赏赐之物我们也能看出这种情形的变化。天命四年（1619）七月，厚赏来开原投诚的明官汉人"……绸缎二十匹及毛青布、翠蓝布

① 中国第一历史档案馆、中国社会科学院历史研究所译注《满文老档》，中华书局，1990，第 217 页。

② 中国第一历史档案馆、中国社会科学院历史研究所译注《满文老档》，中华书局，1990，第 263 页。

③ 中国第一历史档案馆、中国社会科学院历史研究所译注《满文老档》，中华书局，1990，第 263 页。

④ 中国第一历史档案馆、中国社会科学院历史研究所译注《满文老档》，中华书局，1990，第 512 页。

甚多。绸缎十匹及毛青布、翠蓝布。守堡把总等官，各赐人四十名，牛马四十匹、羊四十赐只，并银四十两、绸缎八疋及毛青布、翠蓝布。”① 天命七年（1622）正月，赐古尔布什台吉“貂皮裘三件，猞猁狲皮裘二件，虎皮裘二件，貉皮裘二件，狐皮裘一件，貂镶皮袄五件，獭镶皮袄二件，鼠镶皮袄三件，男女蟒缎衣九件，……”。② 服饰制度初制之后，努尔哈赤赏赐的服饰之物逐渐增多，天命七年三月，“赐巴拜台吉……貂皮袄、细镶貂袄、貂皮裘、狐皮裘、暖帽、靴、腰带、蟒缎二匹、缎八匹、毛青布三十匹。赐额附苏纳之姊蟒缎女朝褂、女朝衣一、蟒缎二匹、缎八匹、蓝布十匹、布十匹及缎被、缎褥、缎枕等。赐巴拜台吉另一妻次蟒缎女朝褂、女朝衣及整蟒缎一匹、缎四匹、毛青布五匹、蓝布五匹、布五匹、次缎被褥、缎枕。”③ 在《满文老档》的记载中，努尔哈赤共赏赐十余次之多，每次均以皮毛衣物、布、缎、佩饰等为主，这说明在那时皮毛就已经成为后金统治阶层的主要服饰面料，这是民族服饰地域性的一种体现，同时朝褂、朝衣的出现是清代服饰制度的开始。

皇太极即位后，后金国家的一切制度，都开始朝正规化方向发展。皇太极时期，制定了一系列的规章制度，对入关前的服饰制度也做了进一步补充和完善。他继续改革官服制度，天聪六年（1632）二月更定了衣冠制度，“凡诸贝勒大臣等，染貂裘为袄，缘阔披领及菊花顶者，概行禁止。若不遵而服用，则罚之。衣服许出锋毛或白毡帽则可。”④ 十二月又议定了官员服制，规定：“八固山诸贝勒在城中行走，冬夏俱服朝服，出外方许便服。冬月入朝许戴元狐大帽，居家服便服。”又规定“冬月……

① 中国第一历史档案馆、中国社会科学院历史研究所译注《满文老档》，中华书局，1990，第101页。

② 中国第一历史档案馆、中国社会科学院历史研究所译注《满文老档》，中华书局，1990，第295页。

③ 中国第一历史档案馆、中国社会科学院历史研究所译注《满文老档》，中华书局，1990，第354页。

④ 《清实录二·太宗文皇帝实录》卷一，中华书局，1985。

图1－20　1605年的努尔哈赤①：身穿带箭袖的长袍，外罩毛皮马褂

居家戴尖缨貂帽及貂鼠团帽。春秋入朝，许戴尖缨貂帽。夏月许戴缀缨凉帽。素缎各随其便，不得擅服黄缎及五爪龙等服。若系上赐不在此例。平时勿着缎靴，惟夏月人朝乃许服用”。又规定“八家福晋冬夏外出许穿女朝衣，冬戴尖缨貂帽，夏戴尖缨凉帽。满洲、蒙古、汉人自固山额真以下代子、章京、护军及牛录下闲散富足之人以上，冬夏在城俱服披领袍，不得穿小袍。贫人穿无开裾袍。闲散侍卫、章京、护军及诸贝勒下闲散护军、章京以上，许穿缎衣，余都用布。妇人衣料各随其夫，冬天许戴缀缨团帽，夏天可以戴凉帽。凡可穿缎的，不拘蟒素，但不准穿黄及杏黄色并五爪龙等服。大臣不许自制黑狐大帽。以上所规定之中，如果皇上赏赐的则例外。缎靴也只许入朝与赴宴会时穿着。在城不许戴黄

① 《清实录一·满洲实录》，影印，中华书局，1986。

狐皮大帽、尖缨帽及杂色帽；也不许穿宽带及皮棉齐褂外套。”[①] 如此烦琐的规定，完善和发展了努尔哈赤时期衣冠制度。崇德元年二月，“赐诸大臣、承政嵌东珠及玛瑙金顶，各赐金顶，以示区别。”[②] 五月，又制定各王及其福晋所用帽顶、金佛头、腰带、簪子、项圈等品级，它不仅仅局限在补子、顶子和帽子等简单的规定上，还结合本族特有的民族性，将衣冠制度进一步细化，并把汉族传统的服饰等级观念吸收了进来，鲜明的阶级性、等级性则充分地体现在满族服饰上，突出了皇帝的尊严。崇德元年（1636）七月，皇太极在位期间制定了最后一次服饰制度，“定各福晋、随侍妇人及额驸、格格冠服舆车制度”。[③] 这次定制，详细规定了后金上层阶级的顶戴、冠服等制度，完善了入关前的冠服制度，奠定了清代服饰制度的基础。

总之，任何一项制度，都不会是凭空产生的，都有其起源、发展、完善的过程。入关前的满族统治者，对服饰的作用和服饰的一些形式，显然已不陌生，并已在实践中获得了相当丰富的经验。这为入关后冠服制度的正式建立准备了一定的条件。

2. 清代服饰制度的发展（入关后顺治时期）

入关后的满族统治者经过近 30 年的反复、摇摆，终于走上仿效汉制、建立一个专制主义中央集权国家的道路。满族入关后，满族人民经历了一个与汉族等各民族人民从相互隔阂、仇视到逐渐互相了解、互相学习，乃至互相融合的过程，这是个坎坷、曲折、痛苦的过程。乾隆中叶，可看作满汉人民从以矛盾、冲突为主向相互学习、相互融合为主的转折时期，各种新鲜血液的注入，与各民族尤其是汉族的交融，促使满

① 中国第一历史档案馆、中国社会科学院历史研究所译注《满文老档》，中华书局，1990，第 1350～1352 页。

② 中国第一历史档案馆、中国社会科学院历史研究所译注《满文老档》，中华书局，1990，第 1358 页。

③ 中国第一历史档案馆、中国社会科学院历史研究所译注《满文老档》，中华书局，1990，第 1522 页。

族更快地从原有落后阶段赶超上来，加快了向前发展的速度。

顺治朝是清朝近三百年形成中一个非常关键的历史时期，它承前启后，实居关键地位。顺治朝上承太祖、太宗朝的遗业，开创大一统江山的新纪元，为后来的康乾盛世奠定了坚实的基础。顺治朝在很短的时间内结束纷乱的局面，迅速完成了对全国的统一。清承明制，重建封建政治制度，建立了清对全国统治的政治秩序也完成于顺治朝。早在清入关前，主要是在皇太极时期，成功地建立起以满族贵族为核心，与汉、蒙古等族的地方王公贵族联盟的关系。皇太极建立的民族关系的新格局，无疑为将来入关确立对各民族的统治奠定了基础。在这个民族新格局中，满汉关系居于主导地位。从多尔衮到顺治帝，都继承了皇太极制定的“满汉一体”的民族政策，把它作为清统治全国的立国基石。顺治朝一系列制度的建立，为清入关后的服饰制度提供了发展空间。入关之后服饰制度所经历的一系列变革中最根本的一点，就是它最终转化为中央集权国家的专制工具。服饰制度能够在全国形成一套行之有效的制度，是这个国家在军事上乃至政治上成为满族统治者控制全国被统治者的得力工具。1644 年，清朝统治者由盛京（沈阳）迁都到北京。入关前，满族的衣冠制度虽有明文规定，但那只是针对人口较少的满族贵族和平民。而在入关之后，清统治者要凌驾幅员广大的整个中华，这就碰到了由于各种制度的不健全和无新章可循而出现的麻烦。如大量新增的官员服饰，就是其中一项。在封建社会里，各级官员的服饰都有定制，这是一种官阶、职别和权威大小的标识。在清军定鼎北京之后的一段时间里，出现了清官员着明式官服处理政务的情形。因此，解决各级官员的服制问题，已经迫在眉睫。入关后，满洲贵族统治者基于“首崇满洲”政治目标的初步实现，除要求本民族属员保持本族习俗外，又一再强制推行具有其自身民族特点的服饰习俗，强逼被征服的汉人屈辱地遵从满族的服饰习尚，剃发易服成为树立新朝权威，进而从心理上消除反抗情绪的重要手段。服饰风俗受到政治、民族等多重因素的深刻影响。中国古代男性束发梳髻的传统因此发生突变，许多汉人顶发四周边缘被剃去寸许，成为蓄发拖辫之人，其结果使得清代的服饰在古代服饰发展史上发生了前所未有的巨大变异。这种变异的范围与程度均堪称历史上前所未有，由此奠定了清代服饰风俗迥异前朝的鲜明特色与时代个性。[①]

在推行改冠易服的过程中，清朝政府意识到如果完全按照满族习俗来规定汉人冠服之制，实际上是很难行得通的，而且还会对统治根基产生很大的消极作用。为消除和减缓汉人普遍的抵制情绪，清朝政府采纳了明朝遗臣金之俊“十从十不从”的建议，即“男从女不从，生从死不从，官从吏不从，老从少不从，儒从释道不从，倡从优伶不从，国号从而官号不从，役税从而语言文字不从”。因此，“生必从时服，死虽古服无禁；成童以上皆时服，而幼孩古服亦无禁；男子从时服，女子犹袭明服。盖自顺治以至宣统，皆然也”。[②] 顺治时期，在天命、崇德定制的基础上，清统治者对王公文武百官的冠服做了进一步的调整。据顺治元年（1644）十月开始至顺治十八年，共更定和增定王公大臣、各级官员及后妃等衣冠制度，达23次之多，而且所定范围之宽、内容之详、品级之显著，都是入关前所不及的。

表1-1 顺治年间更定和增订衣冠制度内容一览[③]

序号	时间	修订内容
1	顺治元年（1644）十月	定摄政王冠服、宫室之置
2	顺治元年十月	定诸王、贝勒、贝子、公等冠服、宫室之制
3	顺治二年（1645）六月	定顶带品式
4	顺治二年六月	定诸王、贝勒、贝子、宗室公顶带式
5	顺治二年七月	为制顶带，赐公、官员，金、玉有差

① 曾慧：《满族服饰文化变迁研究》，中央民族大学博士学位论文，2008，第43页。

② 徐珂：《清稗类钞》第13册，中华书局，1986，诏定官民服饰，第6146页。

③ 此表根据《清实录》、王云英《清代满族服饰》（辽宁民族出版社，1985）、铁玉钦《清实录·教育科学文化史料辑要》（辽沈书社，1991）汇编整理而成。

续表

序号	时间	修订内容
6	顺治三年（1646）三月	定举人、状元冠服
7	顺治三年五月	定服饰禁例
8	顺治三年九月	定诸武进士衣、顶
9	顺治四年（1647）正月	定诸王福晋、公主、格格仪仗服色及公以下官民人等妻、舆服制度
10	顺治四年十二月	新定服制
11	顺治六年（1649）五月	定平西、定南、靖南、平南诸王帽顶、服色、仪从
12	顺治六年十月	定侯、伯顶带坐褥之制
13	顺治八年（1651）正月	定皇太后冠顶及皇后诸妃衣冠制
14	顺治八年四月	定服饰禁例
15	顺治八年五月	更定异姓公、和硕额驸，侯、伯顶带制
16	顺治八年五月	更定异姓公、和硕额驸、侯、伯顶带制
17	顺治九年（1652）四月	定诸王以下文武官民舆马、服饰制（包含有民间服饰）
18	顺治九年九月	更定和硕亲王福晋、固伦公主、和硕亲王侧福晋，世子福晋，多罗郡王福晋、世子侧福晋以上及以下服制
19	顺治九年十一月	定平西王、定南王、靖南王、平南王福晋帽顶
20	顺治十一年五月	议定皇后、妃嫔、和硕亲王福晋、固伦公主以下，辅国公夫人以上顶珠、服饰等制（冠顶、金佛、簪、项圈）
21	顺治十七年三月	更定民公侯伯以下，章京以上，盔缨之制
22	顺治十七年四月	定诸王以下盔缨之制
23	顺治十八年闰七月	定红、黄带及翎制

从上表中我们可以看出，在顺治时期，清朝统治者对各个阶层人群的冠服、佩饰、顶戴、花翎、服色都做了详细的规定，尤其是“顺治九年4月，定诸王以下文武官民舆马服饰制”，[①] 实际上，这是对全国军民人等统一规定的衣着服饰制度，所涉范围之广，是前所未有的，上至王公大臣，下至黎民百姓，以及奴仆、优人甚至僧道尼姑，凡是在衣着服饰上，应予限制和禁止的一律绳之以法，官民一致，严禁违越，否则治

① 《清实录·世祖实录》卷64，中华书局，1985，第501下~503下页。

罪。不仅如此，更重要的是，在这次定制中，把各级官员的补服之制发展了一步，基本上吸收了明代补服所用的标志，使清朝官员的补服之制，臻于完备。

图 1－21　顺治帝朝服像①

图 1－22　庄妃朝服像②

3. 清代服饰制度的完备（康熙、雍正、乾隆时期）

爱新觉罗·玄烨，清世祖顺治帝福临第三子，清入关后的第二代皇帝。康熙帝是一位雄才大略的封建君主，自幼好学不倦，目光敏锐，从年轻时起就处大事而不惊，敢作敢为。康熙帝在位 61 年，其前期致力于国家的统一，经过对内对外的长期斗争，战胜了一次又一次的分裂危机，使中国统一的多民族国家，在历史长期发展的基础上，进一步巩固和大战。在完成国家统一之后康熙帝集中精力孜孜以求治，对政策进行调整，社会经济因之从清初凋敝状态中得以复苏和发展，出现了所谓的“康乾盛世”。康熙朝是清代历史发展进程中最重要的时期。而雍正朝的 13 年，

① 朱诚如主编《清史图典》第 2 册，紫禁城出版社，2002，第 87 页。

② 朱诚如主编《清史图典》第 1 册，紫禁城出版社，2002，第 194 页。

可以视为改革的时代。各项政策多以变革为宗旨，力图改革历史遗留下来的社会积弊，并以励精图治、雷厉风行的作为，成功地推动改革事业，成为康乾盛世的有力推动者。乾隆年间清朝的基本形势，可以说是“全盛之世，盛极渐衰”，“全盛之世”，是清朝的顶峰，是“康乾盛世”的顶峰，但也正因是顶峰，便难以长期维持，从而在乾隆晚年转入“盛极渐衰”了。

从清初创立，历经顺治、康熙、雍正三个朝代的不断修订、补充，至乾隆时期已十分完备，它成为清代服饰制度的典范和清中、后期服饰的依据。清代的官服制度自清太宗皇太极于崇德元年开始初步制定起，历经变动修改，直到清高宗乾隆帝之世才基本确定下来，以后虽有修订，但没有重大的变动。

图 1－23　康熙帝朝服像①

① 朱诚如主编《清史图典》第 3 册，紫禁城出版社，2002，第 109 页。

图 1-24　雍正帝朝服像①

图 1-25　乾隆帝朝服像②

表 1-2　康熙、雍正、乾隆年间更定和增订衣冠制度内容一览③

1	康熙六年正月	定王、贝勒等执事人役衣服，俱用绿色
2	康熙九年（1670）正月	下了一道服饰禁例，重申顺治九年 2 月对军民人等的定制
3	康熙二十三年（1684）	定皇帝冠服
4	雍正元年（1723）	定皇帝礼服
5	雍正元年八月	定服饰禁例
6	雍正三年八月	定八旗都统等，将服色等事，各按等秩，定制具奏
7	雍正五年（1727）九月	定王公大臣平时所用服色
8	雍正八年（1730）十月	定大小官员帽顶：清朝官员顶戴制度的最后成制

① 朱诚如主编《清史图典》第 5 册，紫禁城出版社，2002，第 37 页。

② 朱诚如主编《清史图典》第 6 册，紫禁城出版社，2002，第 5 页。

③ 此表根据《清实录》、王云英《清代满族服饰》（辽宁民族出版社，1985）、铁玉钦《清实录·教育科学文化史料辑要》（辽沈书社，1991）汇编整理而成。

续表

9	乾隆十三年（1748）十月	将所有定制的各式冠服，上至皇室、后妃，下至王公大臣，各级文武官员，绘制成图，载入《会典》
10	乾隆二十二年（1757）五月	补定文武各官雨衣品级，至此，清代所有的官服定制，宣布全部鼎成。直到清末，无大更动

康熙至乾隆的服饰以补充和完善前代的服饰制度为主要内容，到乾隆时期最后鼎成，并将此内容载入图典，以便照章执行，按图制衣。此举也为后人研究清代服饰提供了直观、真实的史料。这一时期关于服饰的定制主要是修改和变更前朝的服饰规定，根据当时的经济条件进一步细化。如《清史稿》中所记载的“初制，皇帝冠用东珠宝石镶顶，束金镶玉版嵌东珠带。康熙二十三年，定凡大典礼祭坛庙，冠用大珍珠、东珠镶顶，礼服用黄色、秋香色、蓝色五爪、三爪龙缎。雍正元年，定礼服用石青、明黄、大红、月白四色缎，花样三色，圆金龙九，龙口珠各一颗。腰襕小团金龙九。周身五彩云，下八宝平水、万代江山”。[①] 乾隆最后定制的详细规定在下文中详述。从大清服饰制度的发展脉络来看，服饰的等级规定主要体现在：服式上，不同身份的人穿着不同服式的衣服；服装色彩上，按照礼制，有尊卑贵贱的区分；纹饰的不同是统治阶级衣服外在区别的主要标志；衣料质地讲究档次。

（三）清代满族宫廷服饰

清朝是继元朝之后第二个由边疆少数民族入主中原建立起来的统一的多民族封建王朝。同时它也是中国封建社会终结并与近代历史开端融贯一体的重要时期。这种特殊的历史条件与时代背景，赋予了清代社会生活以浓郁的汉族与各民族之间文化相互交融的鲜明特色和风习时尚多元、多变的风格品韵。具体于服饰风俗，则呈现出各民族文化融汇互补

① （清）赵尔巽：《清史稿》卷130志78舆服二，中华书局，1976，第3033～3063页。

与多元文化纷繁竞采的时代特点。服饰虽然处于文化的“显”层次上，但它又必然受到整个社会政治、思想、文化、伦理等多种深层要素的影响与制约。纵观清代服饰文化发展的历史脉络，“服”之需求与“饰”之功用融会贯通，特征表现得既典型又突出。从另一方面来看，随着时间的渐次推移，在这个封建的多民族统一的国家中，各族人民通过各种方式、各种途径，相互交往，彼此学习，特别是满汉之间通过广泛而频繁的接触，必然致使清代社会各民族、各阶层的人们的社会生活与风俗文化，不可避免同时又不同程度地呈现了相互融合的趋势。清代统治政策的适时调整，客观上也对满汉文化合流产生了促进作用，进而影响着服饰风俗逐步形成了彼此融合、互为渗透的格局。融合的结果又导致文化风尚的丰富多彩与多样统一，故而清代的服饰风尚在前代基础上，又顺理成章地表现出既因循承袭又因时而变，既多元竞采又尚美趋同的多样统一的特点。

官服即官定服饰。清代的官服自上而下有皇室、皇太子、皇子及亲王以下至奉恩将军、公主等的夫君如固伦额驸（汉族称驸马）等皇族的宗室及戚属。此外异姓封爵的有民公、侯、伯、子、男、文武一品至九品的官员等。他们的冠服，都按级别等差穿用。本节将清代官定服饰分为冠饰、服装及佩饰，主要研究和分析在清入关即 1644 年以后，清朝政府所制定和颁布的冠服典章制度，它是封建社会中等级制度在服饰上的体现。因其清朝的统治阶层主要是由满族贵族组成，所以清代的官定服饰也体现着满族统治者的思想，反映着满族的民族特征和特色。同时清朝也存在汉族官员在清统治阶层占有一定的比例，清朝官定服饰也同时是汉族服饰的一种体现。因此，可以说，清朝的服饰制度是满汉结合的最好例证。虽然在制定的过程中有过激行为，但在历史的进程中，民族间的相互融合、相互交流是一个永远不变的主调。继承与创新、融合与再生是贯穿满族服饰的一条主线。清代服饰制度的一个基本原则是按等级划分，体现出封建社会的君臣有别贵贱分明，同时也是封建制度下的等级制在服饰上的一种体现。

1. 冠饰

服饰制度是服饰文化中的重要部分，它是指由政府颁布的各种法令所规定的服饰穿着形式。冠饰制度在中国封建社会的服饰制度中又具有十分重要的地位，清代也不例外。古代首服有三大类别：一类为冠，一类为巾，一类为帽。三种首服用途不一：扎巾是为了敛发，戴帽是为了御寒，戴冠是为了修饰。巾、帽二物注重实用，冠则注重饰容。冠不再单纯用于装饰，而成为昭名分、辨等级的一种标志。[①] 冠是社会身份的标志，一定样式的冠总是与特定社会等级的人群相对应。按照古人的观念，头部是人身体中最重要的部位，称"元阳之府"；另外，头部是人们最易观察到的身体部位，冠因此被称为最便于展示身份的服饰。

清代官定服饰中的冠饰主要分为朝冠、吉服冠、常服冠、行服冠、雨冠几种，根据时间、场合、环境的不同佩戴不同款式的冠饰。清代的冠饰是与历朝历代均不相同的冠饰。它自成体系，与传统冠饰大相径庭。它体现了满族贵族统治阶级的思想和本民族的特色。清代的女冠造型别致，装饰精美，在工艺制作上达到极致。清代的冠饰是服饰等级制度中主要的体现部分，它以冠顶、冠饰、冠的质地等作为区别身份地位、品阶等级的象征。

朝冠是帝后君臣在举行驾礼庆典和吉礼祭祀活动之时所佩戴的礼冠。朝冠分冬朝冠和夏朝冠两种，冬朝冠也叫暖帽，即秋、冬所戴；夏朝冠也叫凉帽，即春、夏所戴。朝冠分男朝冠和女朝冠两种。乾隆朝规定，佩戴冬朝冠的时间为阴历九月十五日至次年三月十五日；夏朝冠的佩戴时间为三月十五日至九月十五日。其中，每年阴历九月十五日或二十五日前、上元之后戴熏貂（黄黑色）皮冠，十一月朔至次年上元戴黑狐皮冠。男朝冠是指上至皇帝，下至皇子、王公及文武百官所戴的朝冠。它有冬朝冠和夏朝冠之分。《大清会典》（光绪朝）记载，皇帝冬朝冠，冠顶 3 层，贯东珠

① 高春明：《中国服饰名物考》，上海文化出版社，2001，第 190 页。

各1颗，皆承以金龙4条，饰东珠4颗，上衔大珍珠1颗，檐两侧垂带交项下。冠周檐上仰，上缀朱纬，长至冠檐。冠檐[①]以熏貂和黑狐皮为质料，十一月朔至次年上元戴黑狐皮冠，余时皆戴熏貂皮冠。但咸丰四年穿戴档的记载却和其有出入。如“二月初二日，上戴黑狐腿缎台冠……”，[②]又“十二月十一日，上戴大毛熏貂皮缎台冠……”[③]。皇子与亲王、亲王世子、郡王贝勒、贝子、镇国公、辅国公、镇国公的冬朝冠以熏貂和黑狐皮为质料，顶金龙2层，上衔红宝石，饰东珠数颗。它们之间的区别只是饰东珠的颗数不尽相同，皇子、亲王10颗，亲王世子9颗，郡王8颗，贝勒7颗，贝子、固伦额驸6颗，和硕额驸、镇国公5颗，辅国公4颗。

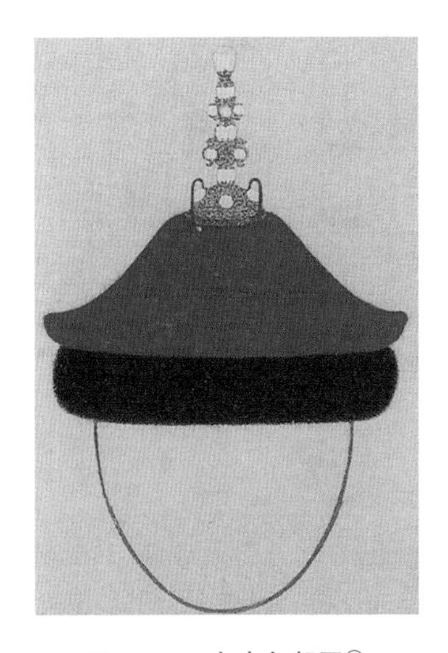

图1-26　皇帝冬朝冠[④]

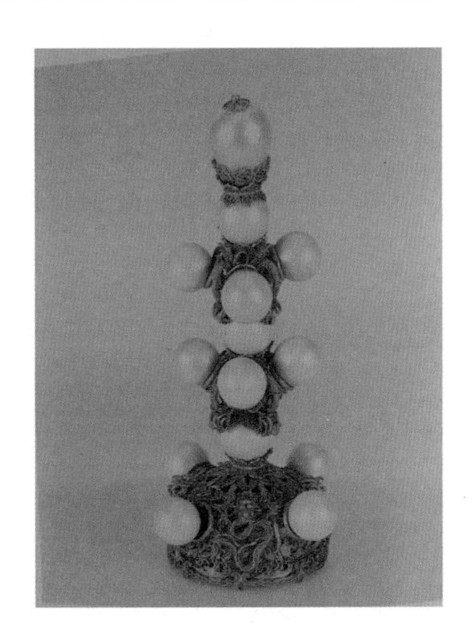

图1-27　皇帝朝冠顶[⑤]

① 冠檐：露在额上在冠胎外反折向上的一圈，根据时间需要用熏貂或黑貂皮毛为之。夏朝冠则檐不反折向上而敞直。

② 中国第一历史档案馆：《清代档案史料丛编第五辑》咸丰四年穿戴档，中国书局，1990，第241页。

③ 中国第一历史档案馆：《清代档案史料丛编第五辑》咸丰四年穿戴档，中国书局，1990，第317页。

④ 宗凤英：《清代宫廷服饰》，紫禁城出版社，2004，第33页。

⑤ 《清代服饰展览图录》，台北故宫博物院，1986，第4页。

从皇帝下至皇子、王公大臣、文武百官，夏朝冠皆织玉草或藤丝、竹丝为胎，表以罗，镶石青片金边2层，冠里皆用红色织片金绸或红色纱为之。檐敞（不折向上），冠的表层均缀朱纬。冠檐皆敞，冠加冠圈，其冠带皆系玉冠圈之上，这是相同之处。不同之处在于：一是朝冠的前后饰物不同；二是冠顶不同。此两点不同是区别君臣地位尊卑的标准。冠前后的饰物为：皇帝的夏朝冠"前缀金佛，饰东珠十五；后缀舍林，饰东珠七"[①]。皇子、亲王、亲王世子的夏朝冠，"前缀舍林，饰东珠五；后缀金花，上饰东珠四"[②]。郡王的夏朝冠，"前缀舍林上饰东珠四；后缀金花，上饰东珠三"。贝勒的夏朝冠，"前缀舍林，饰东珠三；后缀金花，饰东珠二"[③]。贝子、固伦额驸的夏朝冠，"前缀舍林，饰东珠二；后缀金花，饰东珠一"[④]。镇国公、和硕额驸、辅国公的夏朝冠"前缀舍林，饰东珠一；后缀金花，饰绿松石一"[⑤]。民公、侯、伯以下文武百官的夏朝冠，冠前后均不加饰物。上至皇帝，下至文武百官，冠顶的形制皆与各自的冬朝冠相同。如乾隆皇帝"六月初三日，戴得勒苏草南坯缨冠……"[⑥]。

百官的朝冠冠顶皆为镂花金座。民公、侯、伯、子、文武一品官、镇国将军、郡主额驸冬朝冠用薰貂，其中十一月朔至上元用青狐。民公中间饰东珠4颗，伯饰东珠2颗，文武一品官、镇国将军、郡主额驸、子饰东珠1颗，皆上衔红宝石帽顶。文二、三品、武二品官辅国将军、县主额驸、男冬朝冠用薰貂，十一月至上元用貂尾。文武二品官、辅国将军、县主额驸、男冠顶上衔镂花珊瑚帽顶。文三品官，上衔蓝宝石帽顶。其余皆中饰小红宝石。文四品、武三品官、奉国将军、郡君额驸、一等侍卫以下，朝冠不用貂尾。武三品、奉国将军、郡君额驸、一等侍卫，

① 《清会典事例》（光绪朝）第四册，卷326，影印，中华书局，1991，第857页上。
② 《清会典事例》（光绪朝）第四册，卷326，影印，中华书局，1991，第861页上。
③ 《清会典事例》（光绪朝）第四册，卷326，影印，中华书局，1991，第865页上。
④ 《清会典事例》（光绪朝）第四册，卷326，影印，中华书局，1991，第865页下。
⑤ 《清会典事例》（光绪朝）第四册，卷326，影印，中华书局，1991，第865页下。
⑥ 包铭新主编《中国染织服饰史文献导读》，东华大学出版社，2006，第235页。

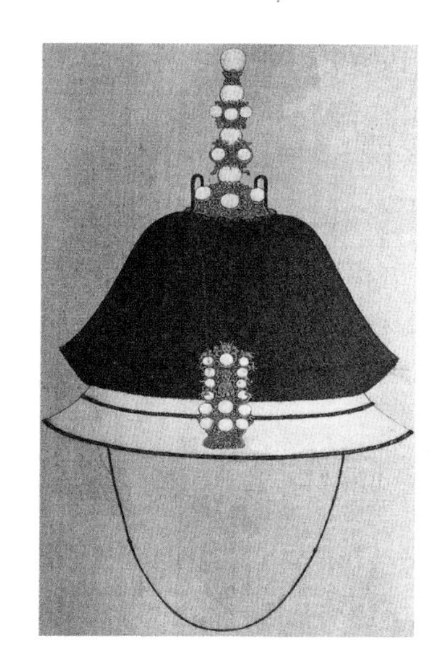

图 1-28　皇帝夏朝冠①

图 1-29　文武一品红宝石朝冠顶②

冠顶同文三品。文武四品、奉恩将军、县郡额驸、二等侍卫冠顶上衔青金石。文武五品、乡君额驸、三等侍卫，上衔水晶。文武六品、蓝翎侍卫上衔砗磲。皆中饰小蓝宝石 1 颗。文武七品官，上衔素金，中饰小水晶 1 颗。文武八品官的冠顶为镂花金座，上衔阴文花金，金顶无饰。文武九品，未入流官，上衔阳文花金。夏朝冠顶，各如冬朝冠。从耕农官，朝冠以青绒质料，顶同八品。会试、中试、贡生的冠顶为镂花金座，上衔金三枝九叶。状元的冠顶为金顶，上衔水晶。授职后，各视其品。举人、监生的冠顶为镂花银座，上衔金雀。贡生的冠顶为镂花金座，上衔银雀。外朗、耆老的冠顶以锡制。祭祀文舞生的冬冠以骚鼠制成，冠顶为镂花铜座，中饰方铜，镂葵花，上衔铜三角，如火珠形。祭祀武舞生的冠顶上衔同三棱，如古戟形。乐部乐生的冠顶以镂花铜座，上植明黄翎。卤簿与士的冬冠以豹皮戟黑毡为之，顶镂花铜座，上植明黄翎。

① 常沙娜主编《中国织绣服饰全集》第 4 卷，天津人民美术出版社，2004，第 460 页。

② 《清代服饰展览图录》，台北故宫博物院，1986，第 18 页。

图 1－30　一品官夏朝冠（凉帽）①

女朝冠是指上至皇太后、皇后、嫔妃，下至皇子王公福晋、公主及命妇所戴的朝冠。女朝冠和男朝冠一样，也分为冬朝冠和夏朝冠，即暖帽和凉帽。女冬朝冠的冠檐皆以薰貂为之，上缀朱纬（红缨），并长出于檐。女朝冠冠后都有护领，并垂绦 2 条。夏朝冠皆以青绒为之，余制如冬冠。其冠冠顶和冠上的饰物以及冠后垂绦的颜色都是有明文规定，等级森严，也是阶级社会区分贵贱尊卑的标志。皇太后和皇后的冬朝冠冠顶相同，皆为三层，每层贯东珠各 1 颗，金凤各一只，每只金凤上饰东珠各 3 颗，珍珠各 17 颗，其上衔大东珠 1 颗。朱纬上周缀金凤 7，每凤饰东珠 9 颗，猫眼石 1 颗，珍珠 21 颗。后金翟（长尾山雉）1，饰猫眼石 1 颗，珍珠 16 颗。翟尾垂珠，五行二就，每行大珍珠 1 颗，珍珠共 302 颗。中间金衔青金石结 1，饰东珠、珍珠各 6 颗，末缀珊瑚。冠后护领垂明黄绦 2 条，末缀宝石，青缎为带。

皇贵妃的冬朝冠用薰貂，上缀朱纬。冠顶三层，贯东珠各 1 颗，皆承以金凤，饰东珠各 3 颗，珍珠各 17 颗，上衔大珍珠 1 颗。朱纬上周坠金凤 7，饰东珠各 9 颗，珍珠各 21 颗。冠后金翟 1，饰猫眼石 1 颗，小珍

① 常沙娜主编《中国织绣服饰全集》第 4 卷，天津人民美术出版社，2004，第 463 页。

图 1-31　皇后貂皮檐冬朝冠①

图 1-32　皇后夏朝冠②

珠 16 颗，翟尾垂珠，三行两就，凡珍珠 192 颗。中间金衔青金石结 1，东珠、珍珠各 4 颗，末缀珊瑚。冠后护领垂明黄绦 2 条，末缀宝石，青缎为带。夏朝冠以青绒为之，余皆同冬冠。贵妃和皇贵妃的朝冠基本相同，不同之处在于贵妃冠之垂绦为金黄色。妃的冠顶二层，贯东珠各 1 颗，皆承以金凤，饰东珠 9 颗，珍珠 17 颗，上衔猫眼石。朱纬。上周缀金凤五，饰东珠 7 颗，珍珠 21 颗。后金翟 1，饰猫眼石 1 颗，珍珠 16 颗，翟尾垂珠，凡珍珠 180 颗，三行二就。中间金衔青金石结一，饰东珠、珍珠各 4 颗，末缀珊瑚。冠后护领垂金黄绦 2 条，末缀宝石。青缎为带。嫔的冠顶二层，贯东珠各 1 颗，皆承以金翟，饰东珠 9 颗，珍珠 17 颗，上衔珂（玉的名）子。朱纬。上周缀金翟五，饰东珠 5 颗，珍珠 19 颗。后金翟一，饰珍珠 16 颗，翟尾垂珠，凡珍珠 172 颗，三行二就。中间金衔青金石结一，饰东珠、珍珠各 3 颗，末缀珊瑚。冠后护领垂金黄绦 2 条，末缀宝石。青缎为带。皇子福晋与亲王福晋、固伦公主朝冠相同，冠顶为镂金 3 层，饰东珠 10 颗，上衔红宝石。朱纬。上周缀金孔雀五，饰东珠 7 颗，小珍珠 39 颗。后金孔雀一，垂珠三行二就。中间金衔青金石结

① 宗凤英：《清代宫廷服饰》，紫禁城出版社，2004，第 40 页。

② 宗凤英：《清代宫廷服饰》，紫禁城出版社，2004，第 44 页。

一，饰东珠各3颗，末缀珊瑚。冠后护领垂金黄绦2条，末也缀珊瑚。青缎为带。世子福晋与和硕公主的冠顶为镂金3层，饰东珠9颗，上衔红宝石。朱纬。上周缀金孔雀五，饰东珠各6颗。后金孔雀一，垂珠三行二就。中间金衔青金石结一，饰东珠各3颗，末缀珊瑚。冠后护领垂金黄绦2条，末亦缀珊瑚。青缎为带。郡王福晋、郡主的冠顶镂金2层，饰东珠8颗，上衔红宝石。朱纬。上周缀金孔雀五，饰东珠各5颗。后金孔雀一，垂珠三行二就。中间金衔青金石结一，末缀珊瑚。冠后护领垂金黄绦[①]2颗，末亦缀珊瑚。青缎为带。贝勒夫人、贝子夫人、镇国公夫人、辅国公夫人、县主、郡君、县君、镇国公女乡君、辅国公女乡君的朝冠冠顶为镂金2层，贝勒夫人、县主饰东珠7颗、贝子夫人、郡君饰东珠6颗，镇国公夫人、县君饰东珠5颗，辅国公夫人、镇国公女乡君，饰东珠4颗，辅国公女乡君饰东珠3颗。皆上衔红宝石。朱纬。上周缀金孔雀五，饰东珠各三。后金孔雀一，垂珠三行二就。中间金衔青金石结一，末缀珊瑚。冠后护领垂石青绦二，末亦缀珊瑚。民公夫人、侯夫人、伯夫人、子夫人、男夫人冬朝冠皆用薰貂，夏以青绒为之。顶镂花金座，饰东珠4颗，侯夫人中饰东珠3颗，伯夫人中饰东珠2颗，子夫人中饰东珠1颗，上衔红宝石；男夫人中饰红宝石1颗，上衔镂花红珊瑚。皆前缀金簪三，饰以珠宝，护领套用石青色。镇国将军夫人与一品命妇[②]冠顶为镂花金座，中饰东珠1颗，上衔红宝石。辅国将军夫人与二品命妇顶镂花金座，中饰红宝石1颗，上衔镂花珊瑚。奉国将军淑人与三品命妇顶镂花金座，中饰红宝石1颗，上衔蓝宝石。奉恩将军恭人与四品命妇顶镂花金座，中饰小蓝宝石1颗，上衔青金石。五品命妇顶镂花金座，中饰小蓝宝石1颗，上衔水晶。六品命妇顶镂花金座，中饰

---

① 绦子：用丝线编织成的花边或扁平的带子，可以装饰衣物。

② 命妇，有诰命所封授的妇人，在清代是指文武品官的妻子。命妇也包括皇族中的后、妃、亲王福晋、贝勒夫人等。妇女的服饰是取决于夫的，其夫为官，便为命妇。她们的服制按照自己丈夫的地位而穿应穿的命服。

小蓝宝石 1 颗，上衔砗磲。七品命妇顶镂花金座，中饰小水晶 1 颗，上衔素金。

吉服冠是帝后妃嫔、王公大臣、文武百官以及公主、命妇等在举行“筵宴、迎銮”、冬至、元旦、庆寿等嘉礼及某些吉礼、军礼活动时，穿吉服时所戴的帽子。它和朝冠一样，也分为男吉服冠和女吉服冠。皇帝及其群臣的冬吉服冠根据冠檐可分为海龙皮、薰貂皮、紫貂皮三种，根据时令来佩戴。海龙皮冠时君臣在立冬前穿吉服时所戴的礼帽；薰貂皮冠是在立冬之后，十一月初一前和次年元月十五日上元节以后的冬天里使用。紫貂皮冠是在十一月初一日至次年元月十五日上元节期间内使用。[①] 冠上均缀朱纬。夏吉服冠织玉草或藤丝、竹丝为之，红色纱绸做里，石青片金缘为边。冠檐向外敞，冠内加冠圈，冠带联于冠圈之上。顶如冬吉服冠，也就是说，其冬吉服冠上用什么冠顶，冠顶上饰什么样的翎，夏吉服冠上就用什么顶，顶上就加饰什么样翎。皇帝冠顶满花金座，上衔大珍珠 1 颗。皇子、皇孙、曾孙、皇元孙等未封爵者的冬吉服冠，准用红绒结顶冠，不加梁。至 18 岁时，照其父职分，依新例按品换戴冠顶。亲王、亲王世子、郡王、贝勒、贝子、镇国公、辅国公、入八分公的冠顶用红宝石。不入八分公、固伦额驸、和硕额驸民公、侯、伯、文武一品官、镇国将军、郡王额驸冠顶用珊瑚。文武二品官、辅国将军、县主额驸、男冠顶用镂花珊瑚。文武三品官、奉国将军、郡君额驸冠顶用蓝宝石。文武四品官、奉恩将军、县郡额驸冠顶用青金石。文武五品官、乡君额驸用水晶。文武六品用砗磲。文武七品官及进士用素金。文武八品官用阴文花金。文武九品、未入流官用阳文花金。举人顶镂花银座，上衔金雀。贡生衔花金。监生、生员用素银。外郎、耆老冠顶用锡。

---

① 宗凤英：《清代宫廷服饰》，紫禁城出版社，2004，第 106 页。

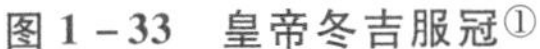

图 1－33　皇帝冬吉服冠①

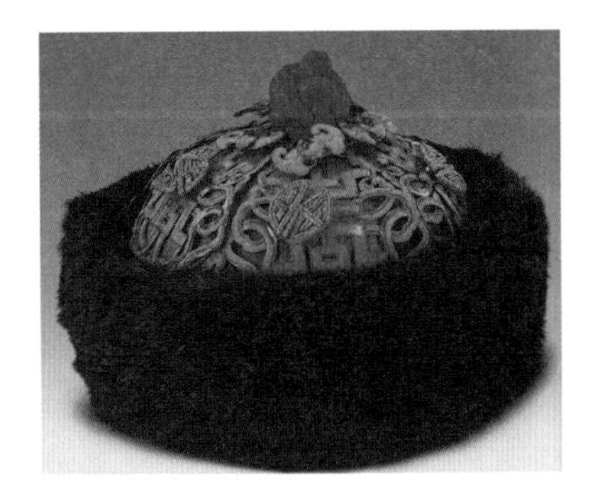

图 1－34　后妃吉服冠②

女吉服冠是指上至皇太后、皇后、妃嫔，下至皇子王公福晋、公主及命妇穿吉服所戴的帽子。女吉服冠从皇太后下至七品命妇，其制度皆为一种，无冬、夏之分；但从实际生活中看，并非不分冬、夏。秋、冬戴薰貂皮檐的吉服冠；春、夏则戴钿子。钿子是《大清会典》中没有规定的女夏吉服冠。冬吉服冠，是指上至皇太后，下至七品命妇在秋、冬两季里穿吉服所戴的暖幄，除冠顶上所饰的珠宝不同之外，其余制度相同。皇太后下至七品命妇的吉服冠，冠皆以薰貂皮制成，冠上均缀有朱纬，长至冠檐，檐皆向上，冠皆无带。皇太后、皇后、皇贵妃、贵妃的吉服冠，其冠顶皆饰东珠。妃、嫔的吉服冠，冠顶上均饰碧。皇子福晋、亲王福晋、亲王世子福晋、郡王福晋、贝勒夫人、贝子夫人、镇国公夫人、辅国公夫人、固伦公主、和硕公主下至乡君的吉服冠，其冠顶饰红宝石。民公侯伯子夫人、镇国将军夫人、一品命妇的吉服冠，其冠顶俱饰珊瑚。男夫人、辅国将军夫人、二品命妇的吉服冠，冠顶上皆饰镂花珊瑚。奉国将军淑人、三品命妇的吉服冠，冠顶上均饰蓝宝石。奉恩将

① 宗凤英：《清代宫廷服饰》，紫禁城出版社，2004，第 107 页。

② 张琼主编《清代宫廷服饰》，上海科学技术出版社、商务印书馆（香港）有限公司，2006，第 262 页。

军恭人，四品命妇的吉服冠，其冠顶全饰青金石。五品命妇的吉服冠，冠顶上饰水晶。六品命妇的吉服冠，冠顶上饰砗磲。七品命妇的吉服冠，冠顶上饰素金。

夏吉服冠，皇太后下至七品命妇于春、夏两季所戴的吉服冠，虽在《大清会典》里无定制，但从清代后妃的夏吉服像及清末后妃的照片上看，她们戴的并不是薰貂皮的吉服冠，而是钿子。例如：《故宫珍藏人物照片荟萃》里，端康（瑾妃）的夏吉服像，头上戴的就是插有各种花的钿子。钿子，是中国古代妇女戴在头上的一种饰物，从文字记载上看，始于金，而盛于清。清代的钿子，以铁丝缠线制成骨架，上面再饰以各种纹饰。形状前高后低，与凤冠有些相似。其钿有凤钿、翟钿和各种花钿。按清代的冠制，皇太后、皇后、皇贵妃、妃皆戴凤钿；嫔以下至辅国公女乡君均戴翟钿；民公侯伯夫人以下至七品命妇俱戴各种花钿。

常服冠是清代男子特有的一种冠饰（在清代，女性不参加各种祭祀和某些庆典活动），它是君臣在各种祭祀和庆典活动以及平时做事所戴的冠饰。君臣的常服冠和其吉服冠一样，分为冬常服冠和夏常服冠，即凉冠和暖冠两种。冬常服冠是秋、冬两季所戴的暖帽。皇帝的冬常服冠，为红绒结顶，不加梁，余制如其冬吉服冠。皇子以下至文武百官的冬常服冠，其制度均与各自的冬吉服冠制度相同，也就是说，冬吉服冠就是其冬常服冠，制度相同。夏常服冠，是春、夏两季里所戴的凉帽。皇帝的夏常服冠，亦为红绒结顶，不加梁，余制亦皆如其夏吉服冠。皇子以下文武百官的夏常服冠，其制度亦均与各自的夏吉服冠相同。也就是说，夏吉服冠就是其夏常服冠，制度相同。

行服冠是君臣在巡幸、大狩、出征等活动时所戴的帽子。君臣的行服冠分为冬行服冠和夏行服冠两种。清代君臣的冬行服冠是在秋、冬两季里所戴的暖帽。皇帝的冠檐有黑狐皮、黑羊皮和青绒（或青呢）三种，除此之外，其余皆如冬常服冠之制。亲王以下文武百官的冬行服冠，制度各如其冬吉服冠。夏行服冠则是春、夏所戴的凉帽。君臣的夏行服冠

图 1－35　皇帝夏行服冠①

图 1－36　一至四等侍卫、前锋等冬行服冠②

皆织玉草或藤丝、竹丝制作，冠上均缀朱牦。皇帝的夏行服冠，以红色纱为里，以红色片金沿为冠边。冠前缀珍珠一颗，冠顶及梁皆为黄色，余制均如其冬常服冠。皇子、亲王以下文武百官的行服冠，与各自的冬吉服冠相同。

雨冠在明代时称雨帽，形如方巾，周围加三寸宽的檐，也有用竹胎为表的，施上黑漆如高丽的帽子。雨冠是清代男子特有的冠饰，是君臣在朝会、祭祀、巡幸、大狩、出征等一切聚集活动时，遇雨雪所戴的帽子（遇雨雪时，把雨冠套在所戴的冠上。除此之外，君臣在祈雨时亦戴雨冠）。雨冠因所戴人的身份、地位不同，其制度也有所差别。皇帝的雨冠其制度有二种，分为冬雨冠和夏雨冠。其余王公文武百官的雨冠只有一种。冬雨冠是皇帝在秋、冬两季相关场合使用。为明黄色，冠顶高，冠檐前深，而后长。分为毡、羽缎、油绸 3 种。毡、羽缎作成的冬雨冠，以月白色缎为里；而油绸作成的冬雨冠，则不加冠里。冬雨冠的冠带皆

① 张琼主编《清代宫廷服饰》，上海科学技术出版社、商务印书馆（香港）有限公司，2006，第 257 页。

② 宗凤英：《清代宫廷服饰》，紫禁城出版社，2004，第 148 页。

以蓝色布为质；夏雨冠是皇帝在春、夏两季相关场合使用。为明黄色。冠顶平，冠檐前短敞而后长，余制俱如其冬雨冠之制。

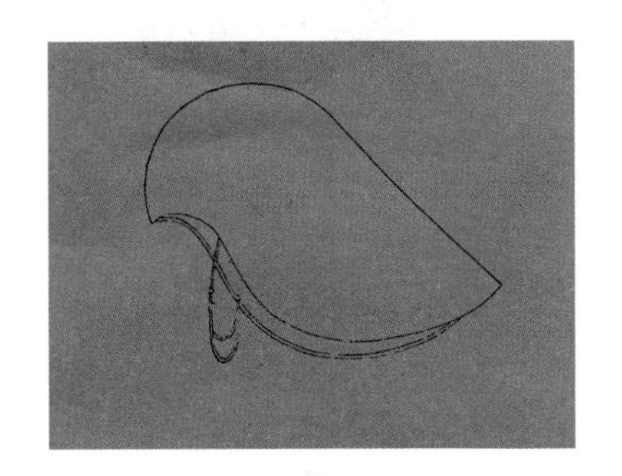

图 1－37[①]－1　雨冠

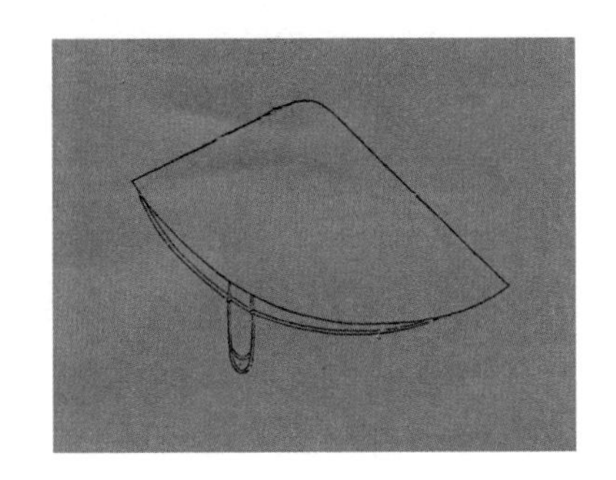

图 1－37－2　雨冠

皇子、亲王以下至文武八、九品官及有顶戴人员的雨冠，无冬、夏之别。其雨冠之制，除了用色及用料不同之外，其余均与皇帝的夏雨冠之制相同。皇子、亲王以下至文武三品官、御前侍卫、乾清门侍卫及内廷行走官员的雨冠，用色均相同，为全红色，即红色冠，沿红色边。军民的雨冠，其制相同，为青色冠，沿青色边。文武四、五、六品官的雨冠，制度俱同，其冠为红色，沿青色边。冠前、后的镶边宽窄不同，冠前镶青色边二寸五分，冠后镶青色边五寸，其边前窄后宽。文武七、八、九品官及有顶戴人员的雨冠，制度相同，冠俱为青色，沿红色边，其冠边亦为前窄后宽，冠前沿红色边二寸五分，冠后沿红色边五寸。皇子以下至文武九品官员及有顶戴人员的雨冠，用料相同，为毡、羽纱、油绸三种。毡雨冠是皇子以下凡有顶戴人员，在冬季里所戴的雨冠；羽纱雨冠是皇子以下凡有顶戴人员在夏季里所戴的雨冠；油绸雨冠则是皇子以下凡有顶戴人员在春、秋两季里所戴的雨冠。雨冠除祈雨之外，与雨衣一致，配套穿戴。[②]

① （清）托津：《钦定大清会典图》（嘉庆朝），影印本，文海出版社，1991，第 1345～1347 页。

② 曾慧：《满族服饰文化变迁研究》，中央民族大学博士学位论文，2008，第 51～62 页。

2. 服装

按照清代冠服的分类，可将服装分为袍、服、褂、裙裳四个类别，这些服饰明显区别于前代宽衣大袖的服饰形制，它体现了满族游猎民族的特点，但同时也有沿袭明朝及前代的服饰。清代距离我们现代时间不算久远，文献典籍保留得比较好。清代宫廷服饰是礼节规矩多、规格高、规定繁重，本书将不一一列举出来，仅选出几类具有代表性的服饰来作一描述和研究。

袍是北方民族传统的服饰之一，它改变了中原汉族长期以来上衣下裳的服装形制，袍的设计更符合北方民族生产和生活的需要。清代的袍服主要包括朝袍/朝服、吉服袍/龙袍/蟒袍、常服袍和行服袍。

朝袍即朝服，是帝后王公大臣在朝会、祭祀之时所穿的礼袍，其上皆织、绣符合其身份等级的图纹，以图纹来别亲疏、辨等威。皇帝、皇太后、皇后、皇贵妃的朝服，以龙为章[①]。贵妃、妃、嫔、皇子、亲王、亲王世子、郡王及皇子福晋、亲王福晋、亲王世子福晋、郡王福晋、固伦公主、和硕公主、郡主、县主的朝服，均以五爪蟒[②]纹为章。皇孙福晋、皇曾孙福晋、皇元孙福晋、贝勒以下至文武七品官及贝勒夫人以下至七品命妇[③]和郡君以下至乡君的朝服，皆以四爪蟒为章。文武八、九品官及未入流官和举人、贡生、监生、生员的公服，虽无龙蟒纹饰，但有其特定的标志以证其身。帝后王公大臣的朝服分男朝服和女

① 龙有正龙和行龙之分，并以正龙和行龙的数量多寡别尊卑。正龙是龙首的面向正面，其姿态是头部左右对称，好像一条正面而坐的龙，所以有时也可叫作坐龙，是龙纹中最尊的纹饰；行龙是象龙在行走之态，所以有时也叫作走龙。正蟒和行蟒也是作同样的姿态。民间一般通谓五爪者叫作龙，四爪者叫作蟒。细别之则首、髭、火焰等略有差异。

② 五爪蟒，与龙无异，但由于身份的不同，称呼也不同。皇贵妃以上等用则称之为龙；贵妃、妃嫔、皇子及诸王、诸王福晋、公主和郡主、县主等宗室用则称之为蟒。蟒似龙，但比龙少一爪，为四爪，蟒亦分正蟒、行蟒，并以正蟒、行蟒数量的多少区别贵贱。

③ 命妇：有诰命所封授的妇人，在清代是指文武品官的妻子。

朝服。男朝服是皇帝、皇子、王公及文武百官在朝会、祭祀之时所穿的一种礼袍，其式为圆领[①]、马蹄袖、披领紧身窄袖右衽。君臣的朝服制也根据其身份地位的不同而制度不一。皇帝、皇子、王公世子以下至文武四品官及奉恩将军、县君额驸的朝服有冬、夏两种；二等侍卫以下至文武九品官及未入流官的朝服，以及举人、贡生、监生、生员等的公服则不分冬、夏，冬、夏为一制。冬朝服只有皇帝、皇子及王公文武四品官、奉恩将军、县君额驸以上才有。其制有两种。一种是在阴历十一月初一日至次年正月十五日上元节期间举行嘉礼庆典及吉礼祭祀活动时穿用。具体形制为：披领及衣裳皆以紫貂为质料，袖端为薰貂皮做成。上衣皆织、绣成柿蒂形纹饰，在柿蒂形纹饰内再填以龙、蟒纹，中间无腰帷。衣下有襞积（打折）。皇帝的纹饰为袍上织、绣五爪金龙 10 条。其中，正龙 4 条，行龙 6 条。衣前后并列有十二章纹饰。衣下为襞积，其间饰以五色云蝠等纹。另一种冬朝服是在阴历十一月初一日以前和次年正月十五日上元节以后的秋、冬两季里在举行嘉礼庆典及吉礼祭祀活动时穿用。其形制为披领及袖皆为石青色，袍边俱镶石青片金加海龙皮缘。上衣皆织、绣成柿蒂形纹饰，在其柿蒂形纹饰内再填以龙、蟒纹饰。中有腰帷，腰帷下有襞积。其纹饰为上织、绣五爪金龙 38 条。其中有正龙 9 条，行龙 11 条，团龙 18 条。此袍列有十二章纹饰，日、月、星辰、山、龙、华虫、黼黻八章在衣，宗彝、藻、火、粉米四章在裳。周身间饰五色云蝠等纹饰。袍下幅为八宝平水、江山万代等纹饰。其余的王公大臣形制基本相同，不同之处在于织、绣的蟒龙数目不同而已。

君臣的冬朝服，不仅因穿用的人身份和等级的不同，在袍上织、绣的花纹不同，而且袍的用色也根据身份的不同而各异。皇帝的冬朝服，

① 圆领，为金代盘领之遗制，第一扣在喉下，第二扣在腋下，一二两扣之间成一直线。后来移改第二扣在右肩窝，第三扣在右腋下，构成不等边尖角的曲线。今天一般袍服的领型与此相同。

图 1－38　雍正用大红缎织彩云金龙纹皮朝袍①

图 1－39　乾隆用月白绛丝彩云金龙纹单朝袍②

用明黄、红、蓝三色各一种。皇子的冬朝服只有金黄色一种。亲王、亲王世子、郡王的冬朝服蓝和石青二色，随其所欲，若曾赐金黄色者，也可以穿用。贝勒、贝子、固伦额驸、镇国公、辅国公、和硕额驸及皇孙等的冬朝服，其制皆同，除金黄色不能用之外，其余各色皆随其所欲。民、公、侯、伯下至文武四品官及奉恩将军、县君额驸的冬朝服，其用色皆同，蓝及石青等色随所用。

夏朝服是君臣在春、夏两季里举行嘉礼庆典和吉礼祭祀时所穿的礼袍。只有皇帝、皇子、王公及文武四品官、奉恩将军、县君额驸以上才有。其制皆为一种。从皇帝下至文武四品官、奉恩将军、县君额驸的夏朝服，披领及袖俱为石青色，并镶石青片金缘。至于夏朝服的形式、花纹及用色（除皇帝之外）皆与其各自的冬朝服制二相同。

皇帝的夏朝服用色有三种，即明黄、蓝、月白三色。皇帝在春、夏两季里，也根据活动的内容而更换夏朝服的颜色。“五月十三日，穿蓝芝

① 张琼主编《清代宫廷服饰》，上海科学技术出版社、商务印书馆（香港）有限公司，2006，第 8 页。

② 张琼主编《清代宫廷服饰》，上海科学技术出版社、商务印书馆（香港）有限公司，2006，第 10 页。

地纱袍……”① 北京故宫博物院所藏乾隆帝夏天御用的戳纱绣单朝服，衣长140厘米，两袖通长188厘米，胸围128厘米，下摆312厘米，袖口15.5厘米。系用一绞一的直径纱绣制，纱地经粗直径0.14毫米，纬粗直径0.3毫米，每厘米经纬密度为80：20根，有均匀的芝麻形纱眼。花纹绣法是按纱眼用色丝戳纳而成。针法有短串、长串、打点三类。在清代，二等侍卫以下至文武九品官及未入流官的朝服，只有单、夹、棉、皮之别，而无有冬、夏之制之分，即冬、夏制同。

女朝服是后妃、福晋、夫人、淑人、公主以下至七品命妇，在朝会、祭祀之时所穿的礼袍，其形式为圆领、马蹄袖、披领右衽紧身窄袖。女朝服和男朝服一样也“尊卑有序，上下有别”，制度各异。冬朝服，只有皇太后、皇后、妃嫔及三品命妇、奉国将军淑人才有。皇太后、皇后、皇贵妃、贵妃、妃、嫔的冬朝服，其制度皆为三种。基本形制为：披领及袖俱为石青色，袍边和肩上下袭朝褂处均镶片金加貂皮缘。其袍全为圆领、马蹄袖、上衣下裳相连属的右衽紧身窄袖直身袍。左右两开裾（开气）或左右后三开裾，两袖有接袖（在综袖上，只有女袍有，男袍没有，这是男袍和女袍的区别之一）。

上至皇太后，下至三品命妇及奉国将军淑人的冬朝服，不仅袍的形式、花纹不同，其用色及领后垂绦也有等级区别。皇太后、皇后、皇贵妃的冬朝服，用色相同，均为明黄色，领后垂明黄绦。贵妃、妃的冬朝服，用色皆相同，全为金黄色，领后垂金黄色绦。嫔、皇子福晋、亲王福晋、固伦公主、和硕公主、郡王福晋、亲王世子福晋、郡主、县主的冬朝服，用色相同，皆为香色，领后亦垂金黄色绦。皇孙福晋、贝勒夫人、贝子夫人、镇国公夫人、辅国公夫人、民公侯伯子男夫人、镇国将军夫人、辅国将军夫人、郡君、县君、乡君以下至三品命妇、奉国将军

---

① 中国第一历史档案馆：《清代档案史料丛编第五辑》咸丰四年穿戴档，中华书局，1990，第270页。

图 1－40　清早期香色绸织彩云金龙纹夹朝袍[①]

图 1－41　贝勒夫人冬朝袍[②]

淑人的冬朝服，用色相同，均为蓝及石青诸色随所欲，领后垂石青色绦。夏朝服只有七品命妇、奉国将军淑人以上才有，其制有两种和一种之分。夏朝服基本形制为袍边及肩上下袭朝褂处均镶片金缘之外，余制皆如其各自的冬朝服制度。夏朝服有缎、绸、纬丝、也有纱，有单、有夹。春季用缎、绸、纬丝做成的夹朝服，夏季则用凉爽剔透的纱单朝服。

吉服袍，又名嘉服或龙袍、蟒袍。帝后大臣的吉服袍，不仅底色有一定的区别，而且袍上皆织、绣有符合其身份等级的图纹，以其底色、图纹来区分远近亲疏和等级。皇帝、皇太后、皇后、皇贵妃、皇太子的吉服袍，皆以龙为章，故称之为龙袍。贵妃、妃、嫔、皇子、亲王、亲王世子、郡王及其各位福晋、固伦公主、和硕公主、郡主、县主的吉服袍，均以五爪蟒纹为章，故名之为蟒袍。贝勒以下至文武九品官及未入流官员和贝勒夫人以下至七品命妇的吉服袍，俱以四爪蟒纹为章，故也称之为蟒袍。帝后大臣的吉服袍分为男吉服袍和女吉服袍。

男吉服袍是指皇帝、皇子、王公文武百官在嘉礼及其吉礼、军礼活

① 张琼主编《清代宫廷服饰》，上海科学技术出版社、商务印书馆（香港）有限公司，2006，第 98 页。

② 宗凤英：《清代宫廷服饰》，紫禁城出版社，2004，第 61 页。

动时活所穿的一种袍服，其形制为圆领、马蹄袖、上衣下裳相连属的右衽窄袖紧身直身袍。宗室皆为前后左右四开气，其余文武官员均为前后两开气。男吉服袍皆无接袖，其制度皆为一种，不分冬、夏，只有单、夹、棉、裘之分。皇帝的吉服袍即龙袍，明黄色，领、袖皆石青色，片金缘。绣文金龙九。周身列十二章纹饰。间以五色云。领前后正龙各一，左、右及交襟处行龙各一，袖端正龙各一。下幅八宝立水，裾系四开，棉、夹、纱、裘，各惟其时。十二章纹，是我国古代天子或皇帝礼服和吉服上的一种装饰图案。据《尚书·虞书·益稷》记载，这十二章纹是日、月、星辰、龙、山、华虫、火、宗彝、藻、粉米、黼、黻，始于虞氏之时。自周朝以来，十二章纹用于皇帝的龙袍或冕服之上，其施于服饰上的含义和它的象征意义如下：日、月、星，取其照临光明，如三光之耀。龙，能变化而取其神之意，象征人君的应机布教而善于变化。山，取其能云雨或说取其镇重的性格，象征王者镇重安静四方。华虫，雉属，取其有文章（文彩），也有说雉性有耿介的本质。表示王者有文章之德。宗彝，谓宗庙之郁鬯樽，虞夏以上取虎彝、蜼彝，虎取其猛，蜼取其智或说取其孝。以表示有深浅之知、威猛之德。藻，水草之有文者，一说取其洁。象征冰清玉洁之意。火，取其明，火炎向上有率士群黎向归上命之女吉服袍是指皇太后、皇后、妃嫔以下福晋、夫人、淑人、恭人、公主及命妇等嘉礼、吉礼和军礼活动中所穿的一种袍服，其形制为圆领、马蹄袖、上衣下裳相连属的右衽窄袖紧身直身袍。为左、右两开气。女吉服袍有接袖，这是女吉服袍有别于男吉服袍的地方。因穿戴人的身份、地位的不同，制度各异。皇太后、皇后、皇贵妃的吉服袍即龙袍有三种形制，其色皆明黄色，领袖皆石青。一种形制为绣文金龙九，间以五色云，福寿文采惟宜。下幅八宝立水，领前后正龙各一，左右及交襟处行龙各一，袖如朝袍，裾左右开；一种为绣文五爪金龙八团，两肩前后正龙各一，襟行龙四。下幅八宝立水；一种为下幅不施章采。皇贵妃以下的吉服袍为一种形制。上至皇太后，下至七品命妇的吉服袍，冬、夏制度相同。只是应其季节变换而更换不同质地的绸、缎、缂丝、纱及单、夹、棉、裘袍而已。

图 1-42　清早期黄纱织八团金龙纹单龙袍①

图 1-43　道光朝大红缂丝彩绘八团梅兰竹菊纹夹袍②

皇太后、皇后、皇贵妃的吉服袍，皆用明黄色。贵妃、妃的吉服袍，用色均为金黄色。嫔、贵人、皇子福晋、亲王福晋、亲王世子福晋、郡王福晋、固伦公主、和硕公主下至县主的吉服袍，皆为香色。皇孙福晋、皇曾孙福晋、皇元孙福晋的吉服袍，其红、绿两色各随所用，只是不许用金黄色和香色。贝勒夫人下至民公侯伯子男夫人、郡君下至乡君、奉国将军淑人、奉恩将军恭人及命妇的吉服袍，用蓝及石青等色。皇太后下至七品命妇的吉服袍，领袖俱为石青色，其袍边皆为石青片金缘，有棉、裘、单、夹四种。

常服袍是帝后君臣所穿的圆领，马蹄袖，上衣下裳相连属的右衽窄袖紧身直身袍。常服袍多以暗花织物为面料缝制而成，用色及花纹均在符合自己身份的范围内随其所欲。其袍式与吉服袍相同。有棉、夹、单、裘四种，根据季节的变化而更换。其袍裾③宗室为四开气，其余皆

① 张琼主编《清代宫廷服饰》，上海科学技术出版社、商务印书馆（香港）有限公司，2006，第 148 页。

② 张琼主编《清代宫廷服饰》，上海科学技术出版社、商务印书馆（香港）有限公司，2006，第 178 页。

③ 衣服的大襟。

为两开气。

图 1-44 康熙帝读书像①：戴凉帽、内穿常服袍、外罩常服褂

行服袍是君臣在及亲诣岳神庙、镇海渎、元圣周公庙、孟庙拈香和亲诣前代帝王陵寝奠洒冠服。行服袍是一种圆领、马蹄袖上衣下裳相连属的右衽紧身窄袖直身袍，是君臣在巡幸、大狩、出征等活动时所穿的一种大襟长袍。行服袍的形制与常服袍相似，只是比常服袍短十分之一。为了方便乘骑，此袍的右裾在一尺处被剪断，缝制好之后，再用三组纽袢把被剪下的右裾与袍的右裾相连接在一起，既可分又可合，故又称之为“缺襟袍”。这是常服袍的独到之处。皇帝的行服袍用色及花纹均随其所欲。皇子、亲王以下文武百官的行服袍，皆在符合自己身份、地位的前提下随所欲。袍皆为前后左右四开气。行服袍有棉、夹、单、裘四种，

① 朱诚如主编《清史图典》第 4 册，紫禁城出版社，2002，第 371 页。

随其时而更换。

端罩是清代满、汉官礼服之一，皇帝至文三品、武二品官员及一至三等侍卫专用服饰，是一个特殊的衣服品种，冬季罩在龙袍或蟒袍之外，以代补服。补服是皇帝及文三品、武二品官及三等侍卫以上大臣在春、夏、秋三季里所穿的朝褂和吉服褂，而端罩则是他们在冬季里所穿的朝褂和吉服褂，只是称呼不同而已，它和现代女士所穿的裘皮外套相似。其形制为宽松式对襟裘皮外褂，皮毛翻露于外，缎里，圆领、无领、平袖过肘，衣长及膝，左右各垂两条带子，下端宽而锐，色与里同。视品秩而别，不得僭越滥服。皇帝的端罩有两种，其余王公大臣皆为一种。皇帝端罩以黑狐、紫貂为之，十一月朔至上元用黑狐，皆为明黄缎里。皇子紫貂为之，金黄缎里。亲王、亲王世子、郡王、贝勒、贝子、固伦额驸的端罩，皆以青狐皮制成，月白缎做里，亲王端罩若赐金黄色里者，也可用之。贝勒、贝子、固伦额驸的端罩，皆以青狐皮制成，其里则为月白色缎。皇孙、皇曾孙等及镇国公、辅国公、和硕额驸的端罩，皆以紫貂皮制成，其里为月白色缎。民、公、侯、伯下至文三品、武二品官及辅国将军、县主额驸、男和京堂翰詹科道等官，应用端罩者，皆以貂皮制成，以蓝色缎做里。一等侍卫的端罩，则用猞猁狲皮，并间以豹皮制成，其以月白色缎做里。二等侍卫的端罩，用红色豹皮做成，以素红色缎为里。三等侍卫及蓝翎侍卫的端罩，皆以黄色狐皮制成，以月白色缎为里。君臣的端罩，左右皆垂带各 1 条，其带均下宽而锐，带色皆与各自的端罩里的颜色相同。

衮服只有皇帝服用，穿的场所也不多，仅用于祭圆丘、祈谷、祈雨等。颜色用石青色，绣五爪正面金团龙四团，两肩前后各 1 团，左肩绣日、右肩绣月，前后篆文寿字并相间以五色云纹。有棉、夹、纱、绸之制，冬裘、夏纱适时穿用。此服是在汉族固有的衮服而加以改变的。

补服也叫作“补褂”，是清代的礼服。皇帝穿衮服、皇子穿吉服褂/龙褂时，王公大臣和百官穿补服相衬配，由于穿用场所和时间较多，是

图 1－45　黄色暗团龙纹江绸玄狐皮端罩①　　图 1－46　清五品文官像②

清代文武大臣和百官的重要官服。补服的基本形制为：均为石青色，前后各缀有一块补子，圆领、对襟、平袖、袖与肘齐，衣长至膝下（比袍短一尺许），门襟有 5 颗钮子的石青色宽松式外衣，因此有“外褂”或“外套”之称。补服主要的特点，是用装饰于前胸和后背的“补子”的不同纹饰来区别官位高低，即两块绣有文禽和猛兽的纹饰。

后金时期，努尔哈赤认为，只有众家贝勒穿着带披肩领的朝衣，远远不够，必须要有一种能标识身份和等级的服装，为日益增多的后金官员们所用。于是，努尔哈赤决定效仿明朝官员的补服之制，以辨等级。1621 年 7 月，后金统治者制定了官员的补服制度，“诸贝勒服四爪蟒缎补服，都堂、总兵官、副将服麒麟补服，参将、游击服狮子补服，备御、

① 张琼主编《清代宫廷服饰》，上海科学技术出版社、商务印书馆（香港）有限公司，2006，第 50 页。

② 常沙娜主编《中国织绣服饰全集》第 4 卷，天津人民美术出版社，2004，第 313 页。

千总服绣彪补服”[1]，这是满族贵族关于补服的最初定制，也是清朝补服的前身。顺治九年（1652）二月，“定诸王以下文武官民舆马服饰制”[2]，对补服制度进行了最后的定制，之后再没有大的变化，直到清末。

清代补子的纹样如下：亲王、亲王世子五爪金龙四团，郡王五爪行龙四团，贝勒四爪正蟒二团，贝子、固伦额驸四爪行蟒二团，镇国公、辅国公、和硕额驸、民、公、侯、伯四爪正蟒方补（前后各一）；文一品仙鹤方补（前后各一），文二品锦鸡方补，文三品孔雀方补，文四品云雁方补，文五品白鹏方补，文六品鹭鸶方补，文七品鸂鶒方补、文八品鹌鹑方补，九品、未入流练雀方补，都御史、副都御史、给事中、御史、按察司各道獬豸方补；武一品、镇国将军、郡主额驸、子麒麟方补，武二品、辅国将军、县主额驸、男、狮子方补，武三品、奉国将军、郡君额驸、一等侍卫豹方补，武四品、奉恩将军、县君额驸、二等侍卫虎方补，武五品、乡君额驸、三等侍卫熊方补，武六品、蓝翎侍卫彪方补，武七、八品犀牛方补，武九品海马方补，从耕农官彩云捧日方补，神乐署文舞生袍用方襕，销金葵花，和声署乐生则绣黄鹂。

清代补子从形式到内容都是在直接承袭明朝官服补子的基础上修改而来，但尺寸比明代略有缩小，图案也不尽相同。明朝补子尺寸大的达40厘米，而清朝补子一般都在30厘米左右。由于清代补子是缝在对襟褂上的，与明朝织在大襟袍上有所不同，所以明代补子前后都是整块，而清朝补子的前片都在中间剖开，分成两个半块。这里展示的清朝补子实物图片都是后片。从色彩和纹样来看，明代补子以素色为多，底子大多为红色，上用金线盘成各种规定的图案，五彩绣补比较少见。清朝补子则大多用彩色，底子颜色很深，有绀色、黑色及深红。明朝补子的四围

---

① 中国第一历史档案馆、中国社会科学院历史研究所译注《满文老档》，中华书局，1990，第217页。

② 《清实录三·世祖章皇帝实录》卷63，影印本，中华书局，1985，第490页下。

图 1－47① －1　清代文官补子②

① 常沙娜主编《中国织绣服饰全集》第 4 卷，天津人民美术出版社，2004，第 311～312 页。

② 从右至左，自上而下，依次为：文一品云鹤纹方补；文一品云鹤纹方补；文一品云鹤纹方补；文二品锦鸡纹方补；文三品孔雀纹方补；文四品云雁纹方补；文五品白鹇纹方补；文六品鹭鸶纹方补；文六品鹭鸶纹方补；文七品鸂鶒纹方补；文八品鹌鹑纹方补；文九品练雀纹方补。

图 1－47－2　清代武官补子①

① 从右至左，自上而下，依次为：武一品麒麟纹方补；武一品麒麟纹方补；武一品麒麟纹方补；武二品狮纹方补；武三品豹纹方补；武三品豹纹方补；武四品虎纹方补；武五品熊纹方补；武六品彪纹方补；武六品彪纹方补；武七、八品犀牛纹方补；武九品海马纹方补。

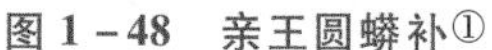

图 1－48　亲王圆蟒补①

图 1－49　皇子衮服圆补②

一般不用边饰，而清朝补子的周围则全部有花边。另外，明朝有些文官（如四品、五品、七品、八品）的补子常织绣一对禽鸟，而清朝的补子全部织绣单只。③ 通过上述内容的概述，我们可以看出清代的补服与明代的补服相比较，规定更加严格，工艺更加精细，图案更加华美。

雨服是清代男子特有的服饰，它是沿袭明代的雨衣制度而来，是君臣在朝会、祭祀、巡幸、大狩、出征等一切聚集活动时，遇雨雪所穿的一种用来防雨雪的服饰，所以叫雨服，由雨冠、雨衣、雨裳三部分组成。雨冠在前文已经介绍过，雨裳将在裙裳部分作以介绍。雨衣是指穿在上身的雨服，由于所穿人的身份、地位的不同，雨衣的形制也有所不同，主要在衣服的颜色、用料、款式结构上有所区分。皇帝的雨衣制度有六种，皇子以下文武百官凡有顶戴者的雨衣制度有两种。皇帝雨衣的基本形制以明黄色油绸、毡、羽缎制成，有加里和不加里之分。六种形制均加立领，这是立领在服饰大量应用的一个典型例证，也是立领在服装史

① 常沙娜主编《中国织绣服饰全集》第 4 卷，天津人民美术出版社，2004，第 308 页。

② 常沙娜主编《中国织绣服饰全集》第 4 卷，天津人民美术出版社，2004，第 304 页。

③ 上海市戏曲学校中国服装史研究组编著《中国历代服饰》，学林出版社，1984，第 277 页。

中的开始。雨衣中的立领，首先是实用功能的体现，因为清代的朝服、吉服等服饰均是圆领，无领，外加硬领和披肩。立领可以阻挡雨雪从颈项处滴落进人的衣服里。后来立领在旗袍上的应用，是从美观角度考虑的。皇子、亲王以下至文武一品官员、御前侍卫及各省巡抚的雨衣，制度相同。其基本形制均为红色，袖端平，加有立领。其长皆如其袍。此形制的雨衣，有毡、羽纱和油绸三种。文武二品以下至军民等凡有顶戴人员的雨衣，制度皆相同。均为青色，除用色之外，余制皆与皇子的雨衣之制相同。皇子以下凡有顶戴人员的雨衣，有单、夹、毡、羽纱及油绸不同面料做成，根据气候的变化和活动的内容来更换穿着。

图 1－50　康熙用大红水波纹羽纱单雨衣①

图 1－51　清晚期石青色绸绵朝褂②

朝褂是后妃、宫眷下至七品命妇于朝会、祭祀之时套在朝袍外面穿的一种礼褂，唯女性所有。其形制为圆领、对襟、无袖大褂襕。其褂皆为石青色，镶片金缘，领后垂不同颜色的彩绦，主要有明黄色、金黄色和石青色之分。后、妃、嫔的朝褂制度皆为三种，其余均为一种。皇太

① 张琼主编《清代宫廷服饰》，上海科学技术出版社、商务印书馆（香港）有限公司，2006，第 88 页。

② 张琼主编《清代宫廷服饰》，上海科学技术出版社、商务印书馆（香港）有限公司，2006，第 107 页。

后下至七品命妇的朝褂，皆以缎、绸、缂丝、纱等料做成，有单、夹、棉之分，春季穿绸缎缂丝做成的夹朝褂，夏季则穿纱做成的单朝褂，秋、冬穿绸缎等做成的棉朝褂。

吉服褂是穿在吉服袍外面或单穿的礼褂，又名龙褂和补褂。帝后大臣的吉服褂，皆为石青色，在石青色面料上织、绣符合其身份、地位的图象征识“补子”。补子有圆补和方补之分。皇帝、皇子、亲王、亲王世子、郡王、贝勒、贝子、固伦额驸及其皇太后下至七品命妇的吉服褂，皆为圆形补。镇国公、辅国公、和硕额驸、民公侯伯、都御史、付都御史、给事中、监察御史、按察使、镇国将军、郡主额驸、子、辅国将军、县主额驸、男及文武百官的吉服褂，皆为方形补。在圆形补和方形补中，因地位、身份不同，补纹各异。吉服褂的补纹有龙、蟒、夔龙、禽、兽、花卉几种。皇帝、皇太后、皇后、皇贵妃、皇子的吉服褂，则以龙为章，故称之为龙褂。除此之外的男吉服褂，均称为补褂，其章俱与各自的补服相同，见前一节补服。而女吉服褂，也称补服。贵妃至县主的吉服褂，以五爪蟒纹为章。贝勒夫人、郡君、贝子夫人、县君的吉服褂，皆以四爪蟒纹为章。帝后大臣的吉服褂，分为男吉服褂和女吉服褂，从底色到补纹均有着严格的规定。品级明显、严格而有序。男吉服褂是君臣套在吉服袍外面或单穿的圆领、对襟、平袖紧身窄袖的礼褂。其制上至皇帝，下至未入流的小官吏皆为一种，除未成年的皇孙、皇曾孙、皇玄孙之外，其用色及织、绣的花纹均如各自的补服。君臣的吉服褂，有棉、夹、单、裘四种，即春夹、夏单、秋棉、冬裘各随其时。

女吉服褂是套在吉服袍外面或单穿的一种圆领、对襟、平袖紧身窄袖的礼褂。由于穿戴人的身份、地位之不同，制度亦不同。皇太后、皇后的吉服褂，其制度皆为二种，其余人员的吉服褂，制度均为一种。补子，有八团、四团、两团不等。女吉服褂的补纹，多为平金、缂丝、妆花、彩绣等工艺方法精制而成，不仅有织，也有绣，品种繁多，美观大方。皇太后下至七品命妇的吉服褂，有棉、夹、单、皮四种。春季使用绸缎缂丝做成的夹吉服褂；夏季使用纱做成的单吉服褂；秋季使用绸缎缂丝做成的棉吉服褂；冬季则使用皮子做成的吉服褂，称为皮褂。随其季节的变化而更换不同质地的吉服褂。[①]

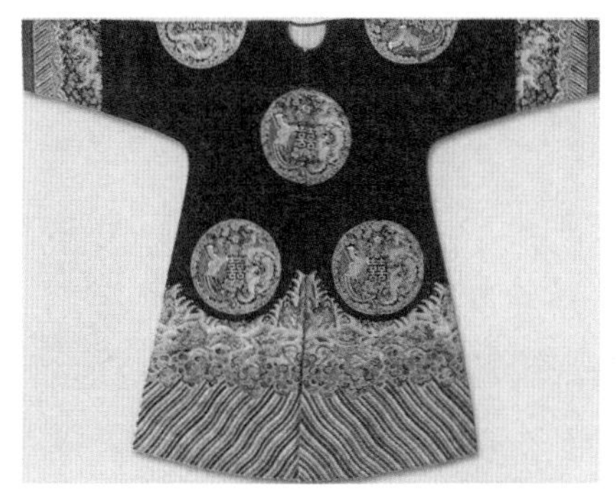

图 1－52　石青色绸绣八团龙凤双喜龙褂[②]

图 1－53　石青素缎夹行服褂[③]

常服褂是套在常服袍外面穿的圆领、平袖、对襟褂，其形式与吉服褂相同。君臣的常服褂，皆无补子，均以石青色暗花织物为面料缝制而成（即本色地，本色花，花地同色）。其花纹无具体的规定，在符合自己身份的前提下随心所欲。裾皆为左右两开气。褂也有棉、夹、单、裘四种，根据季节的变化，而更换不同质地的常服褂。行服褂是套在行服袍外面穿的短褂。行服褂的基本形制为圆领、对襟、平袖紧身窄袖素地短褂，长与坐齐，袖长及肘，胸前以纽扣或带子系结，有明黄、金黄、石青、白、红、蓝诸色，或以别色镶缘，以别等级与部属。有棉、夹、纱、裘，各唯其时。

朝裙是清代后妃下至七品命妇于朝会、祭祀之时穿在朝袍里面的礼裙，均以缎为面料。皇太后下至三品命妇及奉国将军淑人的朝裙，有冬、夏之制，四品命妇、奉恩将军恭人下至七品命妇的朝裙，则冬、夏之制

① 宗凤英：《清代宫廷服饰》，紫禁城出版社，2004，第 127 页。

② 常沙娜主编《中国织绣服饰全集》第 4 卷，天津人民美术出版社，2004，第 404 页。

③ 常沙娜主编《中国织绣服饰全集》第 4 卷，天津人民美术出版社，2004，第 367 页。

度相同。冬朝裙只有后妃下至三品命妇及奉国将军淑人才有。其制皆为一种。根据朝裙的用料及织纹，可分为四个等级。第一等级是皇太后、皇后、皇贵妃的冬朝裙，制度皆相同，其朝裙上部均以红色织金寿字缎，下部均以石青色织五彩行龙妆花缎为之。第二等级是贵妃、妃、嫔的冬朝裙，制度相同，其朝裙上部也以红色织金寿字缎，下部皆以石青色织五彩五爪行蟒妆花缎为之。第三等级是皇子福晋、亲王福晋、亲王世子福晋、郡王福晋、固伦公主下至乡君的冬朝裙，制度皆相同，其朝裙上部均用红色素缎，下部也用石青色织五彩五爪行蟒妆花缎做成。第四等级是民公侯伯子男夫人下至三品命妇及奉国将军淑人的冬朝裙，制度均同，其朝裙上部皆用红色素缎，下部全用石青色织五彩四爪行蟒妆花缎做成。从皇太后下至三品命妇及奉国将军淑人的冬朝裙，皆沿片金加海龙皮缘。用料均为正幅，不偏、不斜、不杀，有襞积。

图 1-54 咸丰朝石青缎织行龙纹夹朝裙①　　图 1-55 雍正用扫雪貂皮行裳②

夏朝裙也是皇太后下至三品命妇及奉国将军淑人才有。其制度为一

① 张琼主编《清代宫廷服饰》，上海科学技术出版社、商务印书馆（香港）有限公司，2006，第 109 页。

② 张琼主编《清代宫廷服饰》，上海科学技术出版社、商务印书馆（香港）有限公司，2006，第 86 页。

种，按其身份可分为四个等级。皇太后下至三品命妇的夏朝裙，除裙边沿片金缘之外，余制皆与其各自的冬朝裙之制相同。四品命妇及奉恩将军恭人下至七品命妇的朝裙，制度相同，其朝裙上部皆用绿色素缎，下部均用石青色织五彩四爪行蟒妆花缎做成。其用料皆为正幅，有襞积。

行裳是系于行服外的一种类似围裙的护腿。系于腰上而垂于膝下。君臣形制皆为一种。均为左右各一幅，两幅皆不相连接，其前面平直，后面中丰而上下削。行裳质地有布、毡、皮共3种。夏季以横幅石青色布制成，春、秋则用毡，冬季用鹿皮或黑狐皮制成。行裳上有腰，用腰把左右两幅连在一起，腰皆以横幅布制作。腰中间宽而两端逐渐渐窄，形成了两条长长的带子，穿时用两条带子系于腰上即可，这是君臣行裳的共同之处。其不同者在于用色。皇帝的行裳颜色随其所御。亲王以下及文武百官的行裳使用蓝及石青等色。

雨裳是在穿雨衣时系在腰间而垂于膝前的一种护腿，类似围裙，相当于雨裤的雨具。以防雨水、雪水从雨衣的前襟或前裾流入内衣。其使用的质地要根据其活动内内容及时间来决定。雨裳不能单独使用，只有在穿雨衣时，才能系雨裳。皇帝的雨裳有两种形制，其余王公百官有顶戴之人皆为一种。皇帝的雨裳以明黄色油绸、毡、羽纱制成，均不加里，形制类似于行裳。[①]

3. 佩饰

佩饰是指佩戴在人体各个部位的装饰品。它虽不是服饰的主体，也不以实用为目的，但却往往是一个民族、一个人服饰的精华所在，是人们审美心理、价值观念最直接、最重要的体现。因为它所用的材料多是人们所能得到的最珍贵，或在情感、意识上认为是最珍贵的东西，制作技艺上集中体现了人们的智慧，最大限度地反映了人们所拥有的工艺技术水平。特别是对社会发展程度、物质文化生活水平相对落后的少数民

① 曾慧：《满族服饰文化变迁研究》，中央民族大学博士学位论文，2008，第62～83页。

族来说，更是如此。

清代佩饰具有原料复杂的特点，有俯拾皆是的竹、木、藤，有羽毛、兽骨，有海贝、珊瑚等海生物，有皮毛、布帛和丝绸，还有金、银、铜、铁、玉石、珍珠、琥珀、玛瑙、翡翠等。清代佩饰主要包括头饰、项饰、胸腰饰、足饰 4 个部分。

头饰是指整个头部的装饰。它在各民族的首饰中又是最主要、最丰富的部分，同时也是最有特色的部分。清代头饰是区别于以往任何朝代的具有鲜明的民族特征。耳饰是头饰的重要组成部分，也是满族服饰的标志之一。清代的耳饰主要包括耳坠、耳环。“以金属为主体材料制成的环形耳饰被称为耳环。耳坠是在耳环基础上演变而来的一种饰物，它的上半部分是圆形耳环，耳环下再悬挂一枚或多组坠子。”① 上至皇太后，下至七品命妇，皆左右耳各戴三具耳坠，俗称“一耳三钳”，所谓“一耳三钳”就是在每只耳朵由上至下扎三个耳眼。上至皇太后，下至七品命妇佩戴的耳饰，皆为三具纵向排列。清代官定的耳饰，以每具衔东珠的等级、每具的饰物为区别的标志。皇后、皇太后耳饰，左右各 3 具，每具金龙（饰金累丝龙头）衔一等东珠各 2 颗。皇贵妃耳饰用二等东珠，余同皇后。妃耳饰用三等东珠。嫔耳饰用四等东珠。皇子福晋耳饰不用金龙衔东珠，而用金云衔珠每具各 2 个。其余均与皇子福晋耳饰相同。东珠的等级按大小及光润度而分。但到了清朝中后期，这种“一耳三钳”的习俗出现了变化，形式由“一耳一钳”逐渐演变成“一耳一钳”或“一耳三环”，即在每只耳朵上扎一个耳眼，变化的部分在耳饰的形式上。乾隆帝曾说：“旗妇一耳带三钳，原系满洲旧风，断不可改饰”，但是任何人阻挡不了历史向前发展的必然趋势。我们从故宫旧藏绘画中可以看出满族耳饰发展变化的过程，究其原因是受明朝及其他民族风俗的影响。在历史上民族间的相互融合是顺应自然地产生和发展的。它是由历史发

① 高春明：《中国服饰名物考》，上海文化出版社，2001，第 414、424 页。

展的必然性所决定的，而不是任何人的主观愿望所能左右的。各民族的历史都是在不断变化着的，各民族的本身也是在不断变化着的。它们都是受变化的法则所支配的。

图1-56　孝昭仁皇后①

图1-57　静妃②

金约是清代后妃至命妇穿朝服时佩戴在朝服冠下檐处的一种圆形类似发卡的装饰品，其上饰以不同数量的珠宝，以此作为区别身份、地位的标志。金约以镂金云的数目、其上的饰物，金约后系的结的不同规定来进行区分等级。皇后金约“镂金云十三，饰东珠各一，间以青金石，红片金里。后系金衔绿松石结，贯珠下垂，凡东珠三百二十四，五行三就，每行大珍珠一。中间金衔青金石结二，每具饰东珠、珍珠各八，末缀珊瑚”。③ 皇贵妃金约“镂金云十二，饰东珠各一，间以珊瑚，红片金里。后系金衔绿松石结，贯珠下垂，凡珍珠二百有四，三行三就。中间金衔青金石结二，每具饰东珠、珍珠各六，末缀珊瑚。”④ 不论是皇太后，还是七品命妇佩戴的金约，皆以红色片金织物为里，垂珠于颈后。

满八旗贵族妇女，平日梳旗头，穿朝服时戴朝冠，穿吉服时戴吉服

① 朱诚如主编《清史图典》第3册，紫禁城出版社，2002，第181页。
② 朱诚如主编《清史图典》第9册，紫禁城出版社，2002，第231页。
③ 《清会典事例》（光绪朝）第四册，卷326，影印，中华书局，第858下~859上页。
④ 《清会典事例》（光绪朝）第四册，卷326，影印，中华书局，第860上页。

冠，还有一种类似冠的头饰是在穿彩服的日子里戴的叫作钿子。钿子实际等于是一种珠翠为饰的彩冠。前如凤冠，后如簸箕形，上穹下广，以铁丝或藤作胎骨，制成骨架，网以皂纱、黑绸、线网，或以黑绒及缎条罩之。前后均以点翠珠石为饰，佐以绫绒、绢花和各类时令鲜花。戴在头上时顶往后倾斜。钿有凤钿、常服钿两种。凤钿材质有金、玉、红、蓝宝石、珍珠、珊瑚、琥珀、玛瑙、绿松石、翠羽等。钿花当时又称为面簪，形式有双龙戏珠、葵花、菊花、花卉蝴蝶、花卉蝙蝠、翔凤、如意云头等，常以点翠为底。有些钿子还用珍珠旒苏作成垂饰，前后衔一排或数排旒苏；前面的旒苏可垂至眼前，后面的可垂至背部，这种带旒苏的钿子就是“凤钿”。其他的均为常服钿子，满饰或半饰。钿子实为明代遗存的冠饰。

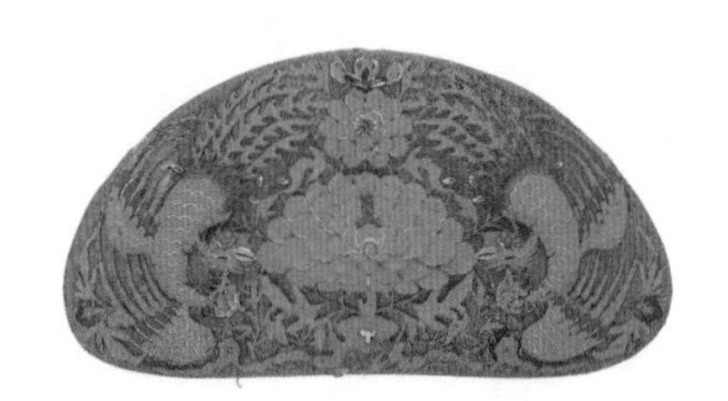

图 1－58　点翠双凤牡丹钿花[①]

图 1－59　金嵌青金石金约[②]

顶戴是清朝官服制度中特有的一种标志品序的方法，是清朝有别于

① 王智敏：《龙袍》，台湾艺术图书公司，1994，第 133 页。

② 《清代服饰展览图录》，台北故宫博物院，1986，第 72 页。

以往任何朝代的佩饰之一。顶戴俗称“顶子,”是清朝有官爵者所戴冠顶镶嵌的宝石。按照清代服饰制度的规定，清朝从皇帝到各级官员，无论是穿礼服、吉服或是常服，都要在所戴朝冠或吉服冠的冠顶之上镶嵌各色宝石和素金，以表示出本人的品官等级，以辨等威。顶子的原料以宝石为主，颜色有红、蓝、白、金等。不同的材料和颜色是区别官职的重要标志。关于顶子的等级规定，在前面冠饰中已有阐述。

图 1－60　清代三品文官：头戴蓝宝石顶子朝冠①

图 1－61　铁保像：头戴顶戴花翎②

清代的翎子分为花翎和蓝翎，花翎是用孔雀的翎毛制成的，俗称孔雀翎，翎尾端有像眼睛而极灿烂鲜明的一圈斑纹，叫作眼。有单眼、双眼、三眼花翎之别，以三眼为最贵，没有眼的叫蓝翎。翎子插在翎管内，翎管长约两寸，是用白玉、珐琅或翡翠做的，借此安装翎子。贝子戴三眼孔雀翎；镇国公、辅国公、和硕额驸戴二眼孔雀翎；内大臣，一等、

① 常沙娜主编《中国织绣服饰全集》第 4 卷，天津人民美术出版社，2004，第 313 页。
② 朱诚如主编《清史图典》第 8 册，紫禁城出版社，2002，第 155 页。

二等、三等侍卫，前锋、护军统领，前锋、护军参领，诸王府长史，一等护卫戴一眼；贝勒府司仪长，王府、贝勤府二、三等护卫等戴染蓝翎等。各省驻防之将军，副都统并督抚，提镇蒙赐者只戴一眼花翎。所以能戴花翎者，一是有爵位所规定；二是接近于皇帝的近侍者和王府护卫人员；三是禁卫于京城内外的武职营官；四是有军功者；五是特赐者。如亲王、郡王、贝勒都不戴花翎，只有在领兵及随围时可以戴，但在正式典礼时仍不戴。在清朝初期，花翎极为贵重，很少有汉人和外任大臣插戴者，随着时间的推移，凡有军功文绩的人，几乎都能得到赏赐戴花翎的待遇，如在后期的汉人中，李鸿章曾赏戴三眼花翎，并曾得赐服方龙补服。曾国藩、曾国荃、左宗棠也曾被赏戴双眼花翎。到了道光以后，这种礼仪不甚严格，与花钱捐官相适应，也可花钱捐买花翎蓝翎，甚至可以随意置戴。翎羽一物来自明朝。明清两朝的翎子差别主要在于它的装法：明朝是将翎子插在帽顶中间，呈直竖状，而清朝却将翎子拖在脑后。

项饰也称颈饰，是指挂在脖子上的装饰品。清代的项饰主要有挂珠、领约两种。清代的挂珠分为朝服珠、吉服珠、常服珠。朝服珠是清代帝后大臣在穿朝服时所佩戴的串珠，是中国古代王公贵族佩玉的沿袭。清代的朝珠渊源于佛教的数珠。朝珠多以东珠、蜜珀、珊瑚、绿松石、青金石、奇楠香、菩提子等料加工而成，其中以东珠为最贵，珊瑚次之。朝珠无论男女佩戴，每盘皆 108 颗珠，挂在颈上，垂于胸前。其上有 4 颗大珠叫“佛头”，又叫分珠，把 108 颗珠均分成四份，象征一年有四季，十二个月，二十四节气，七十二候。垂于颈后正中的那颗“佛头”之下，用绦子串着垂于背后的叫作“背云”。“背云”下为坠。朝珠两侧有 3 串小珠，每串各 10 颗小珠，名为“记念”，象征 1 个月有 30 天，为上中下三旬。每串代表一旬。

在清代什么人应佩戴朝珠、佩戴何种质地的朝珠及其朝珠的佩戴方法等均有着严格的规定。不论皇帝还是文武百官，男朝珠皆为 1 盘。“记念”皆为左二盘、右一盘。女朝珠的用法则不同，均为三盘；佩戴方法为左右斜交插各1盘，中间正挂一盘；“记念”与男子的相反，皆为右二盘，左一盘，以示区别。皇太后、皇后的朝珠，皆为东珠1串，珊瑚2串。中以三等东珠正挂，左右以珊瑚朝珠斜交插挂。其佛头、记念、背云及大小坠皆以珠宝为之。皇贵妃、贵妃、妃的朝珠，均为蜜珀1串，珊瑚2串。中间用三等蜜珀正挂，左右以珊瑚朝珠斜交插挂。其佛头、记念、背云及大小坠皆以珠宝为杂饰。嫔、亲王福晋、亲王世子福晋、固伦公主、和硕公主、郡王福晋、郡主、县主及贝勒夫人以下至乡君的朝珠，皆为珊瑚1串，蜜珀2串。中为珊瑚正挂，左右为蜜珀斜交插挂。嫔的朝珠的佛头、记念、背云的大小坠也以珠宝为杂饰，余者均以杂饰为宜。民公侯伯夫人下至五品命妇的朝珠也为3盘，珊瑚、青金石、绿松石、蜜珀质地的朝珠随其所用。其佛头、记念、背云的大小坠全以杂饰为宜。在清代，不仅朝珠的质地因身份不同而各异，就连串珠用的绦，也因身份的不同而有所区别。绦的颜色主要有明黄色、金黄色和石青色之分。吉服珠是清代帝后王公大臣在穿吉服时所佩戴的串珠。其制度与朝服珠不同，男女皆为一串，为正中正挂。帝后大臣的吉服朝珠的用料及颗数，与各自的朝服珠相同。挂珠的绦所用的颜色分为明黄色、金黄色和石青色三种。常服珠是君臣在穿常服时所戴的素珠。君臣的常服珠，其制度皆与各自的吉服珠相同。

领约是清代后妃至命妇穿朝服之时，佩戴在朝袍披领之上的一种圆形类似项圈的装饰品，其上饰以不同的珠宝及垂不同颜色的绦以示区别。如皇贵妃领约“镂金为之，饰东珠七。间以珊瑚，两端垂明黄绦二，中各贯珊瑚，末缀珊瑚各二”[1]。佩戴领约时，不论是皇后，还是七品命妇，均两端朝后戴之，绦垂于颈后。

---

① 《清会典事例》（光绪朝）第四册，卷326，影印，中华书局，第860页。

图 1－62　嘉庆帝朝服像：胸前挂一串朝珠①

图 1－63　孝定皇后朝服像：身挂三串朝珠②

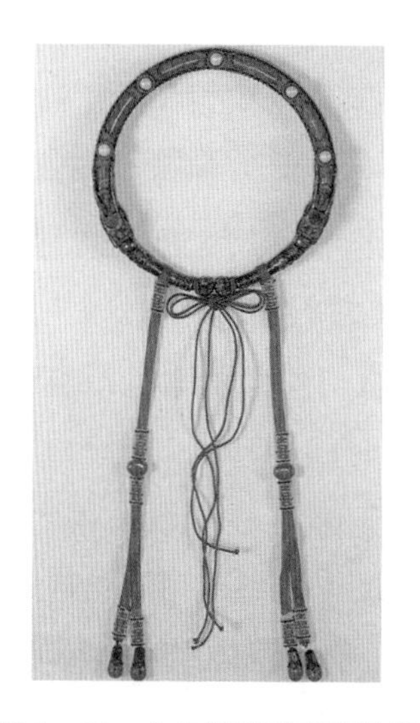

图 1－64　金点翠嵌珊瑚领约③

图 1－65　蓝绸彩绣花蝶彩帨④

① 朱诚如主编《清史图典》第 8 册，紫禁城出版社，2002，第 5 页。

② 朱诚如主编《清史图典》第 11 册，紫禁城出版社，2002，第 27 页。

③ 《清代服饰展览图录》，台北故宫博物院，1986，第 76 页。

④ 《清代服饰展览图录》，台北故宫博物院，1986，第 80 页。

彩帨是清代后妃至命妇穿朝服之时挂在朝褂的第二个纽扣上垂于胸前的长条巾式饰物，是一种装饰品，长约1米上下，上窄下宽，上端有挂钩和东珠或玉环，挂钩可将彩帨挂在朝褂上，环的下面有丝绦数根，可以挂箴（针）管、縏袠即小袋子之类，下端呈尖角形的长条，它以色彩及有无纹绣来区分等级。彩帨是以不同颜色的绸做成，形状有些似领带。根据佩戴者的身份、地位的不同，上面有的绣制花纹，有的则不绣制花纹，用色及绦的颜色也不相同。

腰饰也是装饰部位之一，它是人体的中间部位，起到承上启下的作用。因此，腰饰本身就成为既实用又有装饰意义的服饰佩物，人们常要对其加以精心的制作装饰。另外，由于腰带所处的特殊位置，人们又往往把它作为一种工具，在上面悬挂生产生活中常用的器物和各种装饰品。清代，腰饰的实用功能已经消失，而是作为一种象征，一个符号，身份和地位、财富与职位的标志。清代的腰饰主要有朝服带、吉服带、常服带、行带之分。朝服带，是君臣穿朝服时所系的腰带。由于系带人的身份、地位不同，其所系朝带的制度也不尽相同，皇帝的朝带制度有两种，其余王公文武百官等的朝带制度皆为一种。君臣的朝带，其相同之处为佩帉皆下宽而尖，佩囊文绣，左锥右刀。不同之处在于朝带上的版、版饰及朝带的颜色及其饰件和绦的种类、颜色，以此来分等级、辨名分。吉服带，清代只有男子才有，是君臣在穿吉服时所系的腰带。不论是皇帝，还是文武百官，其制度皆为一种。但由于所系人的身份、地位各不相同，其所系的吉服带的用色、饰版及版上所饰的珠宝等不尽相同。皇帝的吉服带，色用明黄，在明黄色腰带上饰镂金版4个，其版方圆随所欲，版上衔以珠玉杂宝等。腰带左右的佩帉均为纯白色，下直而齐。带帉上的中约金结，饰如版。皇子、亲王以下所有宗室人员的吉服带为金黄色，在金黄色腰带上饰以版饰，版饰方圆随所用。佩、绦之色亦如带色，带帉下直而齐。觉罗的吉服带为红色，在红色腰带上饰以版饰，佩、绦皆为石青色。和硕额驸以下各额驸及民公侯伯子文武百官的吉服带为石青色或蓝色，其上有版饰，其佩帉亦下直而齐。君臣的吉服带，除以上的规定之外，余制与各自的朝服带相同。常服带，是穿常服时所系的腰带。君臣的常服带，其制度皆与各自的吉服带相同。

行服带，是清代君臣在穿行服时所系的腰带。其制不论是皇帝，还是王公大臣，均为一种。皇帝的行服带有明黄色，左右用红香牛皮佩系，其上饰金花纹，各镂3银钚。佩帉以高丽布制成，比常服带佩帉微阔而短，中约以香牛色束之，上缀银花纹。佩囊也为明黄色。圆绦其上皆饰以珊瑚结。饰以削燧杂佩。亲王以下至文武百官的行服带，用色皆如其各自的吉服带，带上皆有版饰。其佩帉皆用素布作成，比常服带微阔而短。绦上均饰以圆结。佩囊之色视其吉服带，饰以削燧杂佩。行服带和其他腰带一样，不能独立使用。

图1－66　行服带①

清代足饰也是最有民族特色的服饰之一，因本章节主要研究清朝政府规定的服饰制度的内容，所以女旗鞋部分将放在第四章进行阐述，这里介绍的是清代男子官员的靴鞋。朝靴是清代君臣于朝会、祭祀、奏事等时所穿的长筒鞋。靴，本是胡履，原为中国北方游牧民族所穿的便于乘骑跋涉的皮制履。天聪六年（1632）规定，平常人不准穿靴，其后则

① 张琼主编《清代宫廷服饰》，上海科学技术出版社、商务印书馆（香港）有限公司，2006，第267页。

文武各官及士庶都可以穿，只有平民则仍不能穿，伶人、仆从等也例不能穿靴。明清两代的靴，已被朝廷规定为文武百官人朝奏事所必服的服饰，所以被称为“朝靴”。清代靴是为沿袭明制，靴为尖头式和方头式。靴之材料，夏秋用缎，冬则用绒，其上镶有绿色皮边。有三年丧者则用布。在清代，根据靴底的薄厚和穿着的灵便程度将朝靴分为官靴和官快靴两种。官靴底厚鞠长，多为方形头，用于君臣朝会之时，取其行走安稳。官快靴则底薄鞠短，尖头式居多，用于平时日常生活，取其行走灵便快捷。靴色有黄色和青色两种，皇帝用黄色和青色两种，皇子以下文武百官皆用青色一种。[①]

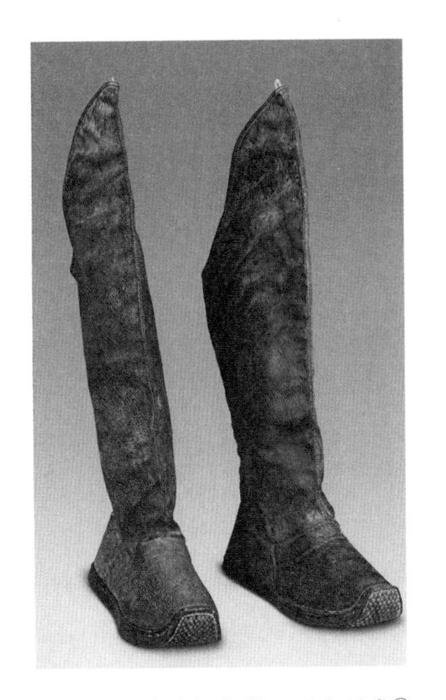

图 1－67　皇太极皂靴：以皮制成[②]

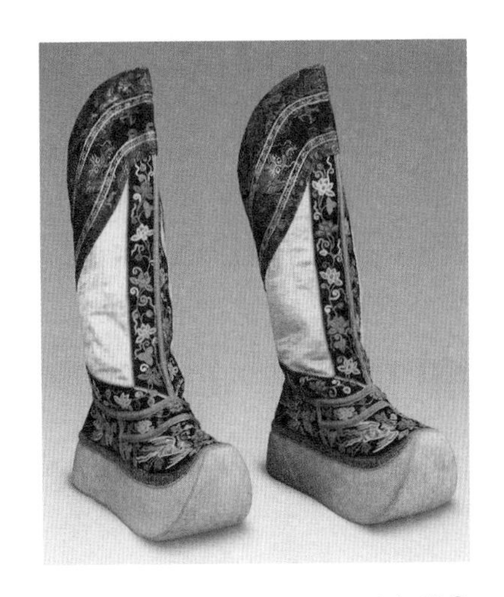

图 1－68　明黄色凤凰纹平金缎靴[③]

① 曾慧：《满族服饰文化变迁研究》，中央民族大学博士学位论文，2008，第 83～94 页。

② 张琼主编《清代宫廷服饰》，上海科学技术出版社、商务印书馆（香港）有限公司，2006，第 269 页。

③ 张琼主编《清代宫廷服饰》，上海科学技术出版社、商务印书馆（香港）有限公司，2006，第 273 页。

4. 军事服装

满族的军事服装包括金代和清代的军事服装。女真在建立金朝之前，臣属于辽近二百年，早期服饰大都采用契丹服。后来入主中原，各方面吸收汉族的文化习俗，服饰也逐渐汉化，特别是官服和军服上基本采用宋制。女真早期只有兵器而无甲胄，后来从辽的叛兵那里得到五百具铁甲，从此开始有了铠甲装备。早期的铠甲只有半身，下面是护膝，在山西襄汾曾出土了两件陶俑，下身均不见腿裙，只在膝以上腿部塑造了四排甲片表示甲衣，这很可能就是护膝。他们的头盔很坚固，《三朝北盟会编》记载："金贼兜鍪极坚，止露面目。"襄汾出土的陶武士俑和金完颜公墓前石刻像上的头盔，应就是这种"止露面目"的兜鍪，从其形制来看，还是北宋的式样。中期前后，铠甲很快趋于完备，山西金墓壁画和砖雕上的铠甲都有长而宽大的腿裙，其防护面积已与宋朝的相差无异，形制上也受到北宋铠甲的影响。在这些砖雕壁画中，尤以稷山马村金墓的刻划最为精细，其身甲的小型方甲片、腿裙上稍大的长方形甲片和编缀甲片的绳索，全都清晰可见。据《金史·仪卫志》记载，仪卫军人还常戴平巾帻，山西马村金墓出土的砖雕上，武将头上戴的冠从外形上看，很像隋唐时期的平巾帻，也可能就是金朝的平巾帻。金朝武官的官服一律为紫色，以服装面料上的花纹大小来区分品级，品级越高，花纹越大。戎服颜色有紫、绯、朱、黑等色，以朱为主，普通士兵的戎服用白色的比较多，将校军官的袍服上，胸前、肩袖处还用金线绣上花纹，卫士亲军一般都穿团花锦袍。腰带的带鞓用红、白、金、银等色。铠甲则以金、银色为主，穿联铁甲的丝带或皮条染成紫、黄、青等色，称作"紫茸"、"黄茸"、"青茸"，装备这种彩色组带编缀的铁甲军队，称"紫茸军"、"黄茸军"，是女真部队的主力。[1]

---

① 刘永华：《中国古代军戎服饰》，上海古籍出版社，2003，第149页。

图 1-69　山西金墓砖雕武士像①

图 1-70　山西金墓砖雕士马交战中的将士戎装束裹②

图 1-71　山西金墓砖雕士马交战中的将士戎装束裹③

崇尚武功是清朝初期的传统，作为倡导骑射之风的措施，清朝统治者确立了大阅、行围制度。皇太极始定大阅制度，顺治时确定每三年举行一次大检阅典礼，由皇帝全面检阅王朝的军事装备和军队的武功技艺，

① 崔元和总编辑《平阳金墓砖雕》，山西人民出版社，1999，第 214~215 页。
② 崔元和总编辑《平阳金墓砖雕》，山西人民出版社，1999，第 216 页。
③ 崔元和总编辑《平阳金墓砖雕》，山西人民出版社，1999，第 217 页。

八旗军队各按旗分，披铠戴甲，依次在皇帝面前表演火炮、鸟枪、骑射、布阵、云梯等各种技艺。自康熙二十一年（1682）起，康熙皇帝每年都用狩猎形式组织几次大规模的军事演习，以训练军队的实战本领，同时把围猎、大阅的礼仪、形式、地点、服装等都列入典章制度中。清朝皇帝和宗室大臣，凡参加这种活动的也都要穿盔甲。清朝的铠甲多数是以缎布为面，颜色较多。

图1-72　努尔哈赤时期的军服①

图1-73　努尔哈赤时期的军服②

八旗制度是清太祖努尔哈赤于1615年创立，分为正黄、正白、正红、正蓝、镶黄、镶白、镶红、镶蓝八旗。清入关后沿袭其制，八旗兵成为清朝统治全国最重要的武装力量。早期的八旗以红、白、橘黄、蓝为基本色，配上相互错开的四色镶边，组成八旗服色，且有冬夏之别。八旗兵所着服装为头戴牛皮质髹漆盔，身穿甲服，甲服由上衣、下裳、左右护肩、左右护腋前挡和左挡组成。八旗兵丁的服装与所在旗的颜色相对应，用黄、红、蓝、白色及镶边为标识区分旗属，甲衣正黄旗统身黄色，镶黄旗黄地红边，正白旗统身白色，镶白旗白地红边，正红旗统

① 《清实录一·满洲实录》，影印，中华书局，1986。

② 《清实录一·满洲实录》，影印，中华书局，1986。

身红色，镶红旗红地白边，正蓝旗统身蓝色，镶蓝旗蓝地红边，全身一律镶有铜质泡钉。

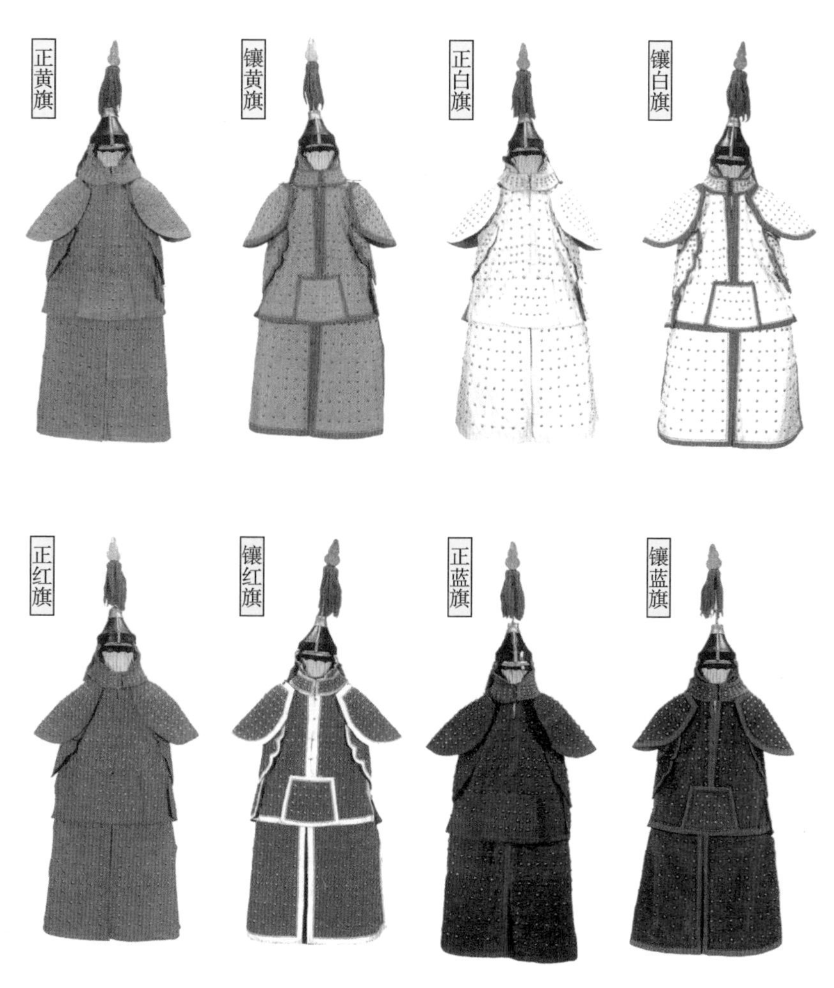

图 1－74　乾隆朝八旗棉甲胄①

据《清会典》记载，清朝的铠即甲有明甲、暗甲、绵甲、铁甲等几种。明甲和暗甲其实都是铁甲，甲片露于表面的称明甲，甲片缀于面里中间的称暗甲，也就是元、明时期的布面甲。铁甲则单指锁子甲，绵甲

① 黄能馥、陈娟娟：《中华历代服饰艺术》，中国旅游出版社，1999，第 492 页。

仍如明代，不用甲片，在面里中间敷棉为絮，表面钉甲泡制成。铠甲的基本形制为上衣下裳制，分甲衣和围裳。甲衣肩上装有护肩，护肩下有护腋；另在胸前和背后各佩一块金属的护心镜，镜下前襟的接缝处另佩一块梯形护腹，名叫“前挡”。腰间左剿佩“左挡”，右侧不佩挡，留作佩弓箭囊等用。围裳分成左、右两幅，穿时以带系于腰间。在两幅围裳之间正中接缝处，复有质料相同的虎头蔽膝。以上这些配件除护肩用引带子联结外，其余均用纽扣相连。穿时从下而上，先穿围裳，再穿甲衣，佩上各种配件后，再戴盔帽。清代的盔帽，不论是用铁或用皮革制成，都在表面髹漆。盔帽前后左右各有一梁，额前正中突出一块遮眉、其上有舞擎及覆椀，碗上有形似酒盅的盔盘，盔盘中间竖有一根插缨枪、雕翎或獭尾用的铜或铁管。后垂石青等色的丝绸护领，颌下有护颈及垂于左右者叫护耳，上绣纹饰，并缀以铜或铁泡丁。乾隆年间两次由杭州织造局织造，达数万套，供大阅时穿用。在没有实施新军服之前，一般兵士还是穿短衣窄袖，紧身袄裤，加镶边的背心，如红褐背心、白褐背心、红边白褐背心或红、蓝、黄、白等色镶滚的背心。后背各作一圆圈，内书标明某省某队某营某哨或书兵、勇、亲兵等字样，如水兵则短衣窄袖，襟前缝某船等字样。

清军的军官一般穿靴，士兵穿双梁鞋或如意头鞋。靴有厚底和薄底两种，靴和鞋都是尖头，薄底靴为翘尖。士兵穿鞋时腿上要裹行缠，或用布带将裤口扎紧，有时士兵和将官还穿麻鞋、草鞋。清代的铠甲在前期还用于作战，中期以后纯粹变成了装饰摆设，只有在阅兵等典礼上有时还使用，作战时只穿戎服或绵甲，根本不穿铠甲。铠甲废弃不用以后，戎服成了军队的唯一服饰。清代的戎服都是满族衣装，武官有朝服、蟒服、补服、行袍等几种服饰。

（四）清代满族民间服饰

清代满族民间服饰主要是指清代的旗人服饰，论文中涉及和研究的

图 1－75　清代武官绵甲①

图 1－76　清代武将胄甲②

是旗人服饰，其中包含一部分没有服饰制度之约的宫廷服饰。在清代，清统治者将其统治下的人们分为旗人和民人。旗人包括八旗满洲、八旗汉军和八旗蒙古。八旗汉军和八旗蒙古虽然原本不是满族，但是归入到八旗制度中受其统一管制，所以在服饰上应是统一的样式。因此本文所指的满族民间服饰指包括八旗满洲、八旗汉军和八旗蒙古的服饰，是指官定服饰以外的日常所穿者，包括品官、低级的役使及普通百姓的便服服饰。下面将对清代具有代表性的几种旗人服饰进行阐述。清代满族民间服饰主要包括服装、佩饰及发式。

1. 服装

马褂是清代男子常穿的服装之一，是一种时髦装束，各界人士均喜爱穿着。不仅男子穿，女子也穿，是穿在长衣袍衫之外，比外褂短，长

---

① 常沙娜主编《中国织绣服饰全集》第 4 卷，天津人民美术出版社，2004，第 384 页。

② 常沙娜主编《中国织绣服饰全集》第 4 卷，天津人民美术出版社，2004，第 382 页。

仅及于脐，左右及后开禊的一种袍褂。马褂原为一种短袖、对襟的短上衣，长与坐齐，是中国古代北方游牧民族骑马弯弓搭箭、狩猎之时穿在长袍外面的一种短褂，并因此而得名。清定鼎中原以后，马褂逐渐由朴实无华的实用型向求美的装饰型转化。此时的马褂，已不是昔日骑马射箭意义上所穿的马褂，而成为人们日常生活中所穿的常服。康熙以后，对襟圆领的马褂发展成为具有对襟、大襟、琵琶襟（即缺襟）立领或圆领多种形式的马褂，雍正时穿的人日益增多。在嘉庆年间，马褂往往用如意头镶缘，到咸丰、同治年间又作大镶大沿，光绪、宣统间尤其在南方把它减短到脐部之上，颜色用宝蓝、天青、库灰，面料用铁线纱、呢、缎等。马褂有长袖、短袖，宽袖、窄袖之分，袖口均平齐，不作马蹄式。马褂的颜色极为丰富，有明黄、鹅黄、天青、元青、石青、深蓝、宝蓝、品蓝、酱紫、绛色、品月、银灰、雪青、藕荷、桃红、绿色、茶色等颜色。在众多的色彩中，属黄色马褂最尊贵，非特赐者不得服用（帝后除外），其次是天青、元青、石青三色。此三种颜色的马褂是男子在平时较为正规场合所常穿的，带有礼节性，显得庄重、严肃。

坎肩也叫作“背心”、“马甲”、“马夹”、“紧身”，与马褂相类似，无袖，穿在长衫外。马褂原为一种无袖紧身式的上衣，是中国古代北方少数民族主要服饰之一。据《释名·释衣服》记载，其最初形式为“其一当胸，其一当背”，故名裲裆。《释名疏证补》又云：“当背当心，亦两当之义也，今俗谓之背心”。从文献记载中我们可以得知，坎肩的最初形式只有两片，一片前片，一片后片。其前、后两片在肩部及腋下均钉数对丝绦或纽襻，穿时系之，使两片相连。在清代，穿着坎肩是一种时尚，款式丰富、做工精美坎肩，不管男女老幼、贫穷富贵均喜爱穿着。清代的坎肩一般都装有立领，长与腰齐，有对襟、大襟、琵琶襟、人字襟及一字襟几种款式。坎肩面料用绸、纱、缎等；颜色有宝蓝、天蓝、天青、酱色、元色、泥金色等。人们不仅注重坎肩的实用性，同时也非

图 1－77　黄马褂①

图 1－78　马褂与一字襟坎肩②

图 1－79③－1　紫色绸绣百蝶纹绵马褂－后妃穿用

图 1－79－2　绛紫色缎绣大洋花地景纹绵马褂

常注重坎肩的装饰效果，他们在坎肩的边缘，用织金缎和各种宽窄、颜色、花纹不同的花绦镶边加滚。尤其是女坎肩，镶边非常复杂、讲究，少则镶三道，多则镶五六道，绦边装饰繁复，反把其本身的衣料退居于

① 常沙娜主编《中国织绣服饰全集》第 4 卷，天津人民美术出版社，2004，第 381 页。
② 沈嘉蔚编撰《莫理循眼里的近代中国》，窦坤等译，福建教育出版社，2005，第 91 页。
③ 常沙娜主编《中国织绣服饰全集》第 4 卷，天津人民美术出版社，2004，第 430～431 页。

极少的部分，使衣服出现了三分地七分绦的现象，形成了以绦为主，以地子为辅，几乎遮住了地子的现象，又叫“十八镶”。坎肩有棉、夹、单、皮4种，人们根据季节的变化，变换穿着。直至近日，坎肩也是当今社会人们喜爱的服饰之一。

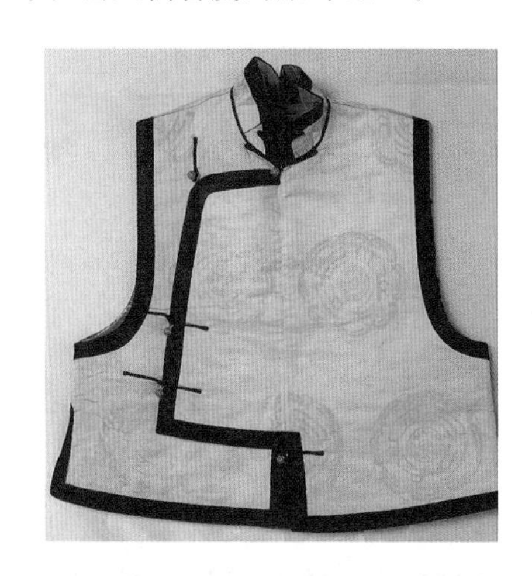

图1-80　驼色缎镶边琵琶襟坎肩[①]

图1-81　一字襟坎肩[②]

衫、袍就是我们现在所说的旗袍，是满族服饰最具代表性的服装。这种袍式服装是清代男女老少、春夏秋冬都离不开的。它有单、夹、棉、皮之分，春、夏季穿用的称为衫，秋、冬季穿用的称为袍，当时并不叫作旗袍，是其他民族将满族（旗人）所穿的袍子称为旗袍。“民族名称的一般规律是从‘他称’转为‘自称’”。[③] 旗袍的基本样式很简单：圆领、捻襟（大襟）、窄袖（有的带马蹄袖）、四面开气，有扣绊。旗袍是适应生活和生产环境而发展来的，它改变了一直以来中原服饰上衣下裳、宽袍大袖的服饰风格。它的最大优点就是适应满族骑射活动的需要。随着清朝社会的不断向前发展，旗袍的式样、装饰性、功能性也发生了变化。

---

① 常沙娜主编《中国织绣服饰全集》第4卷，天津人民美术出版社，2004，第393页。

② 《图说清代女子服饰》，中国轻工业出版社，2007，第84页。

③ 费孝通主编《中华民族多元一体格局》，中央民族大学出版社，1999，第9页。

清初期袍、衫尚长，顺治末减短及于膝，其后又加长至上，康熙中期，衣袍又渐短，而外套则渐加长。袍、衫在同治时期还比较宽大，袖子有一尺多宽，光绪初年也如此，至甲午、庚子之后，变成极短极紧之腰身和窄袖的式样。《京华竹枝词》有："新式衣裳夸有根，极长极窄太难伦，详人着服图灵便，几见缠躬不可蹲。"因其式窄几缠身，长可覆足，袖仅容臂，形不掩臀偶然一蹲，动至破裂，此也是清末男子衫袍的时尚趋向。衫袍颜色大多为月白、湖色、枣红、雪青、蓝、灰诸色，一般都穿浅色的竹布长衫，单着或加罩于袍袄之外，形成上身深（指马褂、马甲的色）而下半截浅的色调。满族妇女的旗袍，很讲究装饰，在衣襟、领口、袖边等处，都要镶嵌几道花绦或"狗牙儿"（民间的叫法），且已多镶为美，甚至在京城里还出现了"十八镶"的叫法。另外，妇女的旗袍还时兴"大挽袖"，袖长过手，在袖里的下半截，彩绣以各种与袖面不相同颜色的花纹，然后将它挽出来，以显其别致和美观。这种长袍开始时极为宽大，辛亥革命前夕渐变为小腰身。清代男女穿旗袍时往往喜欢在上身加罩一件短的或者长至腰间的坎肩，其后更喜欢加短小而又绣花的坎肩。有的在腰间束以湖色、白色或浅淡色的长腰巾。旗袍的开气，入关后也有变化，从四开气变为两开气，或者不开气。四面开气的旗袍同箭袖一样，后来也是被作为一种身份和地位的象征。

衬衣是随着其服饰制度的逐渐确立而产生的一种新型的服装。这种新型的服装，起初是作为一种内衣、具有特殊用途而出现的，所以称为衬衣。清代衬衣的基本形制为圆领、右衽、直身、捻襟、平口、无裾（开气）的便袍。袖子形式有舒袖（袖长至腕）、半宽袖（短宽袖口加接二层袖头）两类，袖口内再另加饰袖头，以绒绣、纳纱、平金、织花的为主。在清代，有很多外衣都开裾，像男子的吉服袍、常服袍和行服袍等，女子的吉服袍、氅衣、大褂等。有的两开裾，有的四开裾。裾开得都比较长，有的长至腋下。在穿这些开裾的服装时，若不穿内衣，极不雅观，同时也是封建礼教所不准许的。为了避免行走之时露腿，就得做一种无开裾的内衣，穿在里面，作为内衣的衬衣就应运而生了。这种衬衣，起初不管男女款式用料、花纹都很朴实。一般为纱、罗、小绸子做成。尤其是男子的衬衣，一般为素地绸、纱、罗做成，做工简练、样式普通。即使是女子的衬衣，也只有很简单的装饰花纹，多为一般的织花。随着清代经济的不断发展，人们审美观念的不断提高，人们对服装的装饰性要求也越来越高，对衬衣也开始不满足于其实用性。在氅衣未出现之前，女子的衬衣已逐渐由实用型向审美型转化（男士衬衣变化不太大），发展成为有舒袖、挽袖（半宽袖）两种款式的便袍。此时的衬衣，不仅是衣袖变化，衣边也发生了很大的变化，用宽窄、颜色、花纹均不相同的花绦镶边加滚，花纹丰富，做工精细。面料有绸、缎、纱等。

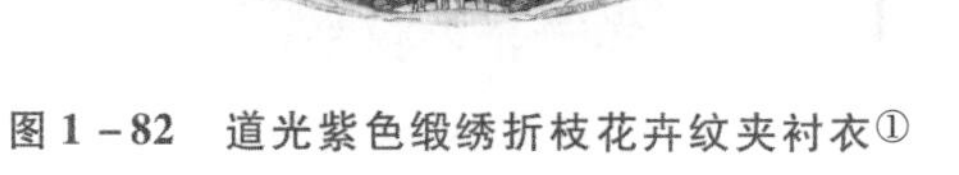

图 1-82 道光紫色缎绣折枝花卉纹夹衬衣①

图 1-83 清晚期明黄缎绣兰桂齐芳纹夹氅衣②

氅衣是清代后期才出现的一种女式外衣，它的基本形制为圆领、右

① 张琼主编《清代宫廷服饰》，上海科学技术出版社、商务印书馆（香港）有限公司，2006，第 200 页。

② 张琼主编《清代宫廷服饰》，上海科学技术出版社、商务印书馆（香港）有限公司，2006，第 197 页。

衽、直身、衣肥、袖宽平而高高挽起、左右开裾。它是由早期的袍演变而来，是旗袍的一种，也有人称之为旗袍。氅衣就其形式来讲与挽袖衬衣极为相似，且均为半宽袖，即“大挽袖”。氅衣和挽袖衬衣的最大区别是：氅衣左右开衩高至腋下，开衩的顶端必饰云头①；而挽袖衬衣则无裾。在氅衣的袖口内，都缀接纹饰华丽的袖头，加接的袖头上面也以花边、花绦子、狗牙儿加以镶滚，袖口内加接袖头之后，袖子就显得长了，而且看上去像是穿了好几件讲究的衣服，接的袖头磨脏了又可以更换新的，美观实用。氅衣的纹饰比较华丽，边饰的镶滚更为讲究，在领托、袖口、衣领至腋下相交处及侧摆、下摆都镶滚不同色彩、不同工艺、不同质料的花边、花绦、狗牙等，以多镶为美。咸丰、同治期间，京城贵族妇女衣饰镶滚花边的道数越来越多，有“十八镶”之称。这种以镶滚花边为服装主要装饰的风尚，一直到民国期间仍继续流行。氅衣是清代后妃们便服中规格最高、最富有装饰性的服饰，也是后妃们探亲访友、接待客人所穿的一种带有礼节性的便装。

套裤为满族特有的民族服饰之一，多为下层劳动人民所穿，一般为男子所用，满族妇女也穿用，主要用于御寒和保暖。套裤虽然叫裤子，但不是完整的裤子，仅有两条裤腿，没有普通裤子的上半段，而用两条带子所代替。有棉、夹、单之分，面料用缎、纱、绸、呢等。北方由于气候寒冷，大多把裤脚管用丝织成的扁而阔的扎脚带在近脚髁骨处扎起来，扎带末端有一流苏垂于脚髁之处。套裤不仅具有实用性，还起到了装饰性作用。

领子古人叫领衣，是衣服上起保护颈项作用的部分。它是清代男女衣服中必不可少的一个组成部分。在清代之前，中国服装史上的服装均无领子，直到清代，领子首先是在雨衣上应用。清代的衣服和领子都是

① 氅衣是在左右裾的上端用宽窄不同、颜色、花纹各不相同的花绦，打折盘钉成大如意头，左右各一个。

图 1－84　清末穿套裤、戴便帽、梳辫发的男子①

图 1－85　品月色缎绣福寿三多纹袷套裤②

单独存在的，这种领子俗称“假领”，即在颈项处附加一条领子，所以在传世的清代朝袍、褂等服饰上，我们很少发现领子。这种领子的产生，同样是和环境有关。圆领的袍衫在寒冷的北方冬季会通过颈项处灌风，而中原服饰又无领可参考，因此，满族人民创造了领子。这种领子以立领为最先出现，出现在雨衣中，实用性是它产生并开始用于服装的主要因素。同治、光绪时期，立领开始应用在坎肩、马褂等不同的服装上，但只限于民服，官服还不多见。直到清末，立领还不是被广泛应用。民

① 沈嘉蔚编撰《莫理循眼里的近代中国》，窦坤等译，福建教育出版社，2005。

② 常沙娜主编《中国织绣服饰全集》第 4 卷，天津人民美术出版社，2004，第 369 页。

国时期是立领流行的开始，各种立领款式的变化成为那时时尚的女装标志之一。直至今日，立领在各式服装中大量出现，其源头当属清代立领的贡献。

图 1-86　男马褂领子①

图 1-87　女氅衣领子②

披领又名披肩，是辽代之遗制。辽俗有一种服饰名曰“贾哈”，以锦貂为之，形制如箕，两端作尖锐状，围于肩背间。③ 清代的披领应是承袭辽制。披领是清代帝后、王公大臣、八旗命妇穿朝服时所穿用的一种服饰，是清代的定制。徐珂《清稗类钞·服饰类》云：“披肩为文武大小品官衣大礼服时所用，加于项，覆于肩，形如菱，上绣蟒。”④ 披领有冬夏两种，冬天用紫貂或用石青色加海龙缘边。夏天用石青加片金缘边。

① 张琼主编《清代宫廷服饰》，上海科学技术出版社、商务印书馆（香港）有限公司，2006，第 93 页。

② 《图说清代女子服饰》，中国轻工业出版社，2007，第 81 页。

③ 周锡保：《中国古代服饰史》，中国戏剧出版社，1984，第 333 页。

④ 徐珂：《清稗类钞》第 13 册，中华书局，1986，第 6198 页。

图 1-88　披领①

图 1-89　咸丰帝戴披领朝服像②

马蹄袖也叫箭袖，满语“waha”，是满族袍褂中很有特点的一种衣袖，是满族服饰中具有民族特色的服饰之一。马蹄袖是在平袖口前边，再接出一个半圆形的“袖头”，一般最长处直径为 15 厘米左右，形似马蹄，后来俗称为马蹄袖。马蹄袖的产生源于满族人民生活和生产的环境。入关前，满族一直以狩猎生活为主，为了适应在寒冷的冬季里打猎的需求，将马蹄袖覆盖在手上，无论是骑马还是射箭，均可保护手背使其不至于冻伤。进关之后，由于满族生活环境的变化，骑射之风已逐渐衰微，袍褂上的箭袖也不再起到原来的作用，而是作为一种礼节和身份的象征，平时将袖头挽起，遇到须行礼时，便将箭袖弹下来，以示庄重、守礼。在清代，马蹄袖在各种场合的袍服中均有体现。“80 年代，这种形式在黑龙江省的农村中，特别是有些老年的‘车老板’衣袖上还可看到，有的

① 王智敏：《龙袍》，台湾艺术图书公司，1994，第 114 页。
② 朱诚如主编《清史图典》第 10 册，紫禁城出版社，2002，第 5 页。

虽身穿棉袄，但还特意接出个狗皮、狼皮或狍皮的‘袖头’以保护手背”[①]。直到今天，马蹄袖已经作为一种服饰元素应用在现代服装设计之中。笔者在2005年购买的一件夏季穿的衬衫，就是马蹄袖的一种变形设计。可以看出，凡是具有生命力的东西，总是会在历史发展过程中流传下来的。

图1-90 马蹄袖[②]

2. 发式

发式是古代民族形象的标志。满族男子的发式，沿袭了金代的发式即辫发。辫发是中国东北少数民族常见的一种发式，但辫发的式样，因各民族不同则各有各的特点。金代女真人的发式“辫发垂肩与契丹异”、“留颅后发系以色丝。妇女辫发盘髻”，可看出满族先祖女真人时期男子

① 王云英：《清代满族服饰》，辽宁民族出版社，1985，第74页。

② 王智敏：《龙袍》，台湾艺术图书公司，1994，第122页。

的发式是半薙半留。所谓半薙半留就是从额角两端引一直线，将直线以外的头发全部薙去，只留颅后头发，再将它编结为辫，垂于脑后。清朝定鼎北京后，这一习俗在全国范围内以强制政策推行。从此举国上下，清朝男子不分满汉，一律都是薙发垂辫，直到辛亥革命清朝覆灭，这种发式才告结束。

图1－91　男子发式（背面）①

图1－92　男子发式（正面）②

除了服饰外，满族妇女的发饰也与汉族妇女不同。清代满族妇女的发式，与以往任何朝代都不相同，极具本民族的特点。清入主中原以后的一段时间里，满族妇女的发型并没有马上发生变化。而是仍保持着传统的“辫发盘髻”式，不管贫富贵贱都是如此。但随着清代各方面礼仪制度的逐步确立，满族妇女的“辫发盘髻”式发型被一种新型的发型所代替，即“两把头”。满族女性幼年时同男孩一样，剃去头顶四周头发，只留颅后发，编成辫子垂于脑后，一直到成年方蓄发留辫。婚后则开始绾大盆头、鬅头、架子头、两把头等发髻，其中以两把头较为典型。两把头就是把头发束在头顶，分成两绺，各绾成一个发髻，然后再将后面的余发绾成一个“燕尾式”的长扁髻。平时，发髻上横插长 30 多厘米、

① （清）王原祁等绘《万寿盛典图》，学苑出版社，2001。

② 朱诚如主编《清史图典》第 11 册，紫禁城出版社，2002，第 111 页。

宽 2 ~3 厘米的被称为“大扁方”的头簪，喜庆吉日或接待贵客等便要戴上旗头了。旗头是用青素缎、青绿或青纱蒙裹成的长约 30 多厘米、宽约 10 多厘米的发冠，佩戴时固定在发髻之上，上面还常绣图案、镶珠宝或摇饰各种花朵、缀挂长长的缨穗。此头饰多为满族上层妇女所用，一般民家女子结婚时方以为饰。“……太后换上莲花底满是珍珠的凤履，戴上两把头的凤冠，两旁缀上珍珠串的络子，戴上应时当令的宫花，披上彩凤的凤披。”[①]“两把头”是满族妇女最典型的发型。据《阅世编》里记载，“两把头”始于清顺治初年。“顺治初，见满装妇女辫发于额前，中分向后，缠头如汉装包头之制，而加饰其上，京师效之，外省则未也”。《旧京琐记》云：“旗下妇装，梳发为平髻曰一字头，又曰两把头。”《儿女英雄传》在描写安太太时写道：“头上梳着短短的两把头儿，扎着大壮的猩红头把儿，别着一枝大如意头的扁方儿，一对三道线儿的玉簪棒儿，一枝一丈青的小耳挖子……”[②] 在康熙和乾隆时期，这种“两把头”很是盛行，从康熙和乾隆时期的《万寿盛典图》我们可以看出这种发饰的形状。

最初的“两把头”，是为了适应新建立的礼仪制度而产生的新型发式，因此，实用性很强。随着清代政权的巩固，经济的发展与繁荣，妇女的发式也逐渐由实用型向装饰型发展。为了能使“两把头”撑得起较重的首饰。满族妇女将其进行了改革，这种改良后的“两把头”，前面可以戴几朵花卉及珠结，侧面可垂流苏，是一种既美观又实用的发型。咸丰以后，这种发型又逐渐增高，两边的角和“燕尾”也不断扩大，很快就演变成一种新的发型——“大拉翅”。“大拉翅”是一种似扁形的冠。“大拉翅”的下部是用铜丝缠绕而成的一个小帽形骨架，在帽形骨架上缠粗细不同的黑丝线和头发，上部为扇形翅，翅以黑色缎为表，月白色缎

① 金易、沈义羚：《宫女谈往录》，紫禁城出版社，2010，第 50 页。
② （清）文康：《儿女英雄传》，北京十月文艺出版社，1995，第 317 页。

为里，叠成长方六边形扇面，扇面的上边平而直，下边为弧形，左右两侧为三角形。上缀各种花卉及金银珠宝等首饰。其上点缀的花卉，多以象征“富贵”的牡丹为主，也有象征“长寿”的菊花等。翅的左右两边有的垂丝线穗。其丝穗以红色为主，也有以珍珠为穗的。其穗有垂两个的，有垂一个的。清代的满族妇女梳上改良型“两把头”，戴上“大拉翅”扇形冠，上插五颜六色的花卉及琳琅满目的珠宝首饰，身穿时髦的氅衣，脚蹬高底鞋，既美观漂亮，又端庄大方，走起路来昂首挺胸，显得沉稳文雅、庄重洒脱。[①]

图 1-93　喜溢秋庭图（道光朝）[②]

图 1-94　璇宫春霭图（道光朝）[③]

至清代后期，这种梳两把头，着长袍高底鞋，已成为清宫中的礼装。慈禧太后也常着此装束而宴见或在小礼时用之。慈禧的高底鞋约高三寸，便服即着淡黄色的长袍，袍上有绣花，外罩淡蓝色坎肩。在宫中遇有大典时，福晋及命妇穿蟒袍加外褂，但头上则戴钿子；姑娘们则梳两把头，两边挂有垂到两肩的大红穗子。宫中的宫女们，大都着红袄绿裙，常服

① 宗凤英：《清代宫廷服饰》，紫禁城出版社，2004，第 182 页。

② 朱诚如主编《清史图典》第 9 册，紫禁城出版社，2002，第 228 页。

③ 朱诚如主编《清史图典》第 9 册，紫禁城出版社，2002，第 229 页。

只有蓝布衫或袍，上加丝绸的坎肩，梳着辫子，在耳旁戴上两朵花。

图 1－95　慈禧与群妃①：头戴“大拉翅”，脚穿花盆底鞋

3. 佩饰

簪、钗、步摇、耳挖簪、扁方是满族妇女佩戴在头上的几种饰物，它们均由簪首和挺两部分组成，在簪首以珠翠、宝石、点翠、累丝等工艺制成华美的花饰。清代的大扁方长簪是满族妇女头饰中不可缺少的一种首饰，一般为长方条形，有长有短，长的 30～35 厘米，短的 12～15 厘米，宽约 7 厘米，贯于发髻之中。扁方有白玉、铜镀金、沉香木、玳瑁或翠玉等质料之分。

清代帽饰的品种较多，可能跟清代男子的发式有关系。从历史存留下来的图片资料来看，清代男子绝大部分都有戴帽子的习惯。不论是

① 朱诚如主编《清史图典》第 11 册，紫禁城出版社，2002，第 80 页。

图 1－96　嵌珠翠花蝶耳挖钗①

图 1－97　银点翠嵌珍珠蝙蝠簪②

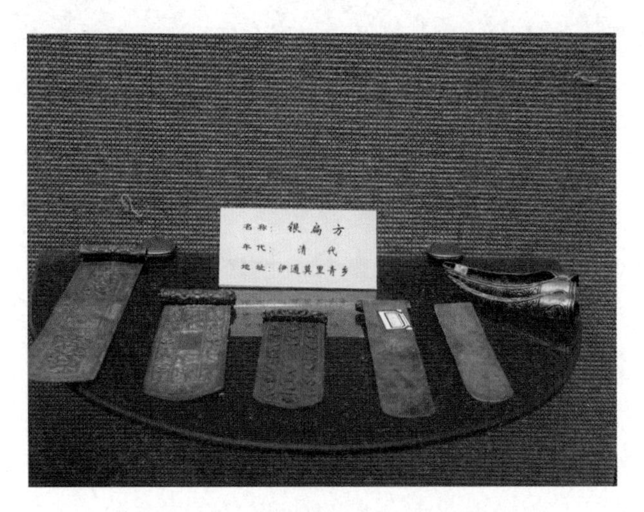

图 1－98　伊通银扁方③（作者拍摄）

① 《清代服饰展览图录》，台北故宫博物院，1986，第 120 页。

② 《清代服饰展览图录》，台北故宫博物院，1986，第 116 页。

③ 吉林省伊通满族博物馆馆藏。

《满洲实录》，还是康熙、乾隆《万寿盛典图》，不论是写实绘画，还是摄影照片，均反映了这一社会风俗。清代时期的帽饰主要包括小帽、毡帽、风帽、皮帽、凉帽、耳套等。

小帽即便帽，又叫作“秋帽”，俗称“西瓜皮帽”，沿袭明式的六合帽，是清代男子常戴的帽饰之一。帽作瓜棱形圆顶，后又作略近平顶形，下承以帽檐，为士大夫燕居时所戴。帽胎有软胎、硬胎，圆顶或略作平顶者都作硬胎，用黑缎、纱，或以马尾、藤竹丝编织成胎。帽檐有用锦沿，或用红、青锦线缘并以卧云纹。用红绒结为顶，顶后或垂红缦尺余。清末时帽顶结子小如豆大，且又用蓝色。至宣统时，帽檐有重叠多至七八道者。小帽内衬里大多用红布，如有丧者则小帽用黑或蓝布，帽顶结子用白色，轻丧者用蓝结子。

图1－99 瓜皮帽①

图1－100 戴毡帽、穿短衣的小贩②

① 常沙娜主编《中国织绣服饰全集》第4卷，天津人民美术出版社，2004，第465页。

② 胡铭、秦青主编《民国社会风情图录——服饰卷》，江苏古籍出版社，2000，第9页。

毡帽沿袭前代，作为农民及市贩劳动者所戴的款式有如下几种：一是大半圆形；一是半圆形面顶略作平些的；一是四角有檐反折向上；一是反折向上作两耳式，在折下时可掩两耳；一是后檐向上反折而前檐遮阳式的；一是顶作带有锥状者。另外，士大夫们在燕居时所戴的便帽，则加金线蟠缀成各种花式，如四合如意、蟠龙、金线镶缘等几款。也有里面加以毛皮的，是北方及内蒙古等地所常戴式样。

风帽也叫作“风兜”，后来又称作“观音兜”，因与观音大士所戴的相似而得名，有夹的，也有中置棉花或用皮制的，多为年老及儿童蔽风寒所用。以紫、深蓝、深青色为多，一般都用黑色，因为红色为高官所用。到光绪间上海地区都戴红风兜，以绸缎或呢为料或加锦缘，戴时是加于小帽之上。老太太以及和尚、尼姑也戴，但都用黑色。

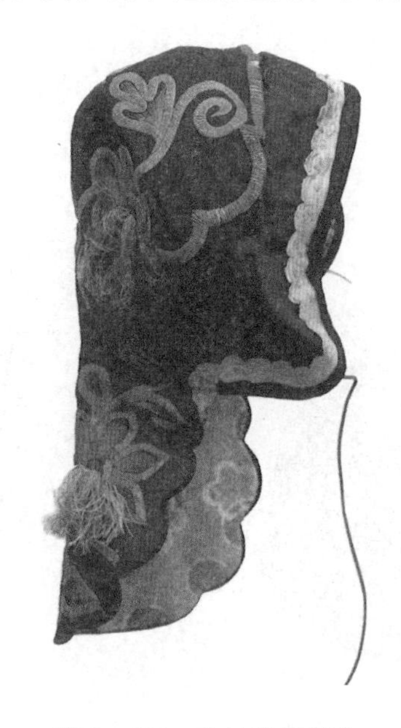

图 1－101　蓝地棉风帽①

耳套又称“暖耳”、“护耳”，是冬季御寒、保护耳朵的一种饰物。

① 袁仄、蒋玉秋编著《民间服饰》，河北少年儿童出版社，2007，第 148 页。

用缎或布制成，或用毛皮做边饰，主要是保护双耳不受寒冷侵袭。

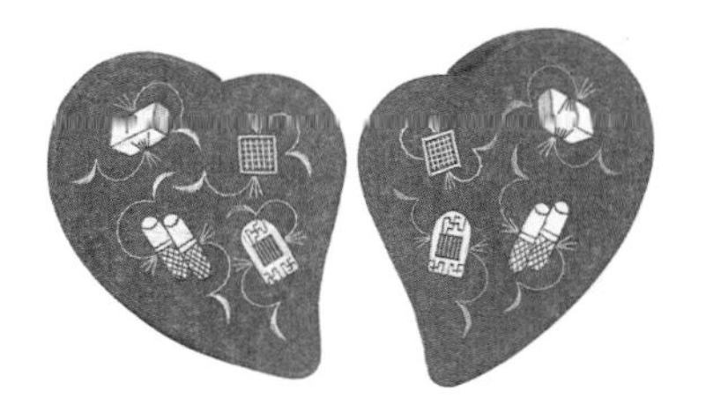

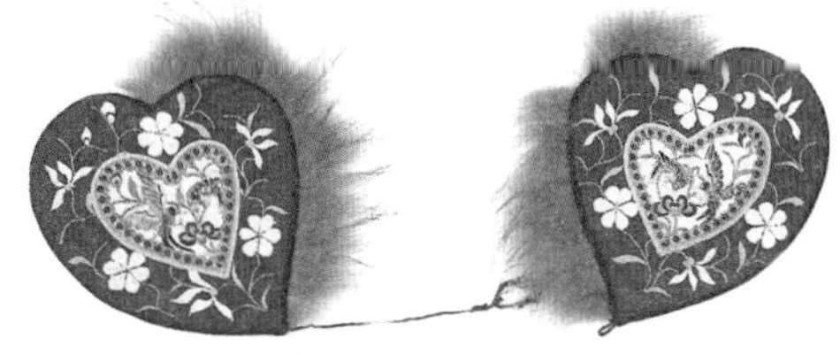

图1－102① －1　耳套

图1－102－2　耳套

4. 鞋饰

在清代，汉族妇女仍穿着各种各样的弓鞋，而满族妇女则穿着用木制的平底或高底平头旗鞋。因这种鞋为旗人所穿，故称为旗鞋，是满族妇女特有的鞋饰。旗鞋，从底上分有两种，一种为平底，一种为高底。平底鞋的鞋底与朝靴相似，厚4～5厘米，前部高高翘起，翘的高度与鞋面齐平。此种平底鞋，多为方口，有夹、棉之分，样式除鞋底前部翘起之外，别处均和我们现在一些农村男子所穿的方口齐头布鞋一样。平底鞋鞋面上均绣有各种各样的精美纹饰。其中最典型的是慈禧做的明黄色凤头鞋了。此鞋的鞋帮两侧，绣五彩缤纷的凤尾，鞋脸两侧绣光彩夺目的凤翅，鞋面正中则是绣凤强壮而美丽的身躯及高高仰起的颈和头。绣工精致，用色鲜艳谐调，形象生动逼真，就像一只活灵活现的凤凰趴在鞋面上一样。

高底鞋是清代最富民族特色的女鞋。其最大特点是在鞋底的中间，即脚心的部位有一个高10多厘米的底，高底均用纳好的几层细白布裱蒙。这种高底按其形状可分为马蹄、花盆、元宝三种。安上马蹄底，就叫马蹄底鞋；安上花盆底，就叫花盆底鞋；安上元宝底，就叫元宝底鞋。鞋的名称是根据鞋底的形状而叫的。高底鞋的鞋口多镶边，有的镶一道，有的镶两三道不等。鞋面多绣各种花卉及动物纹图案。制作方法是用各

① 《图说清代女子服饰》，中国轻工业出版社，2007，第183、178页。

图1－103　凤头鞋①

种手法的刺绣和堆绣（用各种彩绸剪成各种图案，用线把图案钉缝在鞋面上）的工艺。这种高底鞋有夹、有棉。夹鞋多为短脸敞口，棉鞋多为长脸紧口骆驼鞍式鞋，清代满族百姓家的妇女平时所穿着的旗鞋为平底鞋，在结婚或节日等庆典活动时才穿着高底鞋。这种高底鞋的优点，一是可以增加身高，使人显得挺拔；二是可以在雪地或泥泞处行走时保持鞋面绣花不受污损，缺点是行走不太便利，所以清灭亡后，这种鞋在百姓生活中就消失了，但在现代节日庆典中，它还作为满族传统服装的一部分来展示。清代女鞋还有一种形式为便鞋，有薄也称绣花鞋。底较旗鞋要薄，便于行走。用缎、绒、布制成，鞋面浅而窄，鞋帮有刺花或鞋头作如意头挖云式，鞋面作单梁或双梁。清代男子官员着靴，士庶穿黑布鞋，体力劳动者穿草鞋。[②] 但到清末，这种区分也不是很严格，也有互相串穿现象存在。

① 宗凤英：《清代宫廷服饰》，紫禁城出版社，2004，第180页。

② 华梅：《中国服装史》，天津人民美术出版社，1999，第110页。

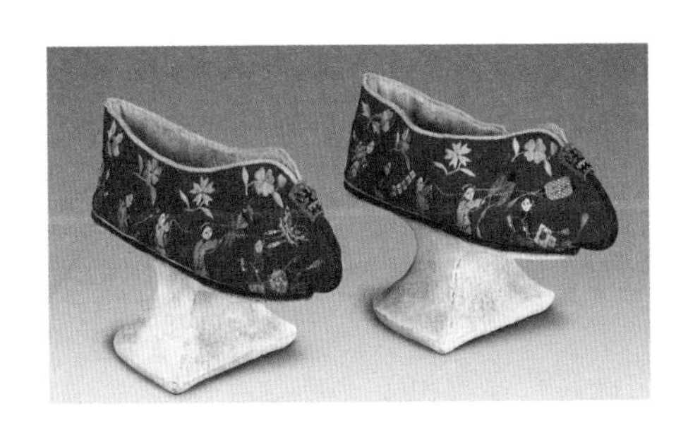

图 1－104　花盆底女旗鞋①

图 1－105　绣花鞋②

5. 挂饰

荷包又称香囊、香荷包、锦囊、香袋等，在汉代以前就有，盛行于唐代以后。满族的荷包经历了一个从实用到美观、面料上从皮革到绫罗绸缎的过程。荷包盛行起来是满族入关以后。按满族祖先女真人的传统生活习俗，外出行猎时都在腰间系挂“法都”（fadu），就是发展到清代时的荷包香囊。法都是用兽皮做成的皮囊，里面可装食物，囊口用皮条子将口抽紧，便于在远途中充饥，此时的荷包以实用为主，体积较大，这是满族荷包香囊的前身。后来女真人强大了，女真贵族与汉族频繁交往，仿效汉人用绫罗绸缎等丝织品制作荷包、香囊、褡裢、火镰袋、扇套等既实用又有装饰美化意义的小挂件，佩挂在腰带两侧，突出了荷包的装饰性，并成为定制。女子则把荷包、香囊等挂在大襟嘴上或旗袍领襟间的第二个纽扣上，年岁大的妇女也有在腋下与巾子挂在一起的。有清一代，上至皇帝下至奴仆，都喜欢戴荷包。宫中还设有专门机构制作荷包，每年承造若干交执事太监处收贮，预备赏赐。“衣库每年成造荷包二百对，交执事太监处收贮预备赏用”。③ 清代朝廷规定，每年岁暮，皇

① 张琼主编《清代宫廷服饰》，上海科学技术出版社、商务印书馆（香港）有限公司，2006，第 278 页。

② 《图说清代女子服饰》，中国轻工业出版社，2007，第 160 页。

③ 故宫博物院：《故宫珍本丛刊》第 309 册钦定内务府则例二种第四册，海南出版社，2000，第 16 页。

帝要例行行赏赐诸王大臣“岁岁平安”荷包；平时的四时八节，皇帝也要行赏以示恩宠。得到赏赐之后，将荷包挂在前胸的领襟间，候于宫门之外站班谢恩。乾隆三十年（1765）十一月，总管太监王成传旨，“年例交衣库做绣花大荷包五十对，……要求于年底做成交进”。[①] 清代荷包花色品种之多，应用范围之广，朝野重视的程度，超过了历史上任何朝代。[②] 清代的荷包形状繁多，有心形、桃形、葫芦形、书卷形等，荷包上大都绣有图案或文字，纹样主要是花鸟虫鱼，十二属相和祥禽瑞兽，以及戏曲故事、脸谱、风景、博古图等。文字多为吉祥用语和祝福的颂词。近代以来，随着社会的变迁和生活的现代化，荷包的应用范围越来越小，制作的人也越来越少，这是整个民族民间文化生态失衡和文化水土流失的一个表现。

图 1－106　荷包[③]（作者拍摄）

褡裢原是搭在肩上或马背上盛物所用的一种佩饰，其形制为形状细

① 故宫博物院：《故宫珍本丛刊》第 309 册，钦定内务府则例二种第四册，海南出版社，2000，第 16 页。

② 包泉万：《中国民间荷包》，百花文艺出版社，2005，第 42 页。

③ 辽宁省凤城市（原凤城满族自治县）荷包厂厂长黄加祥先生收藏。

长，中间开口，开口相对，两边有袋，大小相当。古代衣服上无口袋，因此褡裢起到了口袋的作用，也可说是口袋的雏形。到了清代褡裢已经成为一种挂在腰间的装饰品了。清代《都门竹枝词》记载："口袋褡裢满满装，缩纱竹子杂槟榔。"钱袋子的实用和审美功能在清代同时并存，袋上绣有各式图案，各种寓意彰显其上。扇套是清代公子哥儿身上的装饰品，一般也都绣有精美的图案，有时还绣有一些诗句。清代晚期，各种随身小件绣品花样更加繁多，如眼镜盒、怀表套、烟袋、火石袋等。宫廷中常有活计一套九件，这九件挂饰为荷包、扇套、槟榔套、鞋拔子、眼镜套、扳指套、怀表套、褡裢、名片盒。[1]

（五）辛亥以后的满族服饰

1911年，辛亥革命推翻了统治中国的清王朝，结束了在中国延续两千多年的封建帝制，建立了中华民国。改朝换代像一场大地震，从政治体制到经济体制乃至社会生活的方方面面，都在不同程度上发生着变化，作为封建主义规章的衣冠之制也随之崩溃瓦解。在中国出现了不以等级定衣冠的新服制，这是中国服装史上划时代的巨变。服饰的等级制的打破，引起服装质地式样的多样化，引起了服饰的一场变革。每个民族的服饰都随着历史发展和文化变迁而不断产生变化。服饰的变化与其他物质文化和精神文化不一样，它有独特的发展演化轨迹，即当社会物质生活和精神生活日趋丰富复杂的时候，服饰的演变却走着相反的道路，愈来愈变得简便、大方。纵观满族服饰近百年来的发展变化，我们可以看出服饰的发展脉络，即从传统到现代的转化，从创新到再生的重塑。我们将这一阶段的满族服饰分为两个部分：一是1911～1949年满族服饰的发展和转型；二是新中国成立后到现今满族服饰发生的变化。

中华民国的创立者孙中山是现代服装变革的创导者，在《中华民国

① 包铭新、赵丰编著《中国织绣鉴赏与收藏》，上海书店出版社，1997，第36页。

临时约法》中明确规定："中华民国人民一律平等，无种族、阶级、宗教之区别。"1912年10月，民国政府正式颁布男女礼服制度：男子礼服分为两种，一种为大礼服，一种为常礼服。大礼服即西方的礼服，有昼夜之分；常礼服为传统的长袍马褂，均为黑色，面料用丝、毛织品或棉、麻织品。女子礼服用长与膝齐的对襟长衫，有领，左右及后下端开衩，周身加以锦绣。下身着裙，前后中幅平，左右打裥，上缘两端用带。由此可以看出，民国期间，服装的演变趋势是中西并列、新旧杂陈。满族服饰在清代灭亡之后，官定服饰也随之消亡。但长袍、马褂、旗袍、坎肩等满族服饰，作为中国传统的服饰代表被保留了下来，并在民国期间得到了长足的发展，成为在适应时代和社会的发展中与西装、中山装并行于当时社会服装时尚的主流。服饰的变化不再囿于图案色彩材料，而波及其他方面。服装造型由掩盖人体特征和差异渐渐变为有意识地去表现人体特征，由宽大渐渐变为合身；装饰由繁复变得较为简洁，面料由厚重变为轻薄，并注重悬垂性的提高。由于西方印染技术引入，也由于服饰审美观念的转变，印花成为在纺织品或服装面料上施加图案装饰的主要手段。同时民国时期的服饰尤其是旗袍，也受到西方社会的影响变得华丽。"1920~1939年被称为'华丽时代'，时装达到第一个高潮，出现了世界第一个时装设计大师——夏奈尔（Chanel）……服装华贵、夸张、艳丽，不但在欧洲、美国成为时尚，甚至在亚洲，特别是中国的上海等地也风靡一时。"①

近代中国女装的典型服饰是旗袍，民国时期旗袍流行的时间最长。旗袍是由满族旗袍发展而来，1914年左右旗袍首先在上海流行开来，接着影响全国。旗袍流行开来是20世纪中国女性服装对男性服装的模仿和争取女权主义、人本主义的一个例证。"旗袍最大的特点就在于勾勒与烘托了女性的曲线美，这在中国妇女服装的历史上可谓是一次重大的革命

---

① 王受之：《世界时装史》，中国青年出版社，2002，第12页。

性转折。”[①]“从 20 世纪 20 年代到 30 年代，女性服装逐渐找到了现代理想。但是，它们仍带有明显的女性特征，性别本身使它们保持了传统的男女隔阂。刻意追求服装上的视觉效果这一古老的信念逐渐成为现代女性时装的主导思想。”[②]另一方面原因在于旗袍有着旺盛的生命力，它的生命力在于它总是在不断的变化之中。

民国时期最初的旗袍仍然保留着原来满族旗袍的基本样式，宽大、平直，下长至足，面料多用绸缎，衣上绣满花纹，领、袖、襟、裾都滚有宽阔的花边。辛亥革命之后的最初几年，妇女穿旗袍的人数较少，旗袍遭到人们的冷落。旗女不敢穿，汉女不屑穿，可能是因为当时反满情绪高涨的原因。20 世纪 20 年代，女子旗袍的穿着与清代情况相近，袍内仍着长裤，稍后袍内不再着长裤，针织棉袜和丝袜逐渐出现，此时的旗袍略收腰身，袖作倒大形，与当时上衣相仿佛。袍身的装饰比清代大大减少。绣花的使用也大幅度地减少，一种极精细之线香滚却大行其道，传统的牙子花边或细绦仍常见。纽襻的变化增多，各种盘花纽扣争艳斗巧。发展到 30 年代，旗袍更加流行，已经脱离了原来的形式，而变成一种具有独特风格的妇女服装样式。造型更趋合身，装饰更简洁，面料时尚化。工艺上由腰省而及胸省，或加以归拔，或使用揿钮拉链，西式装袖替代了传统中式的接袖。20 世纪 30～40 年代出现了改良旗袍，变化的部位主要集中在领、袖及长度等方面。先是流行高领，领子越高越时髦，即便在盛夏，薄如蝉翼的旗袍也必配上高耸及耳的硬领。渐而又流行低领，领子越低越摩登，当低到实在无法再低的时候，干脆就穿起没有领子的旗袍。袖子的变化也是如此，时而流行长的，长过手腕；时而流行短的，短至露肘。至于旗袍的长度，更有许多变化，在一个时期内，曾经流行长的，走起路来无不衣边扫地。以后有改成短式，通常的时装长

---

① 王宇清：《旗袍里的思想史》，中国青年出版社，2003，第 4 页。

② 〔美〕安妮·霍兰德：《性别与服饰》，魏如明等译，东方出版社，2000，第 9 页。

度都在膝盖以上。20 世纪 40 年代是旗袍流行的黄金时代，式样趋向于取消袖子（夏季）即无袖旗袍、缩短长度和减低领高，并省去了烦琐的装饰，使其更加轻便、适体。自此以后海外华裔妇女所着的各种旗袍（如电影《花样年华》中所反映的 60 年代香港旗袍、《色戒》中所反映的 40 年代的旗袍），以及改革开放后中国大陆出现的种种旗袍款式，都跳不出 20 世纪 40 年代旗袍之样式，水平也无出其右者。从旗袍外观的变化来看，除了色彩图案肌里外，主要表现在领的高低有无，袖的长短宽窄，开衩的高低，下摆的位置，与腰身的松紧合身。

民国时期的旗袍面料也随着时代的变迁而变化着。清代旗袍的面料以锦或缎为主。锦、缎厚实，经得起多重的镶嵌滚绣。镶嵌滚绣的多，就会加重衣料的分量和厚度，所以清代女式旗袍就不可能沿着女性的曲线“顺流而下”，以致给人平直宽肥的感觉。而民国时期尤其是 20 世纪 30 年代的海派旗袍讲究“透、露、瘦”。女子喜欢用镂空织物或半透明的丝绸，如绮、绫、纱等做成轮廓修长的紧身旗袍，以突出她们婀娜多姿的身材。

旗袍之所以能够赢得广大妇女的普遍喜爱，主要有两个原因。一是经济便利。以前妇女从上到下一套服装，需要置办衣、裤、裙等许多服饰，而旗袍一袭就能代替。况且在用料、做工方面也能大大减少成本。二是美观适体。由于旗袍上下连属，合为一体，容易显现出妇女形体的曲线美，加上高跟鞋的衬托，更能体现出妇女的秀美身姿。在辛亥革命前后坎肩或马甲的变化没有旗袍的变化那么大。主要区别在清代坎肩面料多用织绣且加繁复缘饰，民国以来日趋简朴。清代颇为常见的长坎肩在民国时期也渐渐减少。20 世纪 30 年代以来，西式的针织或棒针编结背心（以及开衫）流行日甚，罩在旗袍外穿着，逐步取代了传统坎肩。近代中国传统服饰并没有在 1949 年后销声匿迹。在海外华裔中服装的演化仍旧是一个舒缓自然的过程。20 世纪 80 年代开始，大陆上的怀旧思绪慢慢高涨，到 20 世纪末忽然加速，种种被冠之以“唐装”、“中装”或“国服”

的女装以及现代人穿的坎肩或马甲均是满族服饰的延续，只是我们现在所能见到的这些改良后的传统服饰，工艺远逊于当年，其设计内涵和审美价值也要低得多。

以上阐述的是中产阶级和富裕阶层中所着旗袍的情况。在更大范围的满族普通人民中，华丽高贵的面料是穿不起的。在地方志的记载中，我们可以看到 1911～1949 年满族服饰的状况。男子常服穿长袍、短褂。百姓普通衣服，只有布一种，着绸缎、呢绒者甚少，而以青、蓝、白色居多。单、夹、棉随时更换，在极暑极寒之期，也有用葛与裘者。面料用绸缎、呢绒、纱、罗、夏布及各种粗细布类，官绅、商富衣服多用纱、葛、缎、呢等料。冬天则穿皮裘，用狐，貉、羊羔、山狸，灰鼠之类的毛皮，貂皮，猞猁，水獭、海龙乃贵重品，一般人不用。帽子，夏天草帽，冬天皮帽，春秋缎制小帽。履，冬天用棉和毡，也有用革履的。至于农、工劳动者，无论何时，大都蓝布短衣，夏戴笠、赤足。冬戴毡质耳帽，足着牛皮靰鞡，内实细草，曰靰鞡草，行冰雪中，足不知寒。旗人妇女，身着长袍及踝，不系裙，不着长褂，有时着对襟短褂。其料毛织、丝织均可，常服则多用布类。民国初年，仕宦缙绅之家妇女，多着大礼服，青缎对襟，刺绣彩花八团，裙也刺绣或织金，状极华丽。乡村妇女，操作农事，四时只着粗布长衫，冬日则加棉袄短褂。至于首饰，名色繁多，金质、银质不等。旗人梳京头，又曰“京扁”。

（六）满族服饰的生存现状与发展（1949 年至今）

到了现代社会，一提起满族服饰，人们自然想到的就是旗袍、坎肩，大拉翅、花盆底鞋。然而，在现实的当代社会中，满族民间服饰的生存现状究竟如何？历史上的满族服饰在今天遭遇到了什么样的境遇？满族服饰传承下来的服饰又是怎样和当代的主流文化发展的趋势相结合的？为了寻找以上诸项的答案，笔者于 2007 年 1 月开始至今，走访了全国的 11 个满族自治县（辽宁省的岫岩满族自治县、本溪满族自治县、新宾满族自治县、清原满族自治县、宽甸满族自治县、桓仁满族自治县，吉林省的伊通满族自治县，河北省的宽城满族自治县、青龙满族自治县、围场满族蒙古族自治县和丰宁满族自治县）和现已撤县建市的两个满族自治县（辽宁省的凤城市和北镇市），调查的主题是满族聚居区民间服饰现状，时间是从 1949 年至目前的状况。

满族民间服饰一直伴随着民族的发展变化而变化着，即使是满族聚居地也会有地域的差异。有四种：旗袍（长袍）、马褂、坎肩和套裤。旗袍不分季节，男女老少均穿。一般分单、夹、棉三种。旗袍款式是：无领（后来习惯加一条假领）、窄袖、右衽、两面或四面开气。一般多穿灰色旗袍，家境好些的穿青色或蓝色。女人的旗袍形同男式，很讲究美观、大方，其长度可达脚面。领口、袖头、衣襟都镶有不同颜色的花边。随着时代的变化，男式旗袍已基本废弃，在新宾时，79 岁的肇普维①说："穿这种四布大衫（四开气），就是不错的了。"女式旗袍的样式也不断变化，由肥大改为瘦形，其长度改为过膝式；由直筒式改为曲线式，穿起来端庄大方。肇普维的老伴儿黄贵香②说："男女不一样，能看出来，女的有掐腰。男的是直身，领、袖一样。棉袍外不套衣服，把面和里拆了洗，棉花拿出来。里面穿棉裤。结完婚就做的，冬天穿。手工做的。"

新宾的满族在新中国成立前后仍穿长袍马褂，只是不带箭袖了。有身份者其衣料多为绸缎，最上等单衣用葛纱之类制作，颜色多为白。春、秋夹衣用呢、绸或布，冬用棉，穿皮衣为少数。农民多为棉麻布，多穿蓝布短衣。男女旗袍皆镶花边。男喜用蓝、灰等颜色，女喜用绿、粉、月白等颜色。满族妇女过去多穿肥大旗袍，后来，逐渐发生变化，变得更窄瘦了，并有长、短袖之分。一般样式为直领、窄袖，开右大襟，钉

① 肇普维，男，79 岁，满族，右翼镶蓝旗（红带子）。

② 黄贵香，女，74 岁，满族。

图 1－107　肇普维和黄贵香两位老人身着传统服饰：棉袍和长衫（作者拍摄）

图 1－108　暗香色缎面斜襟女短夹袄（作者拍摄）

图 1－109　黑色斜襟女棉袍（作者拍摄）

图 1－110　蓝色斜襟四开气男长袍（作者拍摄）

扣绊，紧腰身，长至膝下，两侧开叉。这种旗袍“结婚四五年之后就不穿这种大褂了（1955），穿短的了，不穿长的了，男女都不怎么穿了”，黄贵香老人说。在新宾腰站村，笔者遇到了回老家给丈夫下葬的高嫣玲老人，老人是沈阳市人，满族，1928 年生，旗人。她说：“新中国成立前后，在沈阳，穿大褂，半袖。”而此时，新宾农村穿的是四布褂子、坎肩和马甲。沈阳叫大褂、新宾农村叫四布衫的，就是我们所说的长袍。

在新宾做调查的时候，笔者在腰站村见到了至今仍能做旗袍、夹袄并且仍然穿着的一位老人，老人名叫黄贵香，1950 年嫁到这个村的。两位老人把他们压箱底的两件衣服拿了出来，黄贵香老人说：“一件是四布大衫，蓝色的，老头穿的。1950 年结婚时做的，拜年时，回娘家时穿的。现在拿出来，孩子们都害怕。就穿了几次，借给他们（村里的其他人）结婚穿过几次，小时就会做。”另一件是女式棉袍，黄贵香老人穿的，“结婚时做的，1950 年结的婚，自己做的。冬天怕灌风，里襟多出一块。里面穿衬衣、裤子。”这件衣服老人每年冬天的时候还拿出来穿。另外一件就是 2005 年黄贵香老人为自己做的一件短夹袄，斜襟、暗香色，至今还穿着。如今，老人也做不了了，因为眼睛看不见针脚。

图 1－111　毛皮长袍（作者拍摄）

图 1－112　穿对襟立领女褂的凤城秋木桩村 82 岁的妇女（作者拍摄）

套裤是无腰的棉裤筒，无裤裆，以两条背带固定，多为老年人秋冬季节穿着。套裤只起护腿作用，小腹及臀部不能覆盖。套裤与长袍配合，能发挥其灵便的特点。新中国建立后，随着满族生活水平的提高，薄棉裤、绒裤逐渐替代了套裤。随着经济条件的变化和社会的发展，满族的服饰有很大的变化。岫岩男子穿套裤，扎裤脚。由于满族长期生活在寒冷的北方，又经常在草树茂盛的环境中活动，无论冬夏或男女老幼，穿长裤必系腿带。腿带长一尺四寸，宽寸余，两头有穗，在脚腕处将腿扎紧，再将剩余的穗头掖在腿带里。在新宾县腰站村，高嫣玲老人说："11岁冬天穿过套裤，母亲给做的，是棉裤腿，像背带裤，有带，能系住。50年代中后期还穿呢"。

坎肩无袖，穿起来活动自如，还便于装饰。满族妇女也把它作为外套穿，并在坎肩上绣上花边。坎肩是女人的外套。老年妇女多为御寒用，色调和做工都比较简单，年轻妇女则讲究质地、颜色、花样。有时还在周边缝制成彩绦或胸前绣花。规格偏长至臀，显得体态修长苗条。中老年妇女喜爱的棉坎肩仍然流行。马褂是有身份地位的富裕男人在春秋季节或冬季穿着。

靰鞡鞋是满族传统的鞋，多为农村满族人民冬季穿用的一种皮革制作的鞋。它是很有特点的满族服饰之一，一直在东北农村穿用。底软，连帮而成，或牛皮，或鹿皮，或猪皮，缝纫极密，走荆棘泥淖中，不损不湿，而且耐冻耐久，男女皆穿。冬季穿时，内填靰鞡草。男人有地位者多穿牛皮靴，无地位者，多穿各种皮制靰鞡，里絮靰鞡草，既轻便又暖和。还有穿"淌头马"的（类似靰鞡，但比靰鞡精巧），里面也絮靰鞡草。后来穿"胶皮靰鞡"。这两种鞋，在新宾20世纪60年代尚有穿者，近二十年已无人穿用。男人的夹鞋（单鞋）为布底纳帮，鞋脸镶嵌双皮条的两道脸儿，俗称"傻鞋"。活动量较少的年迈的老人，穿高靿毡鞋；春季后，穿单皮脸或双皮脸式的鞋子，这种鞋用布或缎做成，鞋尖突出于鞋底的前方，侧面看去，好似小船。岫岩男子脚穿双鼻皮条布鞋，鞋尖突出鞋底之外，如船形。

图 1－113 靰鞡鞋①（作者拍摄）

图 1－114 赫图阿拉城内巨大的靰鞡鞋雕塑（作者拍摄）

女人夹鞋是上窄下宽，鞋脸尖端突出上翘，两侧绣花，形如小船的木底高桩鞋。满族妇女，天足，着木底绣花鞋，其式为两种：一为平木底，厚约一寸，外包以布，上面上鞋帮，多为中老年妇女穿着；另一种为高木底，也叫寸子，木底高约 3 寸，中间细，两头宽，方形，为鞋底长的二分之一，上于鞋底正中间，外包布或涂白漆，此为年青妇女穿着。年节喜庆之日多穿高跟木底鞋，鞋跟位于鞋底中央，高约三五寸，形似马蹄，又叫"寸子鞋"，穿这样的鞋叫"踩寸子"；女人棉鞋形如夹鞋，鞋脸并排嵌镶双皮条。中老年妇女习惯穿无靿的厚毡鞋，俗称"毡疙瘩"或"毡鞋"。岫岩老年人冬季穿毡窝。80 岁的沈阳满族老人高鄢玲："从农村来的穿大氅鞋。"男女袜相同，先用数层白布纳成袜底，厚如现在的鞋垫，再以双层白布做鞋靿。袜和鞋一样，都不分左右，双脚可随意穿着。鞋袜做工十分精细。结婚的满族妇女，都准备十几双甚至更多，装满鞋箱子。在满族妇女中，常以鞋袜的多少和式样新旧论高低。高嫣玲老人说："袜子素色，当姑娘时自己做的。十五六岁穿布袜子，（白、蓝袜子），布是双层的，垫一层然后纳上。"一般的满族妇女不戴帽子。男帽分棉帽、夹帽和草帽。棉帽和夹帽分有顶和无顶两种。有顶的叫小帽，

① 辽宁省新宾满族自治县满族博物馆馆藏。

是以丝、棉等布帛六片缝制而成；无顶的叫帽头，是以绒毛制成。帽顶多为红缨和红珠。（本溪县帽头的整体是为球状，直径略大于头，将原球内侧重叠成半圆状）内层割成两片做耳扇，平时收在帽内，冬天拉出护耳。戴小帽者要服履整齐，一般多为富裕人家或有一定身份地位的人戴。戴帽头者多为劳动人民。草帽为夏季用帽，形如伞，多用芦苇和秫秸编制。岫岩的满族头戴圆顶帽。夏季戴草帽，冬戴皮帽，春秋戴缎制瓜皮帽。宽甸的满族则头戴大耳皮帽、毡帽头、瓜皮帽上粘红疙瘩等帽子。北镇满族人出门、会客时多戴礼帽。平时冬秋戴毡疙瘩。其他季节戴帽头，帽头由六瓣缝合而成。此外还有四喜帽、秋帽等。

图 1－115　礼帽（作者拍摄）

在吉林伊通满族自治县，笔者采访了几位老人，他们的谈话可反映出吉林满族民间服饰的一个基本概况。吉林省的服饰以蓝布大褂、斜襟短袄为主，男女都穿。伊通文化馆原馆长张先生（1925 年生，满族，镶红旗，从小居住在县城里）说："以前穿大布衫子，蓝色的，马褂也穿过，黑的。8 岁上学，就不穿大布衫子了。斜襟短棉袄穿过，七八岁时穿过。后来服装改革了，就不穿了。白袜子没穿过。母亲穿长袍，带绦子的。""1946 年结的婚，女方结婚时坐轿来的，蓝色的带绦子的大褂，丝绦镶边的。"1924 年出生的满族人李静彬女士说："大布衫子，穿过，旗袍也穿过。天蓝色的，旗袍是绿色的，镶豆绿色边，三分边”，“母亲穿蓝的大布衫，木头底鞋、大旗头，老姨穿过。”“小时候去姐姐家串门，在农村，看见穿大布衫子的多。”“现在（服装）又回来了，袖子很肥的。”萨满文化研究专家富裕光先生（满族，1933 年生）说：“小的时候穿过大褂，说满语，大褂解放的时候还穿”，“自己的装老衣都做出来了，是长袍马褂。北方满族人做的。鞋没做，用花缎的。”帽子为六合帽，沿袭明代的六瓦帽。张先生说：“戴过疙瘩，六片瓦的。”穿“毽鞋，黑色的，靰鞡鞋没穿过，农民穿的。女的穿的这些。富裕光先生说：“旗鞋看过他们穿，劳动时不穿，节庆时、拜年时穿。”头饰是“梳京头，（即旗头，因北京流行，所以地方上称之为京头，并效仿）。富裕光先生说：“奶奶、妈妈在大的喜庆日子里戴旗头。”

在 20 世纪 80 年代以前，满族民间服饰的民族特点在农村仍然很明显。80 年代以后，原有的服饰形制就渐渐地消失了。在凤城市刘家河镇秋木庄村，93 岁的李姓老人说：“我年轻的时候穿长袍，外面套着马褂，蓝色的，黄色的什么色的都有。”80 岁的满族正黄旗张大娘告诉我，她年轻的时候看见母亲“穿大肥袖的衣服，后来就拆了。”自己也“穿大布衫，手工做的。”新宾满族自治县赫图阿拉城一位 69 岁的满族老人说：“饮食上还有满族的特色，立梭罗杆，吃粘火勺什么的。服装没有穿的了，”新宾满族自治县民族宗教事务局李局长说：“服装没有穿的了。长袍，根本就没有了。”新宾县腰站村原村长肇玉砚（1954 年生，右翼镶蓝旗）说：“60 年代就没有穿四布大衫的了，胶皮靰鞡还穿，穿解放鞋了。袜子，穿过，布的，双层的。蓝褂子没穿过，看见母亲穿过，去拜年。平时不穿，干活没法穿。”高嫣玲老人说：“长袍穿过，大布衫没穿过，穿干部服。老婆婆在农村还穿。纽襻，系带子，旗头没有了。母亲梳过旗头。旗鞋没看见穿过。这些在 60 年代就基本没了，只是在农村还有。”目前，传统的满族服饰只是在特定的节日、旅游景区等特殊场合被展示出来，同时满族服饰元素也成为民俗作品（如剪纸、手工艺品等）

的创作来源。[①]

三　满族萨满服饰

萨满教是一种原始宗教形态，产生于中国北方的母系氏族社会，并广泛流传于蒙古、满、锡伯、赫哲、鄂温克、鄂伦春和达斡尔等民族之中。它曾在中国北方、毗邻的西伯利亚乃至更大范围内的众多民族中广为流传，并对这些民族的社会历史、文化习俗、心理素质等各方面产生过不可低估的影响。萨满教以灵魂、神灵和三界观念为基本信仰，相信万物有灵和灵魂不灭，认为宇宙万物人间福祸皆由神灵所主宰。萨满是神灵的化身和代理人，是人和鬼神的中介，具有特殊的品格和神通，具有驾驭和超越自然的能力。“在信仰萨满教的众多民族、部落之间，从来没有过共同的经典，也很少有共同供奉的神灵，更没有统一的宗教组织。可是，在这些居住相当分散并相对隔绝的民族中，萨满教的基本内涵、仪式和使用的法具等，却是大体相同的。”[②] 萨满神服具有不可亵渎的威严和地位，从制成到穿用，自始至终在全氏族只有萨满可以染指、移动、存藏、使用、解释的至上神品。它本身就是神祇的象征，同时又是某些神祇的形体寓所。神服的精神内涵被认为是神祇法力和被降服的魔鬼魂灵的凝聚体。在萨满祭祀等神事活动中，萨满神服上所穿挂着的衣式、帽式和靴、袜等，构成了萨满服饰的主要内容。“凡萨满均有特别之衣装，帽上有二铜角，如鹿角，然上悬彩绫向后垂之，如披发然，衣前面系小铜镜、小铜铃各六十，衣背中悬大铜镜一，并以中铜镜附之，其下系锦绣条裙如垂尾然，大半个萨满请其神灵时，即衣此种特别服装。”[③]

---

① 曾慧：《满族服饰文化变迁研究》，中央民族大学博士学位论文，2008，第135～150页。

② 刘小萌、定宜庄：《萨满教与东北民族》，吉林教育出版社，1990，第2页。

③ 《呼伦贝尔志略》“宗教”条，第206～208页，转引自富育光《萨满论》，辽宁人民出版社，2000，第206页。

作者在吉林伊通满族自治县满族博物馆中见到的萨满神服是具有几百年历史的一套萨满服饰[①]。满族萨满服饰是以北方森林草原渔猎及游牧文化为背景发展形成，主要包括神服、神裙和神帽。

图 1－116　萨满神服②(作者拍摄)

图 1－117　萨满神裙、神帽和腰铃③

(一) 神服

数千年来萨满所创造与使用的各种思维意念的外在形态的表现，大多数都聚现在每一件神服上。与鄂伦春、鄂温克、赫哲等族萨满神服相

① 吕大吉、何耀华总主编《中国各民族原始宗教资料集成》，中国社会科学出版社，1999，第511页。

② 吉林省伊通自治县满族博物馆馆藏。

③ 朱诚如主编《清史图典》第1册，紫禁城出版社，2002，第247页。

图 1－118　萨满神服①

图 1－119　萨满神服②

比，满族萨满神服较为简单，其中家神祭服尤为简单。满族萨满服饰基本形制为红色对襟无袖七星衫，一般为棉布质地，象征星辰。在一些保留神祭习俗家族，上身着白汗衫，下着各色布或艳丽绸缎神裙，代表云涛。也有的用天蓝或深蓝、绿等颜色或粉、深绿等色布料制作。神裙下摆镶嵌色布花边或各种图案，有的在裙下摆镶彩色绦子。

图 1－120　萨满神服③

图 1－121　萨满神服④

---

① 吕大吉、何耀华总主编《中国各民族原始宗教资料集成》，中国社会科学出版社，1999。
② 吕大吉、何耀华总主编《中国各民族原始宗教资料集成》，中国社会科学出版社，1999。
③ 吕大吉、何耀华总主编《中国各民族原始宗教资料集成》，中国社会科学出版社，1999。
④ 吕大吉、何耀华总主编《中国各民族原始宗教资料集成》，中国社会科学出版社，1999。

（二）神裙

满族萨满神裙具有重要的作用，无论野神祭萨满和家神祭萨满，下身均着裙子，但质地、色调不同，做工精粗、镶嵌花边图案有别。有的用天蓝色、绿色、深蓝色等布制作布裙，也有用粉、深绿等艳丽的绸缎制作神裙者，多在裙底边镶上一圈黑布边或剪有各种图案的花边，也有在神裙下部镶上彩色绦子或镶上一条彩布者。神裙多用一整块布对围起来，系带，非常简单。在满族萨满教观念中，神裙代表云涛[①]。

图 1－122 萨满神裙[②]

（三）神帽

萨满跳神时要戴神帽，保留野神祭的家族，野萨满（或称大萨满）

① 吕大吉、何耀华总主编《中国各民族原始宗教资料集成》，中国社会科学出版社，1999。
② 吕大吉、何耀华总主编《中国各民族原始宗教资料集成》，中国社会科学出版社，1999。

戴神帽，家萨满一般不戴神帽。个别家萨满戴神帽者，多与其家族往昔曾盛行野神祭有关。萨满神帽由帽托、帽架和各种帽饰组成。帽托多为红色棉制品，形状形似“瓜皮帽”，萨满戴神帽时，要先戴帽托，再将铜或铁制帽架置于其上，用以护头。帽架为铜制或铁制。帽前正中和左右两尺分别缀有三面小铜镜子。数量不等的铜铃挂缀在帽檐上方左右两侧的铜（铁）架上，帽顶则多为昂首翘立的神鸟，神鸟的数量，各姓氏不等，吉林满族石姓、杨姓萨满神帽上是三只鸟。萨满正是凭借神鸟的翔天能力来实现沟通人神之境界。帽后缀有 4～5 尺长的彩色飘带，多为红、黄、蓝三色，彩带象征着神鸟飞翔的双翅。神帽前脸的边沿下，挂着质料不同的条穗。神帽是判断萨满神系的重要标志，也是判断一个萨满的神力、资格的标志。满族及其先世女真诸部萨满多以神鸟统领神系，神帽上神鸟的数量的多少，标志着萨满资历和神力的高低。

图 1－123　萨满神帽①（作者拍摄）

① 河北省丰宁满族自治县博物馆馆藏。

图 1－124　萨满神帽①

图 1－125　萨满神帽②

① 吕大吉、何耀华总主编《中国各民族原始宗教资料集成》，中国社会科学出版社，1999。
② 吕大吉、何耀华总主编《中国各民族原始宗教资料集成》，中国社会科学出版社，1999。

第二章

蒙古族服饰文化

蒙古族是我国56个民族中的一员，是人口较多的民族之一，是一个历史悠久、勤劳勇敢、贡献卓著的民族。蒙古族主要分布在内蒙古自治区、新疆维吾尔自治区、青海、甘肃、河北、辽宁、吉林和黑龙江省，其余分布在河南、贵州、四川、北京、云南等全国各地。2010年第六次全国人口普查数据统计显示，全国蒙古族现有人口5981840人，男性2999520人，女性2982320人，其中内蒙古自治区的蒙古族人口4226090人，占蒙古族总人口的71%；黑龙江省的蒙古族125483人、辽宁省的蒙古族657869人、吉林省的蒙古族145039人，东北三省的蒙古族人口共计1053874人，占蒙古族总人口的18%①，分布在东北三省的蒙古族主要聚居在辽宁省的阜新蒙古族自治县和喀喇沁左翼蒙古族自治县、吉林省的前郭尔罗斯蒙古族自治县、黑龙江省的杜尔伯特蒙古族自治县，他们同汉、满、回等民族交错居住，形成了大杂居、小聚居的分布特点。

① 人口数据来源于中华人民共和国国家统计局网站，http://www.stats.gov.cn/。

一　蒙古族概说

“蒙古”一词最早见于唐代的《旧唐书》、《新唐书》的“蒙兀室韦”中的“蒙兀”，这是“蒙古”一词最早的汉文译名。“室韦”是一个很大的古代民族部落群，一般认为是东胡族系诸部中的重要一支。“蒙兀室韦”原居住于黑龙江上游以南、额尔古纳河中下游以东的大兴安岭山区，唐代后期，室韦各部逐渐形成许多部落联盟，蒙兀部（蒙兀室韦）、白鞑靼部、北鞑靼部、敌烈部、乌古部等结成了蒙古语族的部落联盟，而以室韦（主要是蒙兀室韦）鞑靼为首。在12世纪，中国的蒙古族仍以鞑靼之名见诸史册①。公元13世纪初，成吉思汗统一蒙古诸部后，“蒙古”也就由原来一个部落的名称变为民族名称，逐渐融合为一个新的民族共同体。元朝灭亡后，蒙古分裂为许多部落。按照其所居地域逐渐形成三个部分：一是分布在内蒙古自治区和东北三省的蒙古族，被称为漠南蒙古，即科尔沁部；二是分布在今蒙古境内的蒙古被称为漠北蒙古，即喀尔喀部；三是分布在新疆、青海和甘肃一带的蒙古，被称为漠西蒙古，即卫拉特部，也称为厄鲁特蒙古。② 新中国成立后统一确定族称为蒙古族。

二　蒙古族服饰溯源与现状

蒙古族服饰文化的传承与发展有着悠久的历史，早在人类发祥初期，在蒙古高原这片肥沃的土地上，就已经有了人类活动的痕迹，同时也有了早期高原人类文化的萌芽。古代游牧民族出现后，经东胡、匈奴、鲜卑、突厥、契丹等民族不断发展，蒙古高原出现了适应游牧生活的骑马

① 白歌乐、王路、吴金：《蒙古族》，民族出版社，1991，第9页。
② 杨圣敏主编《中国民族志》，中央民族大学出版社，2003，第109页。

民族服装款式。13 世纪蒙古族统一了大江南北，蒙古族服饰成为社会时尚。经过借鉴与吸收、融合，蒙古族服饰在种类、款式、面料、色彩、缝制工艺以及服饰制度等方面出现了前所未有的变化，涌现出了一批适应宫廷生活的贵族服饰。到了明清时期，由于历史、政治和地域的原因，蒙古族分为若干部落和盟旗，服饰文化日益丰富多彩，同时也有较大的差异，继而成为区别各个部落、盟旗的重要标志之一。[①]

（一）蒙古族先祖服饰

蒙古族的衣着样式，自古即与游牧经济生活相适应，而且富有特色。13 世纪中外旅行家对蒙古族的服制均有详细记述，男女服装款式相似，都穿长袍。早期衣服不像后来流行的高领口，而是右衽交领，由左边到腋下有开衩，右边有三扣，左边有一扣，少数为方领，腰间密密打作细折，以帛带束腰，腰围紧束突出。此种长袍，用途和优点颇多，乘马时紧束腰带，能保持腰肋的稳定垂直。妇女穿敞口而宽阔的披肩，青年妇女则穿男式衣服，已婚妇女还穿一种非常宽松的长袍，在前面开口至底部。初期用家畜及野兽的毛皮制作衣服，随着手工业的发展，周围民族纺织品的传入，富裕者用自汉地、波斯、俄罗斯、保加利亚、匈牙利等地输入的绸缎、锦缎、毛料以及各种珍贵兽裘制作华丽的衣服。《黑鞑事略》记载："其服右衽而方领，旧以毡毳，新以纻丝金线，色以红、紫、绀、绿，纹以日月龙凤，无贵贱等差。"贫困者则用羊、山羊及狗皮或粗布、棉花、粗毛及毡杂做衣服[②]。元人在未进入关内时，被发而椎髻，冬帽而夏笠。

（二）元代蒙古族服饰

蒙古国建立之初，"庶事草创，冠服车舆，并从旧俗"。元朝建立后，

① 刘兆和：《蒙古民族文物图典——蒙古民族服饰文化》，文物出版社，2008，第 1 页。

② 《蒙古族通史》编写组：《蒙古族通史》，民族出版社，2001，第 423 页。

忽必烈统一全国，冠服车舆，都有所变化。忽必烈“近取金、宋，远法汉、唐”。随着元朝的建立以及对外战争的进行、统治范围的不断扩大，蒙古族统治者吸收融合了东西方各民族的文化，本民族服饰文化向前推进了一大步，创造出了具有蒙古民族特色和时代特色、内容丰富、形式多样的蒙古族服饰。

1. 宫廷服饰

蒙古族自入关后，除仍保持其固有衣冠形制外，也采用汉族的朝祭等服饰，即冕服、朝服、公服等，是参照汉、唐、金、宋的制度。元代冠服制度开始于英宗时（1321），对天子冕服、太子冠服、百官祭服、朝服、士庶服色等内容进行制度规定。

皇帝朝服为戴通天冠，着绛纱袍；百官则戴梁冠，也分七梁加貂蝉笼巾，梁有七梁、六梁、五梁、四梁、三梁、二梁的区别。百官都穿青罗衣，加蔽膝、环绥，并执笏。公服则是戴展角幞头，束偏带，并带正从一品以玉或花或素；二品用花犀；三、四品用黄金荔枝；五品一下用乌犀牛，八銙。带鞓用朱革，靴用黑皮，衣料用罗，衣式为大袖盘领。[①]一品服是右衽，戴舒脚幞头，紫罗服，上有大独科花（即大团花），直径五寸束玉带；二品紫罗服，小独科花，径三寸，束花犀带；三品紫罗服，散答花（即写生散排花纹），径二寸，束荔枝金带；四、五品紫罗服，小杂花，径一寸半，束乌犀带；六、七品绯色服，径一寸半，小杂花，束乌犀带；八、九品明绿色无纹罗服，束乌犀带。[②] 其冠服相类于汉族的形制，有交角幞头、凤翅幞头、控鹤、花角等幞头，以及学士帽、唐巾、锦帽、平巾帻、武弁、甲骑冠、抹额。袍有衬袍、士卒袍、窄袖袍。袄有控鹤、窄袖、辫线、乐工袄等和仿甲胄式的兜鍪、衬甲、裲裆等。[③]

① 周锡保：《中国古代服饰史》，中国戏剧出版社，1984，第355页。
② 黄能馥、陈娟娟：《中国服饰史》，上海人民出版社，2014，第384页。
③ 周锡保：《中国古代服饰史》，中国戏剧出版社，1984，第355页。

图 2-1　蒙古贵族的蟒袍[①]

元代蒙古贵族妇女着长袍，袍式宽大、袖身肥大，但袖口收窄，其长曳地，走路时要两个女奴扶拽。袍常多用大红织金锦，丝绒或毛织品、吉贝锦、蒙茸、琐里（毡褐类，但极轻薄）制作，色彩以红、黄、绿、茶、胭脂红、鸡冠紫、泥金等颜色为主。这种宽大的袍式，汉人也称它为“大衣”或“团衫”，蒙古族妇人的袍，可当礼服用。蒙古族妇女固有的服饰，富贵者多以貂鼠做衣服，戴皮帽；一般人家则用羊皮衣和毳毡一类的材料做衣服。

2. 具有蒙古族特点的服饰

元代时期具有蒙古族特点的服饰款式主要有质孙服、辫线袄、顾姑冠。

① 常沙娜主编《中国织绣服饰全集》少数民族服饰卷，天津人民出版社，2005，第 85 页。

图 2-2　女子服饰①

质孙服也称为只孙、济逊，汉语译作一色衣，即明代称拽撒（曳撒或作一撒）的一种衣式。质孙的形制是上衣下裳相连，右衽、方领，衣式较紧窄且下裳较短，腰间打许多褶裥，称为襞积，并在其衣的肩背间贯以大珠。质孙本为戎服，即便于乘骑等活动，在元代的陶俑及画中都可以见到此种衣式。后期明代皇帝外出乘马时所穿的“曳撒”，就是把质孙服衣身放松加长改制的服装。朝廷每有朝会、庆典，或宗王来朝及岁行幸，皆举行燕飨，赴宴者必须身穿质孙服，之服有区别。上至朝廷大

① 常沙娜主编《中国织绣服饰全集》少数民族服饰卷，天津人民出版社，2005，第 86 页。

臣、侍卫，下至乐工、卫士都穿。质孙有冬夏、精粗的区别。元代天子的质孙服，冬季服饰有十一种，如纳石失（金锦）、怯绵里（剪茸）、大红、桃红、紫蓝、绿宝里。穿什么衣料、色泽的衣服则戴什么帽，如穿金锦剪茸则戴金锦暖帽；穿大红、桃红、紫、蓝、绿的宝里（服下有襕者）则戴七宝重顶冠；穿红、黄粉皮服则戴红金答子暖帽（金答子即帔，为暖帽后有帔者的一种帽式）；穿白粉皮服则戴白金答子暖帽。夏季服饰有十五种，如答纳都纳石失（缀大珠于金锦）、速不都纳石失（缀小珠于金锦）、纳石失、大红珠宝里红毛子答纳、大红、绿、蓝、银褐、枣褐、金绣龙五色罗，穿答纳都纳石矢（金锦）并缀大珠于金锦则戴金凤钹笠；服速不都纳石矢缀小珠于金锦则戴珠子卷云冠；穿大红珠宝里红毛子答纳则冠珠缘边钹笠；穿白毛子金丝宝里（加襕的袍）则戴白藤宝贝帽；穿大红、绿蓝、银褐、枣褐金绣龙五色罗则戴金凤顶笠。戴笠的色泽，各随所服用的色泽。如穿金龙青罗则戴金凤漆纱冠；穿珠子褐七宝珠龙答子则戴黄牙忽宝贝珠子的戴有后檐的帽子；穿青速夫（回回的毛布中之精者）金丝阑子则戴七宝漆纱的带有后檐的帽子。其他百官的质孙服，也有规定使用的颜色，种类是冬服有九种，如大红纳石失、大红怯绵里、大红官素等，夏服有十四种，如素纳石失、聚线宝里纳石失、枣褐浑金间丝蛤珠、大红素带宝里等①，以其衣料与色泽的不同而有区别。冬季的质孙服用紫貂、银鼠、白狐、玄狐、猞猁皮毛和金锦等材料制作，元代统称金锦为“纳石矢”。纳石矢也作衣服或篷帐等用。据《马可·波罗游记》记述，元朝每年要举行大朝会 13 次，有爵位的亲信大官贵族约 1.2 万人，参加集会时分节令同穿一色金锦质孙服，按时集中在大殿前，按爵位或亲疏辈分饮宴，皇帝身上珠玉装饰，特别华美。

---

① 《蒙古族通史》，民族出版社，2001，第 423 页。

图 2－3　金镶玉凤纹帽顶①

图 2－4　虎头纹金手镯②

图 2－5　狩猎图③

元代时期统治者所穿的另一种袍子是辫线袄，交领窄袖，腰间打成

① 南京博物院编《金色中国——中国古代金器大展》，译林出版社，2013，第 313 页。

② 南京博物院编《金色中国——中国古代金器大展》，译林出版社，2013，第 407 页。

③ 刘兆和：《蒙古民族文物图典——蒙古民族服饰文化》，文物出版社，2008，第 21 页。

细褶，用红紫线横向缝纳固定，使穿时腰间紧束，便于骑射，此种款式到明代称为“曳撒”，仍作为出外骑乘之服。元代官员常在袍外套一种半袖的裘皮衣服，比马褂略长，称作“比肩”，男女均穿，是清代端罩的前身。元代还有一种比甲，是没有领袖、前短后长、前后两片用袢系结的衣服，民间在日常生活中也常穿用[①]。

图 2-6 辫线袄[②]

在蒙古族妇女的首服中，姑姑冠是最有其特色的冠饰。姑姑又名故故、固罟、顾姑、固姑、鹧鸪、罟罛，其名称都是由译音而来的。这种冠是用桦木皮或竹子、铁丝之类的材料作为骨架，从头顶伸出一个高二三尺的柱子，柱子顶端扩大成平顶帽形，然后再用红绢、金锦，或青毡包裱，上面再加饰翠花、珍珠。如《黑鞑事略》及《元史·舆服志》、《真珠船》、《识余》、《坚瓠集》、《清稗类钞》等书都有记载，是后妃及

① 黄能馥、陈娟娟：《中国服饰史》，上海人民出版社，2014，第 384 页。
② 刘兆和：《蒙古民族文物图典——蒙古民族服饰文化》，文物出版社，2008，第 5 页。

大臣之妻（即受有爵命的妻）所戴的帽饰。[1] 根据文献记载：顾姑之制，“用画木为骨，包以红绢金帛，顶之上，用四五尺长柳枝或铁打成枝，包以青毡。其向上则用我朝翠花或五采帛饰之，令其飞动。以下人则用野鸡毛”。又云：“元朝后妃及大臣之正官，皆带姑姑，衣大袍，其次即带皮帽。姑姑高圆二尺许，用红色罗盖。”实际戴“固姑冠”的不仅是后妃和大臣的妻妾，普通随军的蒙古妇女也都戴它，如蒋正子《山房随笔》所载：“江南有眼何曾见，争卷朱帘看固姑”即其证明。姑姑冠的高度说法不一，大抵以高二尺许为准，如加顶上羽毛，可能在三尺以上。这种姑姑者冠在汉族妇女中是很少戴的，惟接近于元时都城的汉族妇人或亦有戴之者，南方是不戴的。[2]

图 2－7　姑姑冠[3]

图 2－8　元世祖皇后姑姑冠[4]

① 周锡保：《中国古代服饰史》，中国戏剧出版社，1984，第 356 页。
② 周锡保：《中国古代服饰史》，中国戏剧出版社，1984，第 356 页。
③ 刘兆和：《蒙古民族文物图典——蒙古民族服饰文化》，文物出版社，2008，第 6 页。
④ 刘兆和：《蒙古民族文物图典——蒙古民族服饰文化》，文物出版社，2008，第 8 页。

蒙古男女所戴的笠，常用毡制成，故名“毡笠”。皇帝也戴笠，如文献记载：“国朝每岁四月架幸上都避暑故事……还大都之日，必冠世祖皇帝当时所戴旧毡笠。”元朝蒙古人所戴笠的形制为：“官民皆戴帽。其檐或圆，或前圆后方，或楼子，盖兜鍪之遗制也。”蒙古人的笠，原先没有前檐，到了忽必烈时代，在围猎时皇帝常苦阳光晃眼，其皇后察必便设计了一种前面加檐的笠。忽必烈戴上此笠，果然免除了阳光晃眼之患，遂大喜，便下圣旨，以此为式样，使百姓仿效，察必也就成为我国历史上戴檐帽的第一个设计者。冬季，蒙古人的男女富有者均戴狐皮帽。[①]

3. 发式

元代蒙古族上自国主成吉思汗，下至国人，均把头发剃成婆焦。婆焦也叫跋焦，如汉族小孩留三搭头的样子，将头顶正中及后脑头发全部剃去，而在前额正中及两侧留下三搭头发，正中的一搭剪短散垂，两旁的两搭绾成两髻悬于两旁下垂至肩，但也有一部分人保持女真族的发式，在脑后梳辫垂于衣背。[②]《长春真人西游记》记载：“男子结发垂两耳。”郑所南《心史·大义略叙》：“三搭者，环薙去顶上一弯头发，留当前发，剪短散垂，却折两旁发绾髻悬加左右衣袄上，曰‘不狼儿’。言左右垂髻碍于回视，不能狼顾。或合辫为一，直拖垂衣背。”郑麟趾《高丽史》卷二十八卷载：“蒙古之俗，剃顶至额，方其形，留发其中，谓之‘怯仇儿’。”在元代剃匠书《净发须知》引《大元新话》中，记载当时的蒙古人发式有大开门、一字门额、花钵焦、大圆额、小圆额等多种形式。妇女发髻等式样，云髻高梳仍为元代的发式之一，如盘龙髻亦为南人所梳者。妇女梳成两辫而下垂，即《山房随笔》中所谓“双柳垂肩别样梳”。

4. 帽饰

蒙古族的衣冠，以头戴帽笠为主，即冬帽夏笠。元朝皇帝所戴的帽

---

① 《蒙古族通史》编写组：《蒙古族通史》，民族出版社，2001，第423页。

② 黄能馥、陈娟娟：《中国服饰史》，上海人民出版社，2014，第384页。

子均分为冠、帽、笠三大类。帽的种类、花色很多，冬季的有金锦暖帽、七宝重顶冠、红金答子暖帽、白金答子暖帽、银鼠暖帽、宝顶金凤钹笠、珠子卷云冠、珠缘边钹笠等，夏季的有宝顶金凤钹笠、珠子卷云冠、珠缘边钹笠、白藤宝贝帽、金凤顶笠、金凤顶漆纱冠、黄雅库特宝贝带后檐帽、七宝漆纱带后檐帽等，都是镶珠嵌宝的贵重冠帽。冠的戴法必须与服饰穿着相配套，穿哪一种质孙服，需配哪一种帽子，均有定规。如穿银鼠质孙服，则需戴银鼠暖帽，并加穿银鼠比甲，穿答纳都纳石失，则需戴宝顶金凤钹笠[①]。元代皇室的帽子镶宝石，红宝石有四种，即刺、避者达、昔刺泥、古木兰。绿宝石有三种，即助把避、助木刺、撒卜泥。猫睛石有猫睛、走水石两种。绿宝石中的祖母绿和猫儿眼、红蓝宝石，一直到明清时期都很贵重。

图 2－9　红宝石顶[②]

图 2－10　红宝石顶暖帽[③]

① 《蒙古族通史》编写组：《蒙古族通史》，民族出版社，2001，第 423 页。
② 刘兆和：《蒙古民族文物图典——蒙古民族服饰文化》，文物出版社，2008，第 14 页。
③ 刘兆和：《蒙古民族文物图典——蒙古民族服饰文化》，文物出版社，2008，第 15 页。

元代王公大臣都戴大帽，即暖帽、钹笠。帽都有顶，视其花样而分别等级。元主则为九龙，其正面一龙最大。元世祖之（皇）后在原有的帽子上加增其前檐，以档日光的射目而便于骑射，后来遂命如式制之。元代官民以戴帽为多，帽檐有圆有方，或作前圆后方，或作楼子式。其式与明代南方小儿所戴的五采帽、金线帽有点相似[①]。元帝也常以珠帽、八宝顶帽、七宝笠等赐予大臣。蒙古平民头戴各色扁帽，帽缘稍鼓起，唯帽后垂缘，用两带系于劲下，带下复有带，随风飘动。

5. 靴鞋

元代的靴有鹅顶靴、鹄嘴靴、云头靴、毡靴、皮靴、高丽式靴。宫人及贵族多穿着红靴。

图 2－11　香云皮云纹靴[②]

图 2－12　补绣云纹尖头靴[③]

（三）明代蒙古族服饰

明代蒙古政权退居漠北后，达延汗时期实行分封制，把蒙古各部分

① 周锡保：《中国古代服饰史》，中国戏剧出版社，1984，第 354 页。

② 刘兆和：《蒙古民族文物图典——蒙古民族服饰文化》，文物出版社，2008，第 33 页。

③ 刘兆和：《蒙古民族文物图典——蒙古民族服饰文化》，文物出版社，2008，第 43 页。

赐给诸子，诸子各有自己管辖的领地，也在不同程度上加大了各领地间的分裂局面，这种割据状态也体现在服饰文化上。领主们为了突出各自领地的特征，规定服饰要有自己的特色，用质料和款式的不同来区别部落、身份。在明代这种差距逐渐拉大，也为近现代蒙古族服装多样化的款式类型奠定了基础。

明代蒙古族服饰主要延续了元代时期的基本特征，同时也受到明代服饰的影响。服装款式仍是以长袍为主，《阿拉坦汗法典》中记载了明代蒙古族服饰有白狐皮袍、旱獭皮袍、马褂、斗篷、领衣等。服装材料主要有各种北方野生动物的皮毛如狐皮、香牛皮、羊皮、羊羔皮、虎、豹、狼、獾、狐狸银鼠等，还有棉布、水鸟羽毛、绸缎、金锦、毛织品等。1606 年明代蒙古族所建的美岱召，其壁画的人物是一组蒙古族供养人群像，他们身着比较典型的明代蒙古族服饰。壁画中一位老妇人，头戴皮沿帽，帽顶为红色，顶上饰有珠，帽下左右饰带，带底呈三角形，有披肩，身着皮领对襟呈淡色粉面对襟袍服，短袖（半臂）袖边镶有贵重皮毛，下摆饰绛色厚重皮毛。另一位蒙古族贵妇画像为盘坐式，头戴红缨笠帽，边檐饰红黄蓝等色，身穿马蹄袖粉白色长袍，外套半袖长袍，肩围扎哈，耳戴环形耳环，上饰珠宝。发辫自两肩下垂并坠发套装饰成圭形，耳坠间还置有坠链下垂至胸前。壁画中蒙古族男子贵族的画像基本均为盘坐式人物像，头戴红宝顶红缨貂皮圆形帽，身内着红色有马蹄袖长袍，外套貂皮翻领宽袖长袍，呈灰色。还有四位辫发的蒙古男子像，均着交领式服装且都挂有串珠饰，头戴红宝石顶圆帽，其帽檐饰有贵重猞猁皮毛①。

（四）清代蒙古族服饰

清初，为了加强中央集权制，清朝政府对蒙古地方管理体制和封建社会秩序进行了统一和调整，建立了盟、旗行政管理体制和蒙古八旗制

① 刘兆和：《蒙古民族文物图典——蒙古民族服饰文化》，文物出版社，2008，第 12 ~ 13 页。

度，分别授予蒙古贵族以亲王、郡王、贝勒、贝子、镇国公、辅国公和一、二、三、四等台吉等爵位，并按清制朝服，制定品级冠服。清代蒙古族服饰，不论是质料款式，还是穿戴类别都超越了以往。清代蒙古贵族服饰严格遵循清朝服饰制度，按官衔品级戴顶子和翎羽，穿蟒袍和补服。清代蒙古族王公的官服只是蒙古民族上层服饰中的一部分，蒙古官员的日常服饰中也有传统的本部落服饰。《绥远通志稿·民族志》中记载："各族服制，有官服、便服之分，仍沿用清制，不论男女老幼、富贵贫贱，足必踏靴，身必着袍，腰必束带，富衣绸，贫以布，气候偏寒，盛夏亦须夹袍，冬则一律皮袍，袍之四周，多用布或库锦缘边，袖特长，遮手过膝，袖头作马蹄袖。袍之左右不分岔，用带束之。妇女御袍多喜加背心，俗称'坎肩'，靴料贫者多用布、富家用香牛皮。其式，靴面三道，靴尖起如牛鼻子形，冬春多戴皮帽，其式，尖顶大耳、夏日亦有用布巾者，约腰之带，以红黄绸子为最美观，带下佩以蒙古刀。女子胸前多佩小荷包，开缀以小串珠，内藏鼻烟壶。"史籍文献记载的内容描述了清代蒙古族服饰的基本特色和民族个性特征。清朝实行的严禁蒙古各盟旗之间来往的政策，给蒙古各部落传统服饰的保留和发展提供了条件，使蒙古族民间服饰文化在其传统基础之上不断创新和发展[①]。

在蒙古族广大辽阔的居住区域内，从17世纪到19世纪，随着社会经济的恢复、畜牧业、商业和手工业的进步，服饰文化蓬勃发展，形成了独具风采的清代蒙古族服饰文化。在清代，根据不同部族和地域形成了多元化的蒙古族服饰，主要分为巴尔虎、布里亚特、科尔沁、巴林、喀喇沁、乌珠穆沁、阿巴嘎、苏尼特、察哈尔、土默特、杜尔伯特、乌拉特、鄂尔多斯、土尔扈特、喀尔喀、和硕特等地区。[②] 清代蒙古族帽饰分为尖顶、圆顶护耳帽，尖顶、圆顶立檐帽，风雪帽等，服装仍以右衽长

① 刘兆和：《蒙古民族文物图典——蒙古民族服饰文化》，文物出版社，2008，第17页。
② 刘兆和：《蒙古民族文物图典——蒙古民族服饰文化》，文物出版社，2008，第17页。

袍为主，坎肩也是当时主要服装之一。除此之外，蒙古族的靴子也是种类繁多，有尖头靴、圆头靴、厚底靴、毡靴等。随着经济文化的发展，清代蒙古族各旗内出现了制作金银器的能工巧匠，各种配饰品精美别致。从清代开始，蒙古族服饰的款式风格、服饰种类逐渐定型，最终形成了今天绚丽多彩、独具特色的民族服饰。

（五）近现代蒙古族服饰

蒙古族男女老少都穿长袍，作为显示自己民族气质、个性和特征的民族服装，蒙古袍是蒙古族人最喜欢穿的服装，蒙古袍比较肥大，乘马时，可以用袍护膝御寒；夜里安歇，蒙古袍又成了被子。其袖细而长，在乘马持缰时，冬天可用袍袖御寒，夏天可用袖赶除蚊虫，一袍多用。每逢喜庆大典，蒙古族人大都喜欢穿民族服装，以增添节日的气氛。参加重要社交活动时，也要作为礼服穿上民族服装，以示庄重①。蒙古袍现在有舞台服装和民间服装两种，民间服装多用红、黄、深蓝色的布料或绒线，在衣领、袖口、下摆等处绣上精美的花边。穿蒙古袍时必须系腰带，无论男女均喜欢扎鲜艳的绸腰带，并视为上身重要的装饰物。系腰带的方式极有讲究。腰带所用的质料有布、绸、缎等，腰带的颜色要和蒙古袍的色彩相协调。束腰带能使腰肋骨保持垂直稳定，能解除人们骑射的疲劳，而且还有着极为重要的装饰作用，更是未婚女子的标志和饰物。蒙古族无论男女老幼都喜欢穿高筒皮靴，这种靴子骑马伸镫方便，又能防止小腿受摩擦。下马在草地上徒步行走，阻力小，靴子既能防寒又防风②。蒙古族平时穿布料衣服，年节或喜庆日，穿织锦镶边的绸缎衣服。他们喜欢用对比强烈的、鲜艳夺目的颜色。

1. 男子服饰

蒙古族男子服饰主要有蒙古袍、腰带和靴子。蒙古族男女老幼一年

---

① 白歌乐、王路、吴金：《蒙古族》，民族出版社，1991，第105页。

② 杨圣敏主编《中国民族志》，中央民族大学出版社，2003，第111页。

四季均着大襟长袍，俗称蒙古袍，蒙古袍皆为右衽、斜襟、高领、长袖、宽大、镶边、下摆不开叉，春秋穿夹袍，夏季穿单袍，冬季穿皮袍或棉袍。若要远行还得穿两件皮袍，一件前面系扣，一件后面系扣；有的一件毛向里，一件毛朝外。由于内蒙古地域广阔，各地袍式及着装方式也略有区别。如喀喇沁心、巴林、科尔沁等东部地区，受满族影响较大，袍长且肥大并开衩。腰带是蒙古族男子不可缺少的服饰品，一般用棉布或绸缎制成，长 3 ~ 4 米，选与袍服相协调色彩。扎腰带既能防风抗寒，又便于骑射和劳作，并且是服饰的重要点缀。扎腰带时多将长袍向上提，使袍长显得短，这样既便于骑马，又具有潇洒强悍之美。腰带右边习惯挂蒙古刀，刀鞘上雕镂花纹，还插骨筷或象牙筷；左边挂烟具，如绣花烟荷包、鼻烟壶褡裢及铜、银镶边的火镰。按风俗，未婚女子都要给自己情人精心绣制荷包，婚后新娘也要给公婆绣荷包。荷包缀有八条飘带，锁口绳索用丝线编制而成。蒙古族人喜穿靴子，分革制和布制两种。靴帮、靴靿均绣有图案。洮儿河嫩江流域的蒙古族人在冬季穿靰鞡、“滃歹”和“趟趟马”，后两种也是靴子。有一种叫“全云大拢尖蒙靴”的靴，风格独特，靴靿高 30 厘米，靴口呈马蹄形，靴尖上翘约 6.5 厘米，靴底为手工纳的“千层底”，靴面是优质牛皮，镶有五彩云纹，很华美。靴高以便于骑马和趟草地为宜，靴尖上翘，便于勾踏马镫，行走沙地。[①]

2. 女子服饰

蒙古族女子服饰主要有长袍、腰带、辫饰及靴子。蒙古族妇女身着长袍，其下摆宽大，便于乘骑，高立领；大襟右衽，也有对襟式。科尔沁、喀喇沁地区妇女的服装，因受满族服饰影响较大，多穿宽大直筒脚跟的长袍，两侧开叉，袖口和领口多用各色套花贴边，穿着时不扎腰带，喜欢穿绣花鞋。已婚妇女穿的长袍，肩袖处的起肩有皱褶，并高于肩部。

① 钟茂兰、范朴：《中国少数民族服饰》，中国纺织出版社，2006，第 40 页。

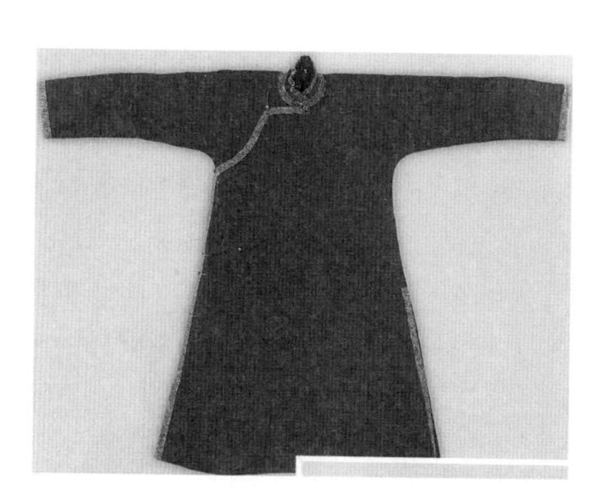

图 2－13　蒙古族长袍①

图 2－14　坎肩②

上臂镶饰一条 3 厘米宽的花边，与未婚妇女有明显区别。长袍系长腰带是蒙古族妇女着装的另一个特点，暗绿色的锦缎长袍，由于镶有浅桃红边，缠玫瑰红腰带，从而使色彩既响亮又有呼应。蒙古族妇女对白色极偏爱，夏天常穿白色长袍外配红色坎肩。蒙古族妇女特别讲究对发辫的装饰，有专门美化发辫的辫钳和辫套。少女梳独辫，婚后梳双辫，并将辫子套入黑色的辫套中，有的辫套还绣有花或缀以象牙、银质饰件。蒙古族女靴非常讲究，尤其是绣花高筒靴，黑色的靴面绣红绿对比的花草纹、靴勒又分成绿、浅蓝、海蓝三段，每段花纹不同，既有绣花，又有补花，层次分明。③

3. 头饰

蒙古族的妇女过去非常讲究头饰。现在，随着社会的变革，顺应历史发展的潮流，那些烦琐笨重的头饰逐渐被淘汰。但在民间举行的婚礼仪式上，还可以看到梳理打扮得各具特色的新娘和年轻妇女。

---

① 常沙娜主编《中国织绣服饰全集》少数民族服饰卷，天津人民出版社，2005，第 90 页。
② 钟茂兰、范朴：《中国少数民族服饰》，中国纺织出版社，2006，第 40 页。
③ 钟茂兰、范朴：《中国少数民族服饰》，中国纺织出版社，2006，第 40 页。

图 2－15　已婚服装①

图 2－16　女子长袍坎肩②

图 2－17　女子辫套③

图 2－18　蒙古族女靴④

① 常沙娜：《中国织绣服饰全集》少数民族服饰卷，天津人民出版社，2005，第 89 页。

② 钟茂兰、范朴：《中国少数民族服饰》，中国纺织出版社，2006，第 43 页。

③ 钟茂兰、范朴：《中国少数民族服饰》，中国纺织出版社，2006，第 44 页。

④ 钟茂兰、范朴：《中国少数民族服饰》，中国纺织出版社，2006，第 45 页。

科尔沁、喀喇沁地区的妇女，多为如意头和大盘式缠头，佩戴耳坠，发型以结实丰满为美，上插银簪、玉簪，还要扎上珊瑚串起来的额带，另外再插上绢花。银饰件上有镀金或加彩色珐琅，更是富丽堂皇，斑斓夺目①。

图 2－19　蒙古族已婚女子头饰②

三　蒙古族萨满服饰

蒙古萨满教产生于母系氏族社会，经过漫长的积累和发展，至成吉思汗时代已形成了一整套自成体系的宗教世界观。蒙古先民以信仰人自身的灵魂观念对象化、客观化附加到自然和自然力之上，从而转化为各

① 白歌乐、王路、吴金：《蒙古族》，民族出版社，1991，第 105 页。

② 刘兆和：《蒙古民族文物图典——蒙古民族服饰文化》，文物出版社，2008，第 168 页。

种神灵。蒙古人称萨满为“博”，“博”之称谓由“别乞”演变而来。[①]蒙古族萨满服饰主要有博服、头饰及法裙。

（一）博服

博服是蒙古博行博时所穿的法服，《元史·祭祀志六》记载：“每岁。太庙四祭，用司禋监官一员。名蒙古巫祝，当省牲时，法服。”博服包括法冠和法裙两部分。法冠有“得日根”玛拉嘎（玛拉嘎即帽子）、“那木汗敖列帖”玛拉嘎（平帽）、“都固拉嘎”（铜冠）等几种；法裙由“衬裙”和“罩裙”组成。衬裙布质，分左、右两片，每片略呈上宽下窄，用一根布带连接，系于腰际。罩裙是由宽腰围，下垂很多飘带组成。飘带很长，呈上窄下宽。有些飘带的中间或末梢还分别缀有一只小铃铛和穗。飘带的片数不尽相同，有21条、23条、16条、27条不等。奥尔盖帽是蒙古博所戴法冠之一。其上嵌有金属铸制的鹰爪和鹿角形饰物并有花纹。巫师跳神时，要穿以各种布料制作的花花绿绿的长袍。在服装的边上缀以碧聊制作的蛇一类各种动物的形状，这叫作“达拉布其”（翅膀）。……在胸前戴上有三、三并排的铁环，用皮料或布料做的“哈勒特”（护胸甲）。两边腰带系有九块青铜镜。而徒屋系八块，因为在未取得正式巫师称号以前，不能系九块铜镜。[②]

（二）科尔沁萨满的法裙

科尔沁萨满的法裙由衬裙和罩裙组成。衬裙分左、右两片，以一根布带连接，系于腰间，黑色或黄色布料，并镶有红色火焰图案。罩裙是以十六条飘带缀于一条宽腰带上而制成。每条飘带的中间缀有一个小铃铛，末梢缀有缨穗。飘带以七种颜色的绸布拼接而成。满族和西伯利亚

---

① 吕大吉、何耀华总主编《中国各民族原始宗教资料集成》，中国社会科学出版社，1999，第578页。

② 吕大吉、何耀华总主编《中国各民族原始宗教资料集成》，中国社会科学出版社，1999，第691～692页。

图 2-20 法服[①]

图 2-21 法服[②]

的男巫主要在腰上系铃。而蒙古巫师则主要系青铜镜。除了手里持有“神刀”以外，还拿着带有细布条的铁环和棍子，叫作“鞭子”，巫师手中拿着的面鼓叫作“格策”或“何斯”。在萨满教的教规里，白色是最高尚的色彩，当老师的巫师用的是白色“格策”，徒巫用的是红色“格策”。科尔沁萨满从事宗教活动时要被挂九面至十三面铜镜，铜镜大小不等，最小的直径 3 厘米左右，最大的直径 30 多厘米，以皮条串系，挂于腰间[③]。

（三）科尔沁萨满的头饰

科尔沁女萨满的头饰是将头发以三股编成一根大辫，在辫梢上系三个红缨穗。科尔沁男萨满的头饰有三种：其一为大红绸包头。其二为用毡子制成的带帽檐的圆形帽，帽顶端有葫芦状顶饰及红缨穗。其三为铜制盔，盔上有三根铜柱，每根铜柱上饰有三片树叶、三个铜铃和一只小鸟，并以五色绸系于盔上。据说小鸟为鹰，铜柱及树叶代表“神树”，五

① 常沙娜：《中国织绣服饰全集》少数民族服饰卷，天津人民出版社，2005，第 135 页。

② 吕大吉、何耀华总主编《中国各民族原始宗教资料集成》，中国社会科学出版社，1999，图录 161。

③ 吕大吉、何耀华总主编《中国各民族原始宗教资料集成》，中国社会科学出版社，1999，第 693～694 页。

图 2－22　法裙①

色绸代表鹰尾，铜铃声象征鹰鸣。②

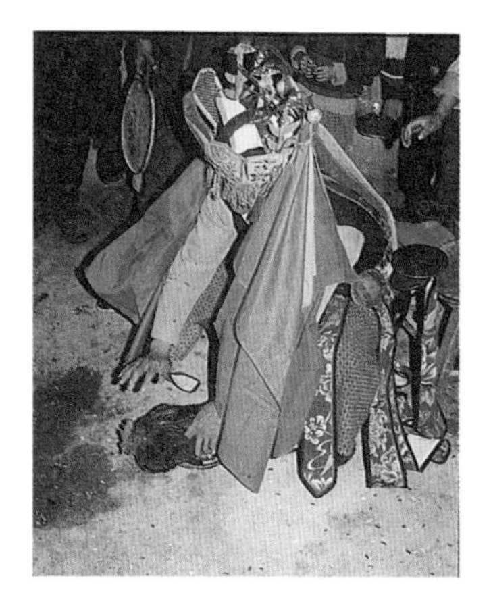

图 2－23　头饰③

图 2－24　头饰④

① 吕大吉、何耀华总主编《中国各民族原始宗教资料集成》，中国社会科学出版社，1999，图录 156。

② 吕大吉、何耀华总主编《中国各民族原始宗教资料集成》，中国社会科学出版社，1999，第 692～693 页。

③ 吕大吉、何耀华总主编《中国各民族原始宗教资料集成》，中国社会科学出版社，1999，图录 158。

④ 吕大吉、何耀华总主编《中国各民族原始宗教资料集成》，中国社会科学出版社，1999，图录 162。

第三章

赫哲族服饰文化

赫哲族是我国56个民族中的一员，是我国人口较少的民族之一，自古以来以渔猎为生。2010年第六次全国人口普查数据统计显示，全国赫哲族现有人口5354人，男性2651人，女性2703人，主要分布在黑龙江省同江市、抚远县、街津口乡、饶河县、四排乡、桦川县、依兰县、富锦市、佳木斯市以及辽宁省和吉林省。居住在黑龙江省的赫哲族共计3613人，占赫哲族总人口的67%；吉林省的赫哲族人口212人，占赫哲族总人口的4%；辽宁省的赫哲族人口154人，占赫哲族总人口的3%，东北三省的赫哲族人口共计3979人，占赫哲族总人口的74%[①]，他们同汉族、满族、蒙古族等民族交错杂居。

一　赫哲族概说

赫哲族是有着悠久历史的民族，长期以来生息、繁衍于黑龙江、松花江、乌苏里江的三江流域，其先祖可追溯到距今2000多年前的肃慎

① 人口数据来源于中华人民共和国国家统计局网站，http://www.stats.gov.cn/。

族。先秦时期的肃慎、汉魏时期的挹娄、南北朝时期的勿吉、隋唐时期的靺鞨部中的黑水部，是赫哲族先祖的组成部分之一，他们是一脉相承的关系。“从赫哲现在所居的地域上考察，隋唐时的黑水靺鞨，当为赫哲的远祖。”[①] 辽朝建立后，黑水靺鞨的区域称为五国部，即“剖阿里国、盆奴里国、奥里迷国、越里笃国、越里吉国”[②]，均是古赫哲人聚居的区域。赫哲作为族称，最早的官方文献见于《清圣祖实录》中的记载：“康熙二年癸卯三月壬辰（1663 年 5 月 1 日）命四姓、库里哈等进贡貂皮，照赫哲等国例，在宁古塔收纳”[③]。赫哲族先世与满族先祖毗邻而居，交错杂居，服饰在发展过程中受到满族服饰的影响较大。明朝时期的野人女真中也包括赫哲族的先世。清代时期，赫哲族的聚居区域主要集中在“松花、乌苏里、黑龙三江回流之处”[④]。赫哲是从“赫真”变音而来，之前有“黑斤”“黑津”“黑哲”“赫斤”“赫金”等名称的同音异写。[⑤]考古资料显示，赫哲族自古以来就是以捕鱼狩猎为主，过着捕鱼为主、兼事狩猎的生活。

二　赫哲族服饰溯源与现状

为了适应地理环境，赫哲族人将生产方式和生活环境相结合，创造出了独具民族特色的渔猎文化以及鱼皮服饰，成为民族文化的代表符号。赫哲族鱼皮制作技艺成为赫哲族人赖以生存和文化延续中的独门绝学，并在口耳相传中代代延续。民族学的调查资料显示，直到新中国成立初

---

① 凌纯声：《松花江下游的赫哲族》上册，民族出版社，2012，第 59 页。

② （元）脱脱等：《辽史》卷三十三，志第三·营卫志下，中华书局，1974，第 392 页。

③ 《清圣祖实录》，卷八。

④ 《赫哲族简史》，民族出版社，2009，第 14 页。

⑤ 政协佳木斯市委委员会文史资料委员会：《三江赫哲（佳木斯文史资料第十三辑）》（内部发行），1991，第 2 页。

期，赫哲族依然过着以渔猎为主的生活，所用的生活和生产资料基本上是从江中取，向林中要，一切来自自然。

（一）赫哲族先祖服饰

赫哲族生活的三江流域属于高寒地区，纬度高，气候寒冷，无法种植棉、麻等用于纺织的作物。而在此环境中，鱼皮和兽皮较为容易获得，因此成为赫哲族服装及生活用品的主要材料来源，赫哲族也被称为“鱼皮部”。清代张缙彦著的《宁古塔山水记》中记载：“鱼皮部落，食鱼为生，不种五谷，以鱼皮为衣，暖如牛皮。”[①]《吉林通志》中记载：“河口东西一带为赫哲部落，亦约黑金，俗以其人食鱼鲜，衣鱼皮，呼为鱼皮达子……衣服用布帛者十无一二，寒时著狍鹿皮，暖时则以熟成鱼皮制衣服之。客人贩布于此，每匹可换貂皮一二张，故不常服用。至鱼皮熟成，则软如棉，薄而且坚……又妇女善制荷包、腰搭及踏踏马等物，俱用鱼皮缝就，镶以云卷，染成红绿色，亦鲜明”[②]；《皇清职贡图》记载：“赫哲男以桦皮为帽，冬则貍帽狐裘，妇女如兜鍪。衣服多用鱼皮，而缘以色布，边缀铜铃，亦与铠甲相似。”[③]

赫哲族早年所穿戴的服装与佩饰，由于所居住的区域不同，所用面料也不同。居住在混同江沿岸同江市勤得利以上至松花江下游的赫哲人，主要用狍皮和鹿皮做衣料，靰鞡、套裤则用鱼皮；勤得利以下至混同江下游、乌苏里江一带的赫哲人多以鱼皮做衣服。由此可见，赫哲人在服装上所用面料经历了从狍、鹿皮、鱼皮为主，渐渐发展到使用布料的过程。赫哲族服装与佩饰材料的使用分为三个时期：一是民国之前，二是民国时期，三是新中国成立后。

---

① （清）张缙彦：《宁古塔山水记·域外篇》，黑龙江人民出版社，1984，第30页。
② （清）长顺等修《光绪吉林通志》卷二十七·舆地志十五·风俗，第27~28页。
③ （清）傅恒等编《皇清职贡图》卷三，辽沈书社，1991，第256页。

图 3－1　《皇清职贡图》中的赫哲人①

图 3－2　《皇清职贡图》中赫哲人的一部恰喀拉人②

图 3－3　《皇清职贡图》中赫哲人③

图 3－4　《皇清职贡图》中赫哲人的一部七姓人④

① 王永强等主编《中国少数民族文化史图典》东北卷一，广西教育出版社，1999，第 287 页。

② 王永强等主编《中国少数民族文化史图典》东北卷一，广西教育出版社，1999，第 262 页。

③ 王永强等主编《中国少数民族文化史图典》东北卷一，广西教育出版社，1999，第 262 页。

④ 王永强等主编《中国少数民族文化史图典》东北卷一，广西教育出版社，1999，第 262 页。

1. 兽皮狍皮衣裤

民国时期之前，赫哲人主要穿用兽皮如鹿皮、狍皮等制成的服装，主要有狍皮鹿皮大衣、狍皮鹿皮衣裤、狍皮套裤、手闷子、狍皮帽子、狍皮袜子等。兽皮外衣主要用于男子冬季狩猎、捕鱼时作为外衣穿用，在日常生活中则不常穿。妇女主要是穿用鱼皮缝制的过膝长衣，平常也穿兽皮衣服，出远门或者拉烧柴时才穿带毛的兽皮衣服防寒。赫哲族渔猎民在冬季生产时普遍穿狍皮大衣，是用熟化后的狍皮缝制的过膝大衣，有大襟和偏襟两种式样。狍、鹿皮衣裤必须用揉软了的狍、鹿背筋搓成细线缝制。天冷时狍皮大衣可以毛朝里穿，天热时则毛朝外穿。

图 3-5　着鹿皮衣的赫哲妇女①

① 凌纯声：《松花江下游的赫哲族》上册，民族出版社，2012，第 295 页。

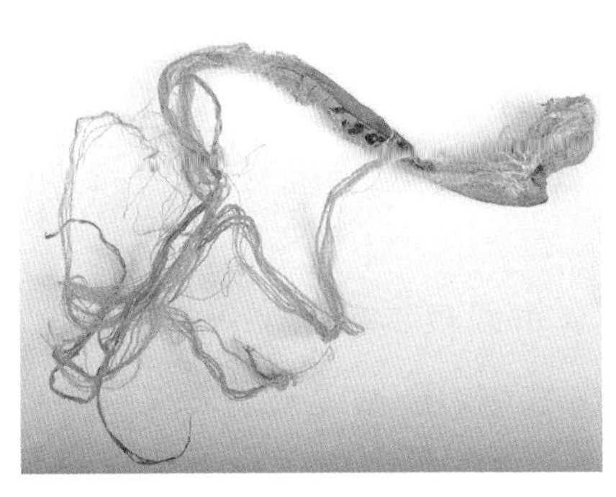

图 3－6 鹿筋线①

图 3－7 猂筋线②

狍皮裤子都是前后能穿的便裤，用薄皮革或棉布做裤腰。狍皮除做衣裤外，还用来做皮手闷子（手套）、皮袜子等。皮手闷子是北方民族常用的保暖用品，是用熟化好的带毛狍皮缝制成的筒式手套，手掌用另一块带毛狍皮，和手背、拇指皮抽褶缝连在一起，在手腕处留一横口，用细毛皮缝在横口沿边，防止灌风。狍皮帽子则是用完整的狍头皮熟化后，缝上帽耳，再用貉、狐尾毛沿帽耳外缘缝上。夏季则带桦树皮制作的凉帽，形如斗笠，尖顶大檐，既遮阳光又挡雨，帽子上饰有云卷和其他花纹③。狍皮袜子使用狍皮或者鹿皮制作而成，皮面在外、毛面在里，脚背和脚脖子用两块皮料另加脚底共计三块皮料组成，脚背和脚脖子的两块皮料根据脚的大小剪成脚形，前后缝合起来，袜筒口是前高后低的斜口，前面留有一段小开口，这是为了穿袜子方便，这种袜子与靰鞡鞋配套穿用，保暖而轻便④。

---

① 中国民族博物馆、黑龙江省民族博物馆、鄂温克博物馆《中国鄂温克族鄂伦春族赫哲族文物集萃》，民族出版社，2014，第 166 页。

② 中国民族博物馆、黑龙江省民族博物馆、鄂温克博物馆《中国鄂温克族鄂伦春族赫哲族文物集萃》，民族出版社，2014，第 166 页。

③ 尤志贤：《赫哲族的生活习俗》，《三江赫哲》，政协佳木斯市委员会文史资料委员会出版，1991，第 10～12 页。

④ 季敏：《赫哲鄂伦春达斡尔族服饰艺术研究》，黑龙江美术出版社，2007，第 48 页。

2. 鱼皮服饰

民国时期由于生产方式的改变，赫哲人获得的鱼皮资源要远远大于兽皮资源，因此民国时期以及新中国成立初期，赫哲人主要是以鱼皮作为服装的主要材料来源。鱼皮衣裤包括鱼皮长衫、鱼皮套裤、鱼皮绑腿、鱼皮靰鞡等。鱼皮衣裤是将十八鲢鱼、草根鱼、干条鱼、青根鱼、白鱼等鱼皮完整地剥下来，晾干去鳞，捶熟得和棉布一样柔软缝制后而成。鱼皮衣裤要用鲢鱼皮特制的鱼皮线进行缝制，缝制服装是要根据鱼皮纹路和色调的自然变化进行拼接。鱼皮是按鱼身的一个侧面为一张皮扒下来，一条鱼出两张皮，每张鱼皮为一头宽一头窄的长型皮，靠鱼头方向较宽，鱼尾方向较窄，鱼背部位的皮较深、鱼肚的皮为浅色。制作服装时一般要竖向拼接，鱼皮背与背剪成直边相接缝制，鱼皮肚与肚连续拼接，使之深浅相间，纹路重复变化；也有用鱼皮宽窄颠倒穿插相接的服装。一般的服装都是以前胸中心线为中心点，左右对称缝制拼接①。

图 3－8　云纹、S 纹鱼皮衣②

图 3－9　镶云卷纹女式鱼皮服③

① 季敏：《赫哲鄂伦春达斡尔族服饰艺术研究》，黑龙江美术出版社，2007，第 19 页。

② 中国民族博物馆、黑龙江省民族博物馆、鄂温克博物馆《中国鄂温克族鄂伦春族赫哲族文物集萃》，民族出版社，2014，第 152 页。

③ 中国民族博物馆、黑龙江省民族博物馆、鄂温克博物馆《中国鄂温克族鄂伦春族赫哲族文物集萃》，民族出版社，2014，第 150 页。

图 3-10　20 世纪 60 年代穿鱼皮服的赫哲族妇女①

鱼皮长衫类似满族旗袍，身长过膝，腰身较为狭窄，下身和底摆较为宽大，呈扇形，便于走动。袖子肥短，只有领窝，没有衣领，其襟口、袖口、托领、前胸或者后背上都缝有用野花染成的各色鹿皮剪好的云纹或者动物图案。妇女服饰上的图案更是鲜艳夺目，也有在衣服边上缝上海贝、铜钱一类的饰品。

赫哲族男人穿的鱼皮套裤是没有裤裆的两只齐口裤腿，有的在裤脚下边镶黑边以示美观。女人穿的套裤是上口月牙形、下端齐口的两只裤

① 王永强等主编《中国少数民族文化史图典》东北卷一，广西教育出版社，1999，第 278 页。

腿。套裤从上口月牙前部到裤腰，后面到大腿根，裤的上下边缘均绣有花纹和镶黑边。

图3-11　鱼皮衣①

鱼皮绑腿是赫哲人出猎时必备物品。《皇清职贡图》中所记载的七姓人行图中，人的腿上都绑有鱼皮绑腿，一般长约179.4厘米，宽窄不等，最宽处为9.4厘米，用长鱼皮连缀而成②。

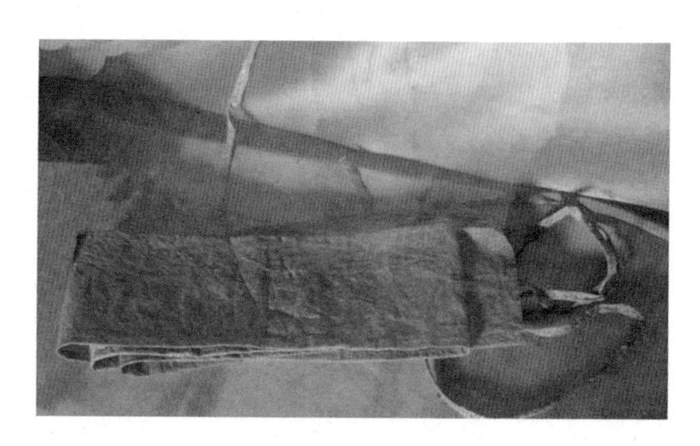

图3-12　鱼皮绑腿③

① 中国民族博物馆、黑龙江省民族博物馆、鄂温克博物馆《中国鄂温克族鄂伦春族赫哲族文物集萃》，民族出版社，2014，第154页。

② 郝庆云、纪悦生：《赫哲族社会文化变迁研究》，学习出版社，2016，第147页。

③ 张敏杰、王益章：《渔家绝技——赫哲族鱼皮制作技艺》，黑龙江人民出版社，2008，第34页。

赫哲人早年穿的鱼皮靰鞡（鞋），绝大部分是用熟化了的怀头、哲罗、细鳞、狗鱼等鱼皮制作，一少部分用熊皮、野猪皮缝制，后来就用家猪皮和牛皮缝制，但必须制成革后才能缝制。靰鞡的缝制很精细，它由靰鞡身、脸、勒三个部分组成，靰鞡身的前段和靰鞡脸抽褶缝成半圆形，再用较薄的鱼皮或去毛的狍肚皮沿着靰鞡上口缝上高约30厘米的勒子，然后在靰鞡耳子上串上细绳或兽皮条做带，便可穿用。鱼皮靰鞡不透霜，但是踩上较热的东西就容易烫坏，所以鱼皮靰鞡只能在冬季雪地上穿用。冬季穿靰鞡时，要在里面套上狍皮袜子，或者续上靰鞡草，既保暖又轻便。清朝时期赫哲族妇女穿各种绣花布鞋，冬季干活穿靰鞡。鱼皮靰鞡的勒儿用薄的狍皮、鸭嘴鱼皮、细鳞鱼皮做，将它们缝在靰鞡鞋帮上，免得走路时把雪灌进鞋里。

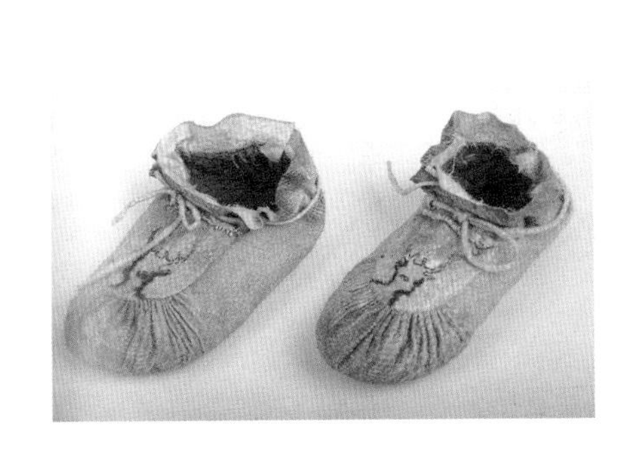

图3-13　鱼皮靰鞡①

图3-14　布勒鱼皮靰鞡②

3. 布匹服装

赫哲族早期，与其他民族联系不断加强，布匹也随之传入赫哲族地区。赫哲族的布匹来源渠道一是由中原历代王朝进贡而得的回赏，把绸

① 中国民族博物馆、黑龙江省民族博物馆、鄂温克博物馆《中国鄂温克族鄂伦春族赫哲族文物集萃》，民族出版社，2014，第159页。

② 中国民族博物馆、黑龙江省民族博物馆、鄂温克博物馆《中国鄂温克族鄂伦春族赫哲族文物集萃》，民族出版社，2014，第158页。

缎、布匹带回本民族，这时的布匹使用主要集中在赫哲族上层人群中使用；另一渠道则是通过和其他民族进行的贸易往来，以自己的毛皮制品同汉族、满族等民族进行以物换物的形式获得布匹。布匹的大宗输入是在清代末年，尤其是民国有了行商以后，就地也可以买到布匹①。

清末民初时期，赫哲族男女衣裤的沿襟、袖口、托领、下摆、裤脚等地方，都用野生植物染上或者用黑色、黄色棉布镶上云纹和动物图案。年轻妇女衣服上的边饰多为红、绿、黄、蓝等颜色。此外，年轻妇女的衣服还用绦子镶边，有的还将海贝壳或者铜钱、小铜铃、圆形铜饰缝在下摆上作装饰。②

图 3－15　绣花女装③

① 政协佳木斯市委委员会文史资料委员会《三江赫哲》（佳木斯文史资料第十三辑，内部发行），1991，第 13 页。

② 张嘉宾：《黑龙江赫哲族》，哈尔滨出版社，2002，第 112 页。

③ 中国民族博物馆、黑龙江省民族博物馆、鄂温克博物馆《中国鄂温克族鄂伦春族赫哲族文物集萃》，民族出版社，2014，第 153 页。

4. 桦树皮帽子

桦树皮夏帽是赫哲族男子在夏季戴的防晒帽，是用桦树皮制作成圆锥形，只有一个缝接口。帽上用二齿或三齿的兽骨刻出各种优美的云纹、花纹、水波纹等图案，帽边装饰有波浪的图案。这种帽子既能遮光又能避雨，帽体较轻。帽子的里外边缘处都用桦树皮贴边，起到坚固作用。

图 3－16　桦树皮帽①

5. 发式与耳饰

早年赫哲族的姑娘在脑后梳一条长辫子，用红绒线扎紧留穗。结婚后在脑后绾上一个大发髻，别上兽骨簪子，满头戴花。后来又出现了铜簪、铁簪和银簪，还有发网。赫哲族青年女子佩戴耳钳，年纪大的戴耳环，多的每只耳朵戴三个耳环，沿袭了满族“一耳三钳”的习俗。

（二）赫哲族服饰的现状

新中国成立以后，赫哲族人民的生产和生活方式有了较大的改变，

① 中国民族博物馆、黑龙江省民族博物馆、鄂温克博物馆《中国鄂温克族鄂伦春族赫哲族文物集萃》，民族出版社，2014，第 105 页。

尤其是十一届三中全会以后，赫哲族人民在党和政府的关怀下，与汉族、满族等其他民族混居，共同生活、共同劳动、互相通婚，使赫哲族人民的生活进入了一个崭新时代，赫哲族的服饰也随着历史的不断进步发展而发生着变化。赫哲族逐渐改变了以前穿鱼皮衣的生活方式，逐渐告别了穿兽皮鱼皮的传统习俗。作为日常服饰的鱼皮衣也渐渐地退出了历史舞台，赫哲族开始穿用不同布料制作的服装，服装样式也与汉族等民族一样。随着科学技术和纺织技术的不断进步，柔软、舒适、轻便、耐磨、品种繁多的服装面料渐渐取代了原始厚重的传统鱼皮制品的服装材料，赫哲族服装呈现出异彩纷呈的款式。目前在赫哲族聚居地区，仍有部分赫哲族人继承着祖先遗留下来的优秀遗产，保留着制作鱼皮衣的技艺，传承着这一古老的服饰文化。

（三）赫哲族鱼皮制作工艺

赫哲族的鱼皮衣是我国民族中独一无二、独具特色的服饰文化，是赫哲族的符号，是勤劳、智慧的赫哲族人民在生活和生产环境中积累出来的智慧结晶。鱼皮制作技艺是赫哲族及其先民共同创造的特殊工艺，历史悠久，其代表作品鱼皮衣在人类服装史上实属罕见，堪称是人类顺应自然、与大自然和谐相处的经典之作。赫哲族传承至今的鱼皮服饰及其制作技艺是人类的“活化石”，复原和诠释了远古的鱼皮文化。赫哲人善于熟制兽皮，更善于熟制鱼皮。凌纯声在《松花江下游的赫哲族》一书中记述了赫哲人早期熟制鱼皮的方法：“剥取鱼皮后，置皮在火傍烘干，将皮卷紧，放在长约5厘米，阔2.5厘米的一木槽中，用无锋的铁斧，或特制的木斧捶打，使皮质变软。”[①]《皇清职贡图》中还记有赫哲族妇女捶制鱼皮的图。赫哲人在不断摸索、尝试和总结的实践中，创造出了一套别具一格的奇特复杂的鱼皮制作手工技艺与流程：即选料、剥

① 凌纯声：《松花江下游的赫哲族》（上册），民族出版社，2012，第81页。

皮、晒干、熟软、剪裁、缝制、服用。

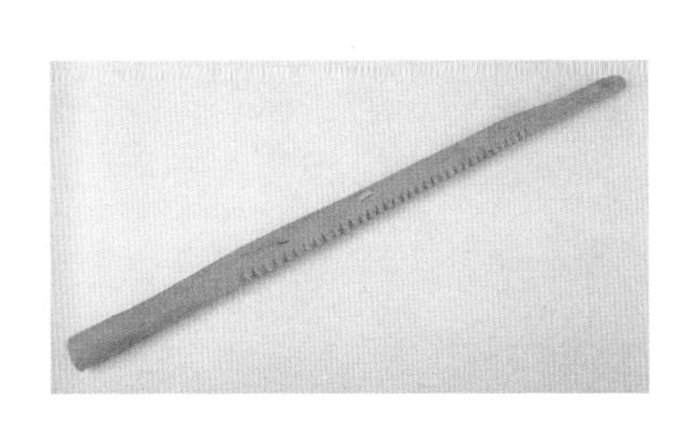

图 3－17　制作鱼皮衣的工具——木刮刀①

图 3－18　制作鱼皮衣的工具——木制揉皮齿刀②

制作鱼皮衣的具体步骤首先是选料，选料是制作鱼皮衣的第一步，因为并非所有的鱼皮都能用来制作鱼皮衣。赫哲人及其先民在长期生活实践中积累了丰富的经验，根据鱼皮的厚薄、软硬等特性，用获得的不同鱼皮制作不同的服装与饰品。制作衣袍的鱼皮一般用鳇鱼、大马哈鱼、鲤鱼、鲇鱼、草根、赶条、白鱼和鲢鱼。在早期用鳇鱼制作鱼皮衣较为普遍，那时候鳇鱼产量很高，大鱼较多，鳇鱼皮的张幅大，只需简单裁剪就可穿用，保暖性和耐穿性都远胜于其他鱼皮，所以普及面较广。后期由于过量捕捞，鳇鱼产量减少，加之生产力和技术在不断提高，使用鳇鱼皮制作服装日渐稀少，到了清末就已寥寥无几了③。大马哈鱼皮也是制作鱼皮衣上好的材料，大马哈鱼鱼皮厚而柔软，制作的衣服一年四季都可穿用，而且大马哈鱼鱼皮具有五色文锦突出的艺术美感特征。鱼皮套裤多用怀头鱼皮制成，鱼皮靰鞡大部分用熟好的怀头、哲罗、细鳞、狗鱼等鱼皮制作。

① 中国民族博物馆、黑龙江省民族博物馆、鄂温克博物馆《中国鄂温克族鄂伦春族赫哲族文物集萃》，民族出版社，2014，第 163 页。

② 中国民族博物馆、黑龙江省民族博物馆、鄂温克博物馆《中国鄂温克族鄂伦春族赫哲族文物集萃》，民族出版社，2014，第 163 页。

③ 张敏杰、王益章：《渔家绝技——赫哲族鱼皮制作技艺》，黑龙江人民出版社，2008，第 13 页。

图 3－19 制作鱼皮衣的工具——木制砧及搥子[①]

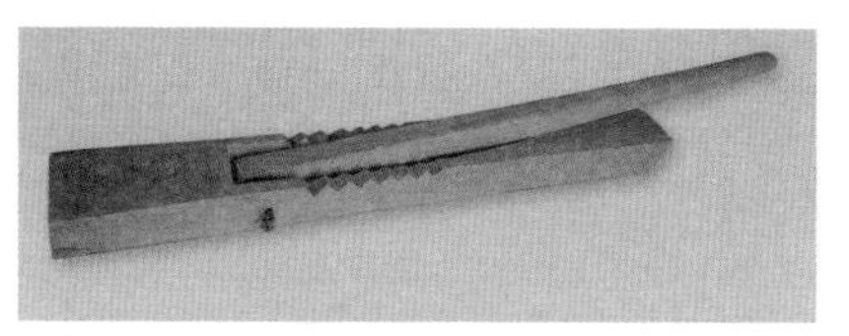

图 3－20 制作鱼皮衣的工具——木铡[②]

剥离鱼皮是鱼种选好后的首要工序，先将整条不刮鳞的鱼用刃器在头身相接处横向划一周，再顺鱼腹竖向划拨，这种划拨技术性极强。拨完一侧再拨另一侧，最后将两侧的鱼皮一同沿鱼脊背从头至尾撕下来，一整张带鳞的鱼皮便剥离下来，剥下来的鱼皮要将之晾干，晾干后的鱼皮进入鞣制熟化的程序。鱼皮的鞣制熟化方法经历了漫长而渐进的发展过程。熟化使用的工具经历了从木槌、木砧到木铡刀的改进过程，使其在熟化过程中提高了效率，增加了精细度。熟好的鱼皮就可以进行裁剪和拼缝，首先要将小的鱼皮缝合成所需鱼皮张幅的大小进行剪裁，缝制鱼皮服装所用的线最早是用鱼皮线、狍筋线和鹿筋线。到了 20 世纪 50 年代，赫哲人制作服装的用线都是棉线和尼龙线[③]。鱼皮制作服装技艺的最后一步是染色和装饰。鱼皮染色是一项独具民族特色的传统技艺，是用带有天热色泽的植物的花、叶或者茎秆等染成。漫山遍野的映山红、大芍药、兰草、苦菜花等都成为赫哲族用来作为染料的来源，色彩五彩缤纷。鱼皮衣的装饰部分也充分展示了赫哲族热爱生活、充满艺术美感的特征。

① 中国民族博物馆、黑龙江省民族博物馆、鄂温克博物馆《中国鄂温克族鄂伦春族赫哲族文物集萃》，民族出版社，2014，第 164 页。

② 中国民族博物馆、黑龙江省民族博物馆、鄂温克博物馆《中国鄂温克族鄂伦春族赫哲族文物集萃》，民族出版社，2014，第 165 页。

③ 张敏杰、王益章：《渔家绝技——赫哲族鱼皮制作技艺》，黑龙江人民出版社，2008，第 20 页。

图 3－21　制作鱼皮衣的辅助工具——压角刀[①]

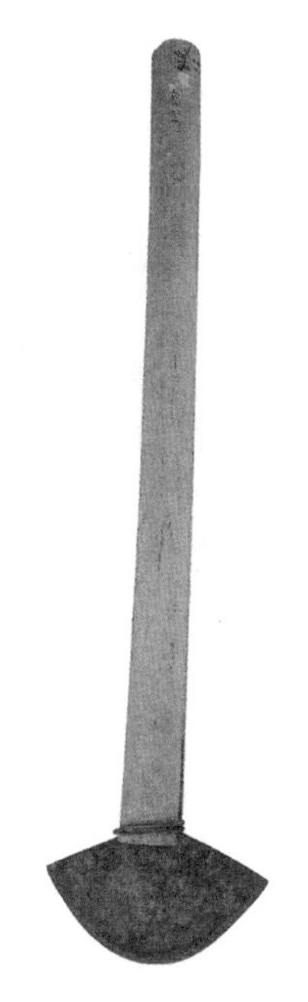

图 3－22　制作鱼皮衣的辅助工具——皮铲[②]

三　赫哲族萨满服饰

赫哲族的宗教信仰是萨满教信仰，主要包括宇宙观、灵魂观和神灵观。他们崇拜祖先，因为相信人与动物都有灵魂的存在；他们崇拜鬼神，因为天灾人祸，冥冥中都是神鬼在那里主宰；他们崇拜自然界，以为日、月、星、辰、山、川、草、木都有神主管。[③] 赫哲族人将宇宙分为上、中、下三界，上界为天堂，诸神所住；中界为人间，为人类繁衍之地；

① 中国民族博物馆、黑龙江省民族博物馆、鄂温克博物馆《中国鄂温克族鄂伦春族赫哲族文物集萃》，民族出版社，2014，第 162 页。

② 中国民族博物馆、黑龙江省民族博物馆、鄂温克博物馆《中国鄂温克族鄂伦春族赫哲族文物集萃》，民族出版社，2014，第 162 页。

③ 凌纯声：《松花江下游的赫哲族》上册，民族出版社，2012，第 114 页。

图 3-23 赫哲族贵族妇女头饰[①]：用貂皮和鱼皮精致加工

下界为地狱，为恶魔所住。萨满是沟通人与神的中介，萨满服饰是给予萨满特殊身份和意义的物化载体，“萨满神服神具的功用非常重要，没有了它们，萨满就无所施其神术”[②]。赫哲族萨满服饰主要有神帽、神衣、神裙、神手套和神鞋等。

（一）神衣

神衣是萨满套在长袍外的短褂，萨满的神衣早期是用龟、四足蛇、虾蟆、蛇等兽皮拼缝而成，后来已改用染成红紫色的鹿皮，再用染成黑色的软皮，剪成上述各种爬虫的形状，缝贴在神衣上。神衣伸开时像鸟的翅膀，后面像鸟的尾巴，神衣上绘制和缝制的各种动物图案，都具有

① 王永强等主编《中国少数民族文化史图典》东北卷一，广西教育出版社，1999，第 278 页。

② 凌纯声：《松花江下游的赫哲族》上册，民族出版社，2012，第 118 页。

图 3－24　萨满神服①

图 3－25　萨满神服②

一定的含义，都给萨满力量，使其更有精神。每个萨满都以自己的一套方式装饰衣物，其图案的数量各不相同。

图 3－26　神衣③

（二）神裙

萨满神裙是用一条条兽皮做成，每隔一条兽皮条子，夹一条棉布条

① 王永强等主编《中国少数民族文化史图典》东北卷一，广西教育出版社，1999，第 296 页。

② 张琳：《赫哲族鱼皮艺术》，哈尔滨工业大学出版社，2013，第 82 页。

③ 凌纯声：《松花江下游的赫哲族》上册，民族出版社，2012，第 383 页。

子，其长过膝，无固定数目，神裙腰部是用狼皮制作。神裙的式样很多，裙上附属品的多少取决于萨满的级别，神裙上的飘带以及所挂的铃铛数目不等。

图 3－27　神裙[①]

图 3－28　神裙[②]

（三）神帽

萨满的神帽也叫鹿角神帽，神帽代表两种意义：一是萨满的品级，二是萨满的派别。赫哲族的萨满共分三派：河神派、独角龙派、江神派，三派的区分完全以帽上的鹿角为标志，主要表现在萨满帽的神帽上的叉角、皮条数的不同。河神派神帽上鹿角左右各一枝；独角龙派左右各二枝；江神派左右各三枝。萨满神帽上鹿角枝数的多少代表着派别；枝上叉树的多少，代表着他的品级[③]。鹿角叉数分三叉、五叉、七叉、九叉、十二叉、十五叉，共六级。初级萨满神帽是用一个铁圈，外面包有皮和布，铁圈的前面有一个小铁神，圈的下面缀以琉璃珠，像璎珞一样，珠

① 凌纯声：《松花江下游的赫哲族》上册，民族出版社，2012，第 386 页。
② 凌纯声：《松花江下游的赫哲族》上册，民族出版社，2012，第 390 页。
③ 凌纯声：《松花江下游的赫哲族》上册，民族出版社，2012，第 118 页。

下有流苏，数目不等。从初级神帽升至三叉鹿角神帽，需两三年；再升至十五叉神帽，需四五十年。[①] 女萨满不戴鹿角神帽，她所戴的神帽形式与初级神帽相似，只在帽圈的外围，装饰有荷花瓣的小片，下面垂有飘带。萨满神帽上系有飘带，飘带有布和熊皮两种，飘带由各种颜色组成，长短不一、长约60厘米。布带和皮带的数目是由萨满品级的高下而定多少。神帽上的小摇铃数目也是由萨满品级高低而定。神帽前面正中有一面小铜镜，叫护头镜，作用是保护头部。神帽的鹿角中间有一只用铜或铁做的鸠神，两旁又各有一神，有时帽上挂有求子袋。

图3-29　萨满神帽[②]

（四）神手套

赫哲人之前用乌龟皮做神手套，现在改用狍皮或者鹿皮来做，皮子

---

① 《赫哲族简史》，民族出版社，2009，第257页。

② 凌纯声：《松花江下游的赫哲族》上册，民族出版社，2012，第382页。

染成红紫色，式样和普通的手套相似。萨满须升级五叉鹿角时才能用此神手套。

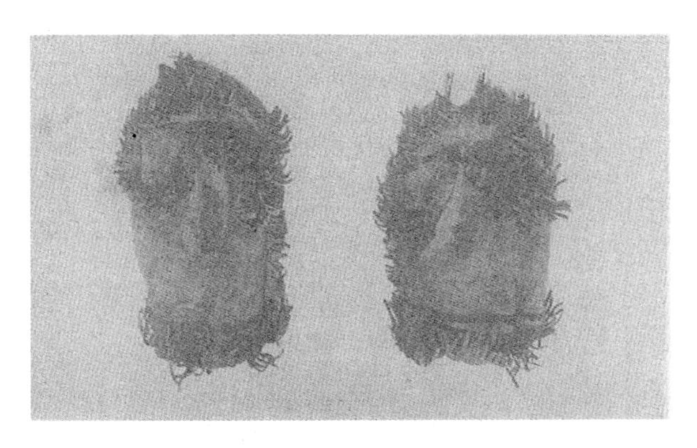

图 3-30 神手套①

（五）神鞋

赫哲人之前用蛙皮做神鞋，现在改用野猪皮或者牛皮来做，式样与普通的牛皮鞋相似。

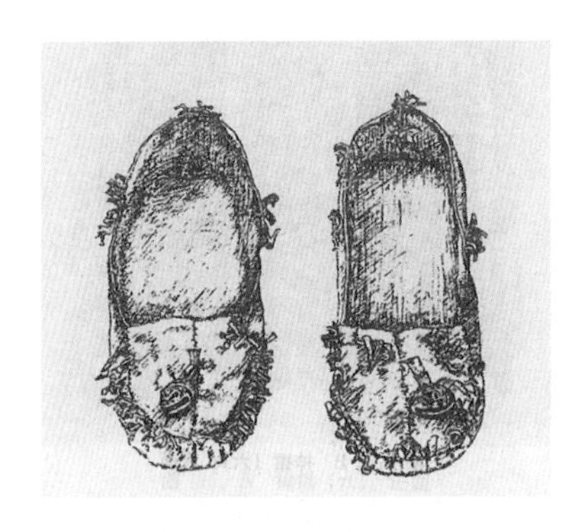

图 3-31 神鞋②

图 3-32 神袜③

① 凌纯声：《松花江下游的赫哲族》上册，民族出版社，2012，第 396 页。
② 凌纯声：《松花江下游的赫哲族》上册，民族出版社，2012，第 396 页。
③ 凌纯声：《松花江下游的赫哲族》上册，民族出版社，2012，第 397 页。

第四章

鄂伦春族服饰文化

鄂伦春族是我国56个民族中的一员，是我国人口较少的民族之一，世代生息繁衍聚居在大小兴安岭及黑龙江流域。2010年第六次全国人口普查数据统计显示，全国鄂伦春族现有人口8659人，男性4033人，女性4626人。其中黑龙江省的鄂伦春族3943人，占鄂伦春族总人口的46%，主要聚居在黑龙江省的呼玛县、塔河县、逊克县、嘉荫县和黑河市，黑龙江省共有五个鄂伦春民族乡，即十八站鄂伦春民族乡、白银纳鄂伦春民族乡、新生鄂伦春民族乡、新鄂鄂伦春民族乡、新兴鄂伦春民族乡；辽宁省的鄂伦春族196人、吉林省的鄂伦春族111人，东北三省的鄂伦春族人口共计4250人，占鄂伦春族总人口的49%[①]，本书中关于鄂伦春族的服饰以黑龙江省鄂伦春族服饰为主要阐述内容。

一　鄂伦春族概说

鄂伦春族是我国东北地区古老民族的后裔，有着悠久的历史，鄂伦

① 人口数据来源于中华人民共和国国家统计局网站，http://www.stats.gov.cn/。

春族的形成同其他民族一样，经历了漫长的历史阶段，是在不断更迭、迁徙过程中逐步形成的。从目前见到的诸多文献记载可以看出，鄂伦春族的先人一直活动于贝加尔湖以东至大海库页岛、黑龙江以北至外兴安岭的广大地区。根据历史文献记载和考古发现可以说明鄂伦春族属于肃慎系，是满－通古斯语族的肃慎及其以后的挹娄、勿吉、靺鞨、女真等民族一脉传承下来，直至形成满、赫哲、鄂温克和鄂伦春族等民族。鄂伦春族源于唐代时期靺鞨部的黑水靺鞨，《新唐书·黑水靺鞨传》记载："惟黑水完疆，分十六部，以南北称。……初，黑水西北又有思慕部。"[①]《新唐书·室韦传》中也记载："室建河出俱伦，迤而东，河南有蒙瓦部，其北落坦部，水东合那河、忽汗河，又东贯黑水靺鞨，故靺鞨跨水有南北部"[②]，这说明鄂伦春族的先人在唐代活动于黑龙江中下游的南北岸，并受唐朝黑水都督府管辖。辽金时期，靺鞨与其他民族结合形成了两个族系，即女真系和兀底改系。兀底改系主要是由唐代的黑水靺鞨部发展而来，活动于黑龙江中下游，后来逐渐形成通古斯族，其中包括鄂伦春族的先人，并接受辽金政府设置的节度使等官府的管辖[③]。到了元代，政府将生活在内外兴安岭的所有游猎民族称为"林木中百姓"，也包括了鄂伦春族的先人。元朝政府设省制，管理北达外兴安岭及黑龙江中下游地区，"林木中百姓"受其管辖。明代时期，《大明一统志》记载："在黑龙江以北有一'北山野人'，'乘鹿以出入'，也称'可木地野人'。"这里包括了游猎于这一带鄂伦春族的一部"使鹿部"，被明朝政府在这里所设的卫所和奴儿干都司所管辖。后金时期，努尔哈赤把居住在黑龙江中下游两岸及精奇里江流域和外兴安岭一带的索伦（即鄂温克）、达呼尔和鄂伦春族等民族收编为索伦部，"分编为八牛录"。[④]"鄂伦春"这一名称

① （宋）欧阳修、宋祁：《新唐书·黑水靺鞨传》，中华书局，1975，第6177页。

② （宋）欧阳修、宋祁：《新唐书·室韦传》，中华书局，1975，第6176页。

③ 韩有峰：《黑龙江鄂伦春族》，哈尔滨出版社，2002，第28页。

④ 《清太宗实录》卷51。

最早见于的文献记载是清朝康熙二十二年（1683），在其“上谕”和“奏折”中开始称为“俄罗春”“俄乐春”“俄伦春”或“鄂伦春”[①]，直至20世纪50年代新中国成立后，最终确定族名为鄂伦春族。

图4－1　《皇清职贡图》中的鄂伦春人[②]

图4－2　《皇清职贡图》中的鄂伦春族的一支库野人[③]

二　鄂伦春族服饰溯源与现状

自古以来，鄂伦春人一直生活在大小兴安岭和黑龙江流域，一直是以游猎为生，过着原始的狩猎生活。为了适应地理环境，鄂伦春人将生产方式和生活环境结合起来，创造出了独具民族特色的森林文化、狩猎文化和桦树皮文化，服饰上具有典型狩猎文化的狍皮服饰已成为民族的

① 《清圣祖实录》卷11，第149页。

② 王永强等主编《中国少数民族文化史图典》东北卷一，广西教育出版社，1999，第285页。

③ 王永强等主编《中国少数民族文化史图典》东北卷一，广西教育出版社，1999，第258页。

符号代表。大小兴安岭属寒温带气候，漫长的冬季，冰雪期长达 7 个月，最冷时气温可降到零下 45 度。为抵御寒冷，鄂伦春人选择了保暖性最好的狍皮作为服饰的主要原料[①]，鄂伦春人从头到脚都穿戴兽皮服装，其中绝大部分是用狍皮制作而成。

（一）早期的鄂伦春族服饰

鄂伦春族生活的地理环境使之形成了独具特色的森林文化和桦树皮文化，原生态环境是鄂伦春族服饰文化形态形成的必然条件。新中国成立前，鄂伦春族从事狩猎生产，穿着的服装主要是用兽皮缝制而成，服装材料来自狩猎获得的野兽皮，主要是狍皮、鹿皮和犴皮，其中狍皮用得最多。鄂伦春人在不同的季节穿不同的衣服，其制作方法也不同。鄂伦春人冬季穿的皮袍是用冬季猎获的狍皮制作，此时的狍皮毛长绒厚，穿着暖和。夏季的衣服是用皮薄毛短的红杠子皮[②]制作，也有用刮去毛的狍皮制作，春秋穿的衣服则是用秋季短毛狍皮制作。鄂伦春族的服装主要分为皮袍、皮背心、皮裤、狍头帽、皮手套、鞋以及佩饰。

1. 皮袍

男子皮袍有两种：一种是长袍，过膝甚至长至脚面。另一种是短皮袍，长至膝盖。无论是冬夏季穿的还是春秋季穿的皮袍都是大襟式样，襟边、袖口都镶有黑色薄皮云字边，有的还镶上猞猁或者狐狸皮领口，既耐磨又美观。为了便于骑马，袍子除了左右开衩外，前后也开衩。长皮袍是用于平时穿用，短皮袍是狩猎期间为了骑马方便所穿用。女皮袍的样式同男皮袍基本相同，女皮袍的长度可以盖至脚面，前后不开衩，紧袖口，比男皮袍制作更精美，尤其是姑娘和年轻女子穿的皮袍，不仅在襟边、袖口等处镶有精美的薄皮云字边，在襟前、衣袖、双肩等处都

---

① 吴雅芝：《最后的传说——鄂伦春族文化研究》，中央民族大学出版社，2006，第 77 页。

② 红杠子皮：狍子皮的一种，毛茬短、色泽呈油亮红色，故得名“红杠子”。

绣有各种花纹。老年妇女们穿的皮袍只镶边不绣花，颜色也比较淡雅。皮袍的纽扣是用兽骨或硬木刻制而成，后期也有用铜制的纽扣。男女穿上皮袍后都要扎上腰带，男的扎宽皮带，年轻妇女多扎黄、紫、蓝颜色的布腰带，老年妇女一般扎素色的布带，早期扎的是用鹿、犴皮制作的腰带①。

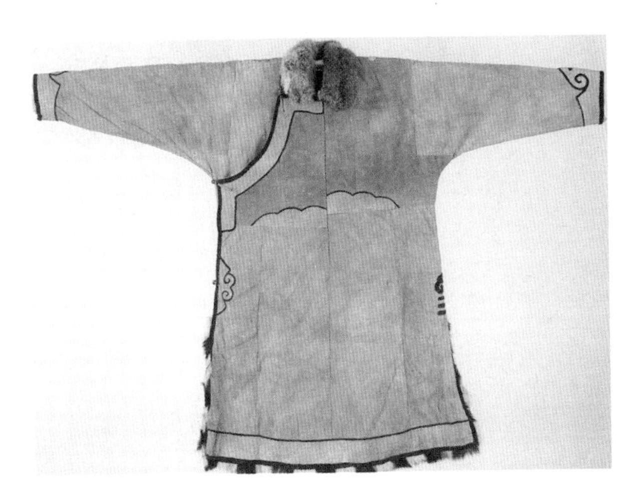

图4－3　狍皮男衣②

鄂伦春族女皮袍中最为精美的部分是开衩纹装饰，这是鄂伦春妇女服饰艺术的一大特征，开衩纹饰充分体现了鄂伦春妇女对美的追求和独特的审美个性特征。女袍开衩纹的造型形式分为两种，一种是竖式长方形，宽带状装饰区域。一种是竖式长方形宽带状上端多了一个对称云头形或是适合形装饰区域。装饰纹样一是以几何形与线纹组合的开衩纹装饰；二是以云卷纹对称回转造型纹样为主；三是植物纹饰开衩纹；四是以吉祥纹样做女皮袍开衩纹饰。③

① 韩有峰：《黑龙江鄂伦春族》，哈尔滨出版社，2002，第231页。

② 中国民族博物馆、黑龙江省民族博物馆、鄂温克博物馆《中国鄂温克族鄂伦春族赫哲族文物集萃》，民族出版社，2014，第140页。

③ 鄂·苏日台：《鄂伦春狩猎民俗与艺术》，内蒙古文化出版社，2000，第181～182页。

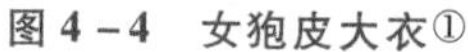
图4-4 女狍皮大衣①

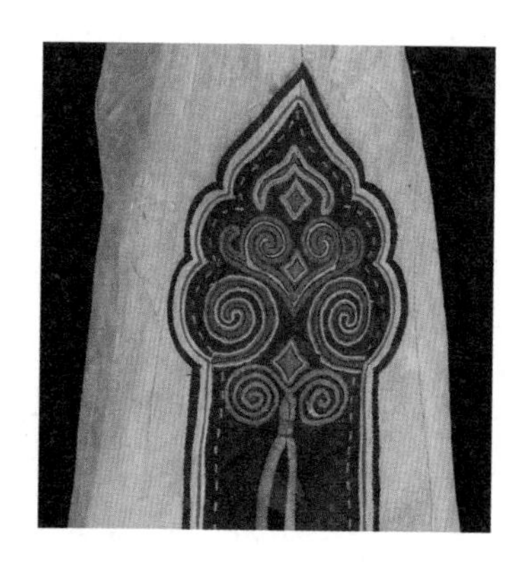
图4-5 开衩口图案②

2. 皮背心

男子皮背心是在冬季穿用，毛面朝里皮面向外，皮背心有正面对开衣襟和侧开衣襟两种款式。背心是无领式，领口、袖口和衣下摆都有相同装饰包边，包边和衣面的颜色不同，使之产生对比，增强美观性。女子皮背心是用狍皮制作，与男式皮背心款式相同，只是在颜色上更艳丽，装饰的部位多、面积大，领口和衣襟上都有精美的装饰图案和花饰，色彩也有很大变化。皮边都有包边，防止皮边的磨损和变形。③

3. 皮裤

鄂伦春族的皮裤多用狍皮制作，较早时男裤较短，裤脚只达膝盖，下半部再穿上套裤。套裤就是一个皮桶，用红杠子狍皮或刮去毛的鹿皮制成，上下都钉有皮绳。皮裤也有用鹿皮或小犴皮制作，比狍皮耐穿，不易刮破。冬季穿的皮裤带毛制作，夏季穿的皮裤用刮去毛的皮板制作。

① 中国社会科学院考古研究所、中国社会科学院蒙古族源研究所、内蒙古自治区文物局、内蒙古蒙古族源博物馆、北京大学考古文博学院、呼伦贝尔民族博物馆《呼伦贝尔民族文物考古大系——鄂伦春自治旗卷》，文物出版社，2014，第78页。

② 中国社会科学院考古研究所、中国社会科学院蒙古族源研究所、内蒙古自治区文物局、内蒙古蒙古族源博物馆、北京大学考古文博学院、呼伦贝尔民族博物馆《呼伦贝尔民族文物考古大系——鄂伦春自治旗卷》，文物出版社，2014，第79页。

③ 季敏：《赫哲鄂伦春达斡尔族服饰艺术研究》，黑龙江美术出版社，2006，第159页。

图 4－6　女狍皮坎肩①　　图 4－7　女狍皮坎肩②

妇女穿的皮裤与男皮裤有所不同，其样式是裤腰两侧有开衩，且较长、较瘦，前裤腰上带兜肚，兜肚上钉有带子，可套在脖子上，这样带兜肚的裤子，既可以使腹部保暖，又可以兜住乳房。女皮裤比较讲究，裤脚两侧及裤口处均镶有各种云字花纹。

4. 狍头帽

狍头帽即狍头皮帽子，是用完整的狍脑袋皮缝制而成，狍耳、眼、鼻都保留，有的甚至将两个角也保留。制作的方法是将狍皮头完整地剥下来之后，撑开、晒干，然后用水湿润，再用熟皮工具将青皮和油脂刮干净，揉软后将眼圈的两个窟窿镶上黑皮子，在头皮下部的两侧再镶一圈皮子作为帽耳，平时卷在上边做帽檐，冷时将其放下。这种帽子既暖和又别致，是男人们冬季最喜欢戴的帽子，在森林中打猎具有一定的伪

① 中国社会科学院考古研究所、中国社会科学院蒙古族源研究所、内蒙古自治区文物局、内蒙古蒙古族源博物馆、北京大学考古文博学院、呼伦贝尔民族博物馆《呼伦贝尔民族文物考古大系——鄂伦春自治旗卷》，文物出版社，2014，第 82 页。

② 中国社会科学院考古研究所、中国社会科学院蒙古族源研究所、内蒙古自治区文物局、内蒙古蒙古族源博物馆、北京大学考古文博学院、呼伦贝尔民族博物馆《呼伦贝尔民族文物考古大系——鄂伦春自治旗卷》，文物出版社，2014，第 82 页。

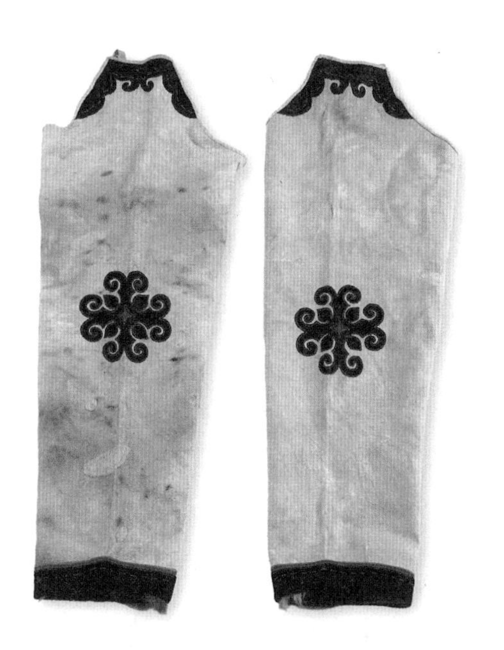

图 4－8　毛皮套裤①

图 4－9　女狍皮裤②

装作用。鄂伦春族妇女们在冬季喜欢戴猞猁皮帽子，或戴吊有皮毛、绣有花纹的毡帽。夏季男人们戴用布做的尖顶“巴里”帽，这种帽子的后檐一直垂到两肩及后背上，遮住整个头部和后颈部，既能遮日晒又能防蚊蠓叮咬。帽子边缘有刺绣图案，儿童也戴此帽。女人夏季一般不戴帽子，只戴一种叫“奇哈布屯”的头饰，已婚妇女的头饰较简单，只戴缀有颜色和大小不同的剥离串珠、纽扣、贝壳之类，老年妇女干脆只用一条毛巾或一块布把头扎起来。未婚的姑娘所戴的头饰较为讲究，不仅缀有各种玻璃串珠、纽扣、贝壳等，而且还绣有各种花纹、图案，十分

① 中国民族博物馆、黑龙江省民族博物馆、鄂温克博物馆《中国鄂温克族鄂伦春族赫哲族文物集萃》，民族出版社，2014，第 136 页。

② 中国社会科学院考古研究所、中国社会科学院蒙古族源研究所、内蒙古自治区文物局、内蒙古蒙古族源博物馆、北京大学考古文博学院、呼伦贝尔民族博物馆《呼伦贝尔民族文物考古大系——鄂伦春自治旗卷》，文物出版社，2014，第 86 页。

精美①。

图 4－10　狍头皮帽②

图 4－11　狍皮帽③

图 4－12　女毡帽正面④

图 4－13　女毡帽背面⑤

① 韩有峰：《黑龙江鄂伦春族》，哈尔滨出版社，2002，第 232 页。

② 中国民族博物馆、黑龙江省民族博物馆、鄂温克博物馆《中国鄂温克族鄂伦春族赫哲族文物集萃》，民族出版社，2014，第 133 页。

③ 中国民族博物馆、黑龙江省民族博物馆、鄂温克博物馆《中国鄂温克族鄂伦春族赫哲族文物集萃》，民族出版社，2014，第 143 页。

④ 中国社会科学院考古研究所、中国社会科学院蒙古族源研究所、内蒙古自治区文物局、内蒙古蒙古族源博物馆、北京大学考古文博学院、呼伦贝尔民族博物馆《呼伦贝尔民族文物考古大系——鄂伦春自治旗卷》，文物出版社，2014，第 57 页。

⑤ 中国社会科学院考古研究所、中国社会科学院蒙古族源研究所、内蒙古自治区文物局、内蒙古蒙古族源博物馆、北京大学考古文博学院、呼伦贝尔民族博物馆《呼伦贝尔民族文物考古大系——鄂伦春自治旗卷》，文物出版社，2014，第 57 页。

5. 皮手套

鄂伦春人常戴的皮手套有三种：即开口手套、手闷子和五指绣花手套三种。开口手套是猎人们在寒冷的冬季狩猎时戴的狍皮手套，手套主要由两部分组成，手套的前半部分是用带厚毛的狍皮做成，缝成半圆形，与大拇指分开，并在手腕处留口。后半部分是用薄皮板做成筒状套，长至肘部，其口部穿有皮绳，戴上后抽紧皮绳就可以系于肘部。这种手套最大的特点就是暖和方便，戴上它再冷的天也不会冻手，如果需要射击，只要从开口处将手伸出来就行；手闷子是用狍皮做的一种手套，其样式与北方人做的棉手闷子差不多，是拇指同四指分开、两只手套并用一条皮绳相连。戴手套时可将皮绳套在脖子后，这种手套结构简单，但很适用，保暖性好，手闷子的表面镶有黄、黑色图案，美观大方；五指绣花手套是鄂伦春族妇女们又一精美之作，这种手套是用秋季的短毛狍皮（红杠子皮）缝制而成，这种手套比前两种手套的做工要精细，在手套套口处镶有灰鼠皮边和云字花边，在其背部也绣有各种精美的图案。在手套手背正中多以补花或刺绣做出中心花纹饰，五指背面绣出表示手指三个关节部位的图案及指甲图案，后用连理枝将各个关节连成一体，一直连到指甲图案的顶端，这种装饰风格比较独特。在手套的上口边沿多饰有 3 厘米宽的黑色条带，其上绣有几何形彩色图案，有的在上口处外边沿上饰有细皮毛，加强装饰效果[①]。尤其是年轻女子戴的手套更加讲究，妇女们也往往以缝制这种手套来显示自己的针线手艺。

6. 鞋

鄂伦春人常穿的鞋主要有三种：即狍腿皮靴、长鞠靴子和单布鞋。狍腿皮靴是用狍腿皮做靴，狍脖子皮做靴底的半高皮靴。一双狍腿皮靴用 16 条狍子腿皮才能制成，袍子腿皮剥下来以后，撑开放平晒晾，待七

---

① 鄂·苏日台：《鄂伦春狩猎民俗与艺术》，内蒙古文化出版社，2000，第 182 页。

图 4－14　狍皮手套①

图 4－15　女狍皮手套②

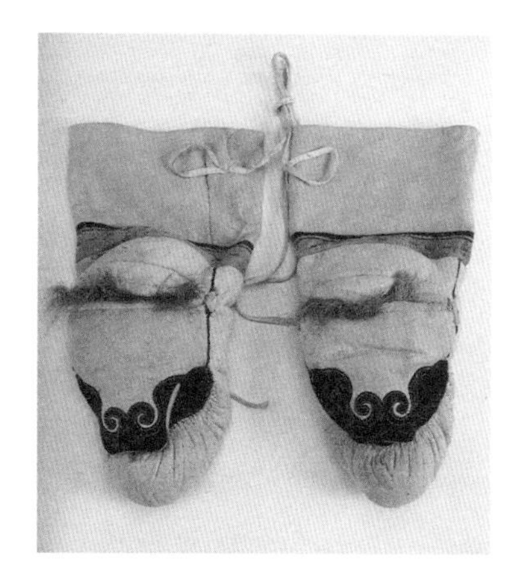

图 4－16　手闷子③

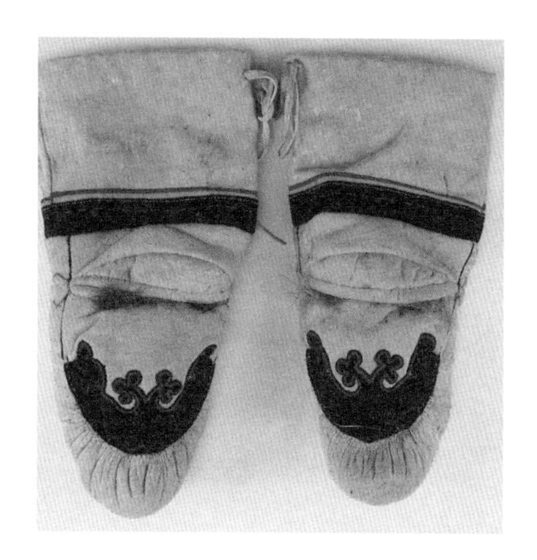

图 4－17　手闷子④

① 中国社会科学院考古研究所、中国社会科学院蒙古族源研究所、内蒙古自治区文物局、内蒙古蒙古族源博物馆、北京大学考古文博学院、呼伦贝尔民族博物馆《呼伦贝尔民族文物考古大系——鄂伦春自治旗卷》，文物出版社，2014，第 83 页。

② 中国社会科学院考古研究所、中国社会科学院蒙古族源研究所、内蒙古自治区文物局、内蒙古蒙古族源博物馆、北京大学考古文博学院、呼伦贝尔民族博物馆《呼伦贝尔民族文物考古大系——鄂伦春自治旗卷》，文物出版社，2014，第 83 页。

③ 中国民族博物馆、黑龙江省民族博物馆、鄂温克博物馆《中国鄂温克族鄂伦春族赫哲族文物集萃》，民族出版社，2014，第 135 页。

④ 中国民族博物馆、黑龙江省民族博物馆、鄂温克博物馆《中国鄂温克族鄂伦春族赫哲族文物集萃》，民族出版社，2014，第 139 页。

成干时开始鞣搓，边搓边喷酒直到皮软为止，然后进行剪裁缝制而成。[1]这种靴子男女都穿，特别是出猎时穿用轻便暖和，下马寻踪声音极小，不易被野兽发现。长靿靴子是用鹿或犴腿皮做靿，鹿或犴皮做底的高靿皮靴，比狍腿皮靴的靿高，一般达到膝盖。狍腿皮靴和长靿靴子这两种皮靴，冬季实用，毛均朝外，很有特色。穿时要在靴底垫一层靰鞡草，然后穿上狍皮袜子，再冷的天也不会冻脚。单布鞋是用布（白色或蓝色布，蓝色布居多）或用春季狍皮做靿、用鹿、犴或野猪皮做底的鞋，布靿是用多层布缝制而成，并绣有各种花纹。妇女们穿的鞋其靿不仅缝制细密，而且用彩线绣成的各种图案极为精致，这种鞋主要在夏季穿用。[2]

图 4－18　狍腿皮男靴[3]

图 4－19　狍皮男袜[4]

7. 佩饰

鄂伦春族妇女喜欢戴耳环、手镯和戒指等首饰。女孩子出生不久就要扎耳眼，稍大一些就要戴上耳环。妇女还喜欢随身带着绣有漂亮花纹的小针线包，里面装有针线，男女腰间一般都带有一个装饰精美的烟口

---

① 鄂·苏日台：《鄂伦春狩猎民俗与艺术》，内蒙古文化出版社，2000，第 178 页。

② 韩有峰：《黑龙江鄂伦春族》，哈尔滨出版社，2002，第 233 页。

③ 中国民族博物馆、黑龙江省民族博物馆、鄂温克博物馆《中国鄂温克族鄂伦春族赫哲族文物集萃》，民族出版社，2014，第 142 页。

④ 中国民族博物馆、黑龙江省民族博物馆、鄂温克博物馆《中国鄂温克族鄂伦春族赫哲族文物集萃》，民族出版社，2014，第 142 页。

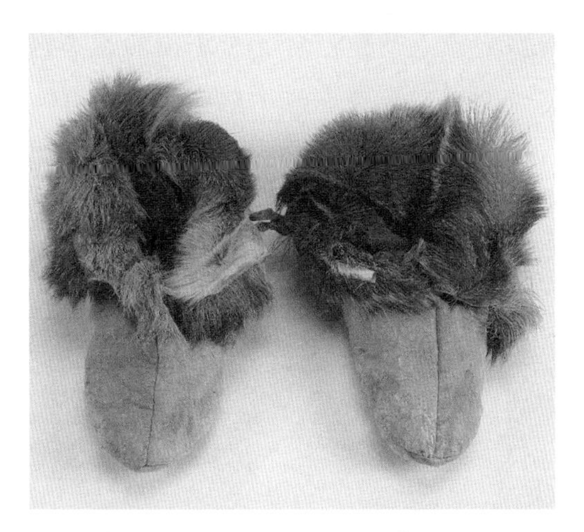

图 4－20　狍皮短靴[①]

图 4－21　女狍皮底布靴[②]

图 4－22　女猪皮底布靴[③]

袋或烟荷包。[④] 烟荷包是鄂伦春族男女佩戴的主要饰物，烟荷包分皮质和

① 中国民族博物馆、黑龙江省民族博物馆、鄂温克博物馆《中国鄂温克族鄂伦春族赫哲族文物集萃》，民族出版社，2014，第 135 页。

② 中国社会科学院考古研究所、中国社会科学院蒙古族源研究所、内蒙古自治区文物局、内蒙古蒙古族源博物馆、北京大学考古文博学院、呼伦贝尔民族博物馆《呼伦贝尔民族文物考古大系——鄂伦春自治旗卷》，文物出版社，2014，第 103 页。

③ 中国社会科学院考古研究所、中国社会科学院蒙古族源研究所、内蒙古自治区文物局、内蒙古蒙古族源博物馆、北京大学考古文博学院、呼伦贝尔民族博物馆《呼伦贝尔民族文物考古大系——鄂伦春自治旗卷》，文物出版社，2014，第 103 页。

④ 韩有峰：《黑龙江鄂伦春族》，哈尔滨出版社，2002，第 234 页。

布质两种，形状有长方形、葫芦形等。男子用的烟荷包多呈葫芦形，有的用狍子腿皮做，或用有白色斑点纹的狍皮制作。有的在葫芦形的上半部绣有补花或锁绣图案，图案以云卷纹居多，有的烟荷包底边有短皮条穗。

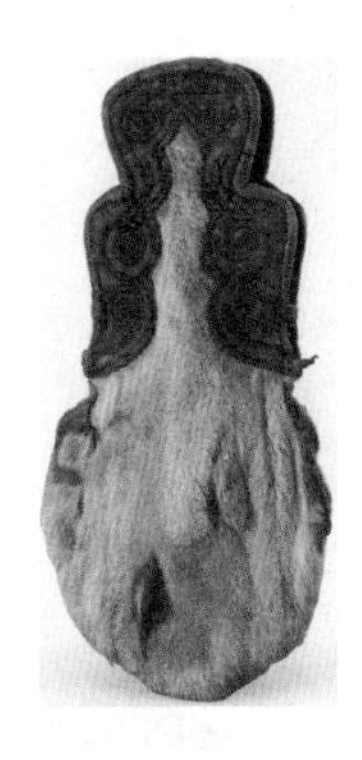

图 4－23　狍皮烟袋包①

图 4－24　布烟袋包②

鄂伦春族妇女的头饰比较有特点，在黑龙江省黑河地区，鄂伦春妇女们喜欢佩戴条带头饰，这种条带头饰宽 5～8 厘米、长度与自己头围相等的黑色布（或者深色布）带。在宽布带的末端有带条，可以系在脑后。条带上下边沿有彩线饰纹，其上用各种颜色的纽扣组合成图案花饰布满条带，前额及面部都坠饰五彩串珠，随着头的转动左右摇摆甚是好看，它是鄂伦春族姑娘和年轻妇女所喜欢的头饰③。

（二）鄂伦春族服饰的现状

清末随着布匹的传入，鄂伦春人渐渐开始穿布制作的服装。夏季穿

① 中国社会科学院考古研究所、中国社会科学院蒙古族源研究所、内蒙古自治区文物局、内蒙古蒙古族源博物馆、北京大学考古文博学院、呼伦贝尔民族博物馆《呼伦贝尔民族文物考古大系——鄂伦春自治旗卷》，文物出版社，2014，第 128 页。

② 中国社会科学院考古研究所、中国社会科学院蒙古族源研究所、内蒙古自治区文物局、内蒙古蒙古族源博物馆、北京大学考古文博学院、呼伦贝尔民族博物馆《呼伦贝尔民族文物考古大系——鄂伦春自治旗卷》，文物出版社，2014，第 133 页。

③ 鄂·苏日台：《鄂伦春狩猎民俗与艺术》，内蒙古文化出版社，2000，第 184 页。

图 4－25　鄂伦春妇女头饰样式一①

图 4－26　鄂伦春妇女头饰样式二②

① 何青花、宏雷：《鄂伦春族》，民族出版社，2010，第 85 页。

② 何青花、宏雷：《鄂伦春族》，民族出版社，2010，第 85 页。

图 4－27　鄂伦春妇女头饰样式三①

图 4－28－1　鄂伦春妇女头饰样式四②

图 4－28－2　鄂伦春妇女头饰样式五③

布衣服，冬季穿皮衣服，少数有穿绸缎制作的服装。但是由于布衣在北方没有皮衣耐寒实用，而且价格又比较昂贵，多数人家不能穿用，所以兽皮服装在生活中一直沿用。

新中国成立初期，鄂伦春族还过着原始的游猎生活。20 世纪 50 年代以后，政府让鄂伦春族下山生活，结束了世代动荡不定的原始游猎生活，

① 何青花、宏雷：《鄂伦春族》，民族出版社，2010，第 87 页。

② 季敏：《赫哲鄂伦春达斡尔族服饰艺术研究》，黑龙江美术出版社，2006，第 248 页。

③ 王永强等主编《中国少数民族文化史图典》东北卷一，广西教育出版社，1999，第 278 页。

使他们的生产和生活方式发生了跨越式的改变，服饰也随之改变和发展。鄂伦春族的服饰从原始的兽皮服饰逐步换成了布衣与棉衣，但样式还保留着原有的兽皮服饰的风格。早年妇女一般多穿长袍，颜色以蓝色、绿色、红色为主，老年妇女是青、蓝色，青年妇女多穿小花布或蓝灰色布做的服装，在衣服上绣花和镶边①，妇女一般都会制作布衣服。如今的日常生活中鄂伦春服饰与汉族已无太大区别，即使是在重大节日或特殊场合穿着的新型传统服饰，其运用的材料也被丰富的现代纺织材料所取代。目前鄂伦春人的服装在款式上基本保留着先人袍服的形式，采用现代的面料制作而成。与传统的皮袍相比，现代的男子服装样式在领围和侧开衣襟处只有简单的包边装饰，没有复杂的图案装饰，下摆及开衩宽边饰也是简单地运用色布区别以及另加小饰边条，但是仍然在衣袍前后开衩处保留着传统装饰图案，尤其是云卷纹和如意纹；女子服装在衣服的领样上与传统服装有区别，即将领子改成了类似中式服装的立式圆领，呈前中心对称式。这种现代民族服饰既保留着传统艺术风格，又有一定的创新性，在民族节日或大型活动时常被穿用。②

（三）鄂伦春族熟皮子技艺

鄂伦春族所发明创造出来的处理毛皮的独特技术，是我国少数民族文化遗存中特色最为鲜明、最具有代表性的文化之一。鄂伦春族保留下来的毛皮制品比较完整，种类繁多内容丰富，艺术性很强，是中国北方狩猎民族具有典型狩猎特征的文化。鄂伦春族服饰主要取材狍皮、鹿皮和犴皮，其中狍皮最多，因为大兴安岭森林里最多的野兽就是狍子。由于鄂伦春人狩猎生产的历史相对比其他民族更长，所以他们在获取服饰

---

① 内蒙古自治区编辑组、《中国少数民族社会历史调查资料丛刊》修订编辑委员会《鄂伦春族社会历史调查》（二），民族出版社，2009，第 85 页。

② 王为华：《鄂伦春族》，辽宁民族出版社，2014，第 91 ~ 92 页。

材料中对于兽皮更具有优势，对各种动物皮毛的特性了如指掌，熟制毛皮工艺技术非常高，为鄂伦春族服饰的发展创造了有利条件。

鄂伦春人在过去的狩猎历史中，在鞣制加工野生动物皮毛工艺上，积累并创造了比较完整的合乎科学的熟皮、鞣制加工工艺流程。在猎取野生动物后，鄂伦春人把皮剥下来将沾在皮上的污血洗净，用木框架把湿皮绷紧，放在阴凉通风处晾晒直至皮干到八成时，取下来剔掉沾在皮上的碎肉块等物，然后将兽皮卷成卷放在木制轧皮器轧压，使它变柔软，或用木制、铁制刮皮刀具刮鞣，或用酒喷洒在皮面鞣搓，或用野生动物的肝捣碎后涂抹在皮子表面上，卷成捆放好，使其发酵后再鞣搓加工。后来鄂伦春人又学会了以皮硝和明矾加工鞣制的方法，将皮硝、黄米面和盐用温水泡在一起，涂抹在皮子上使其发酵，再用鞣具把皮子上的油脂刮掉后鞣制。鄂伦春族所有的猎人（特别是妇女们）都娴熟掌握了这种加工皮毛的工艺，鞣出的皮毛（主要是狍皮、鹿皮、犴皮、狐狸皮、灰鼠皮、猞猁皮、熊皮、狼皮等）洁白如雪，柔软如布。此外，鄂伦春人还掌握了烟熏染色法，就是将腐朽的干木堆在一起，点燃后的朽木不会燃起火苗，只能烧出黄色烟雾，把鞣好的洁白皮张在烟上熏烤，即可染成浅土黄色，而且色泽牢固不易褪色，这是鄂伦春人狩猎生产生活中的一大发明。[①]

三　鄂伦春族萨满服饰

鄂伦春族的宗教信仰是萨满教信仰，主要包括自然崇拜、图腾崇拜和祖先崇拜，萨满祭礼具有浓郁的山林狩猎文化的原始意味。鄂伦春族“尼产萨满”被称为“万能萨满”，萨满是专门从事宗教活动、沟通人与神之间的中介特使。鄂伦春族萨满服饰的样式非常丰富，主要由神帽、神服和神裙组成。萨满所穿的神衣、神鞋多由妇女们缝制，而神鼓、神

① 鄂·苏日台：《鄂伦春狩猎民俗与艺术》，内蒙古文化出版社，2000，第170页。

图 4－29　传统熟皮子①

图 4－30　熟皮子的工具——木铡刀②

鞭、神帽则由男人们来制作③。

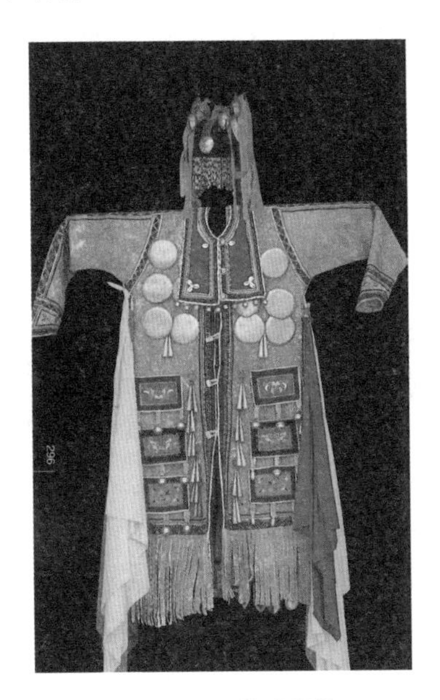

图 4－31　萨满服④

---

① 何青花、宏雷：《鄂伦春族》，民族出版社，2010，第 1 页。

② 中国社会科学院考古研究所、中国社会科学院蒙古族源研究所、内蒙古自治区文物局、内蒙古蒙古族源博物馆、北京大学考古文博学院、呼伦贝尔民族博物馆《呼伦贝尔民族文物考古大系——鄂伦春自治旗卷》，文物出版社，2014，第 137 页。

③ 关小云、王宏刚：《鄂伦春族萨满文化遗存调查》，民族出版社，2010，第 90 页。

④ 王永强等主编《中国少数民族文化史图典》东北卷一，广西教育出版社，1999，第 296 页。

（一）神衣

神衣也称神服，一般是由鹿皮、虎皮、犴皮等制成。神衣是一件无领的对襟长筒式皮袍，有的是马蹄袖，有的是紧袖口，衣长过膝，领口、袖口及前襟等部位都绣有象征着图腾崇拜的各色花纹图案。前襟钉有许多个铜铃，前胸和后背挂有10多个铜镜。神衣平时放在神位上保管，不得弄脏，更不得让他人踏踩。神衣上镶饰有各种佩饰，主要有披肩、神衣的绣花对襟、项链、铜镜、小布兜、穗子、各色皮料、布块组成的装饰带、神衣飘带等。神衣上各种佩饰都有基本的结构、象征性和装饰性，它们都有数量之分、大小之分、摆放的位置之分以及所运用的材料之分等。萨满神衣运用了多种多样的材料、多种多样的制作手段和超凡的造型结构，增加了萨满的神秘色彩。

图4－32　萨满法服①

图4－33　萨满法服②

① 中国民族博物馆、黑龙江省民族博物馆、鄂温克博物馆《中国鄂温克族鄂伦春族赫哲族文物集萃》，民族出版社，2014，第238页。

② 中国社会科学院考古研究所、中国社会科学院蒙古族源研究所、内蒙古自治区文物局、内蒙古蒙古族源博物馆、北京大学考古文博学院、呼伦贝尔民族博物馆《呼伦贝尔民族文物考古大系——鄂伦春自治旗卷》，文物出版社，2014，第242页。

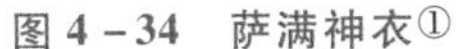

图 4-34　萨满神衣①

图 4-35　萨满服②

（二）神帽

鄂伦春族的萨满神帽使用鹿角造型，这也体现着鄂伦春族的鹿角文化。神帽最早是用厚皮子制成，后用铁和铜代替，神帽的结构是以铁片为架，帽口系一铁圈而成，上面是一十字形半圆顶。在十字半圆顶上安有两只三叉或六叉的铁鹿角。鹿角上的叉数多少代表萨满的品级，叉数越多品级越高。帽衬用皮子做成，形状是圆形，套有黄色绣花布罩，上系铜铃和飘带，帽檐上有串珠和穗子。

（三）神鞋

神鞋的鞋底是用犴皮缝制，鞋帮是用布缝制，上面绣有各种图案，神鞋平时不穿，只有在跳神仪式时才穿③。

---

① 中国社会科学院考古研究所、中国社会科学院蒙古族源研究所、内蒙古自治区文物局、内蒙古蒙古族源博物馆、北京大学考古文博学院、呼伦贝尔民族博物馆《呼伦贝尔民族文物考古大系——鄂伦春自治旗卷》，文物出版社，2014，第 244 页。

② 中国民族博物馆、黑龙江省民族博物馆、鄂温克博物馆《中国鄂温克族鄂伦春族赫哲族文物集萃》，民族出版社，2014，第 174 页。

③ 关小云、王宏刚：《鄂伦春族萨满文化遗存调查》，民族出版社，2010，第 95 页。

图 4－36　神帽①

① 中国民族博物馆、黑龙江省民族博物馆、鄂温克博物馆《中国鄂温克族鄂伦春族赫哲族文物集萃》，民族出版社，2014，第 178 页。

第五章

鄂温克族服饰文化

鄂温克族是我国56个民族中的一员，是我国人口较少的民族之一，聚居在我国的东北边疆地区。2010年第六次全国人口普查数据统计显示，全国鄂温克族现有人口30875人，男性14668人，女性16207人，主要分布在内蒙古自治区呼伦贝尔市的辉河、伊敏河流域呼伦贝尔大草原和大兴安岭原始林区。内蒙古自治区的鄂温克族人口26139人，占鄂温克族总人口的85%，主要居住在鄂温克族自治旗、鄂伦春自治旗、陈巴尔虎旗、莫力达瓦达斡尔族自治旗、根河市、阿荣旗、扎兰屯市、海拉尔市等地；黑龙江省的鄂温克族2648人，占鄂温克族总人口的9%，黑龙江省的鄂温克族主要分布在讷河、嫩江、齐齐哈尔等市县；辽宁省的鄂温克族488人，占鄂温克族总人口的2%；吉林省的鄂温克族104人，占鄂温克族总人口的0.3%；居住在黑龙江、辽宁、吉林的鄂温克族共计3240人，占鄂温克族总人口的11%。[①] 呼伦贝尔草原和大兴安岭山区是鄂温克族生活的中心地带，他们同鄂伦春、蒙古、达斡尔、满、汉等民族交错杂居，形成了大分散、小聚居的分布特点。[②]

---

① 人口数据来源于中华人民共和国国家统计局网站，http://www.stats.gov.cn/。

② 黄任远、那晓波：《鄂温克族》，辽宁民族出版社，2012，第13页。

一　鄂温克族概说

鄂温克族是我国东北地区古老民族的后裔，有着悠久的历史。鄂温克族的形成同其他民族一样，经历了漫长的历史阶段，是在不断更迭、迁徙过程中逐步形成的。根据历史文献和专家考证，我国的鄂温克族在历史各个时期有不同的族称。秦汉时期称为沃沮（《三国史记·高句丽本纪》），沃沮是鄂温克人最早的历史称谓。北魏时期称为北室韦，北室韦位于大兴安岭北麓，“射猎为务，食肉衣皮”[①]。隋代称粟末部、安居骨部、安车骨部，唐代时期称鞠部（国）粟末乌素固和乌吉。辽代称室韦“连破室韦、于厥”[②]、鞠国，鞠国又称鞠部，“鞠国在拨野古东北五百里，六日行可至其国，有树无草，但有地苔。无羊、马，国畜鹿如牛马，使鹿牵车，可乘三四人。人衣鹿皮，食地苔，其俗聚木为屋”[③]，元代称林木中兀良哈[④]，明代称北山野人和女真野人，清代称索伦、通古斯和雅库特。索伦是满语，意思是“圆木柱子”，最早见于1634年《清太宗实录》，索伦鄂温克是指从事牧业和农业，被清政府编入八旗的索伦部。通古斯是指居住在我国境内莫日格勒河、锡尼河流域的鄂温克人，俄国学者用“通古斯”称谓整个鄂温克族。雅库特是指从勒拿河支流维季姆河流域迁到额尔古纳河东南大兴安岭山区，从事狩猎和饲养驯鹿的鄂温克人，现居住在根河市敖鲁古雅鄂温克民族乡，新中国成立后确定族称为鄂温克族。[⑤]

---

① （唐）李延寿撰《北史·室韦传》卷94，中华书局，1974，第3129页。

② （元）脱脱等撰《辽史·太祖纪》卷1，中华书局，1974，第1页。

③ 方衍：《黑龙江少数民族简史》，中央民族学院出版社，1993，第51页，援引自马端临《文献通考·四裔传》。

④ 策·达木丁苏隆译《蒙古秘史》，第232页。

⑤ 黄任远、那晓波：《鄂温克族》，辽宁民族出版社，2012，第13～15页。

二　鄂温克族服饰溯源与现状

鄂温克族的先人所处的地理环境是浩瀚的原始森林，这些资源成为他们生活和生产资料的主要来源，衣食住行均来自大自然。牧养驯鹿是鄂温克人进行狩猎生产时必不可少的一个重要内容，也是他们最早开始牧养的一种动物，牧养驯鹿构成了鄂温克人生产生活最突出的特色。鄂温克人用鹿皮制作的服装成为鄂温克族最有代表性的民族服饰，成为鄂温克族的符号。

图 5－1　鄂温克狩猎手①

鄂温克人的服饰具有鲜明的民族特色，根据所使用的材料分为皮质服装和布质服装。皮质服装是鄂温克人早期穿用的服装，布质服装是在

① 王永强等主编《中国少数民族文化史图典》东北卷一，广西教育出版社，1999，第 254 页。

清代末期，随着布匹的传入，开始逐渐流行起来。鄂温克族的服饰主要分为男子服装、女子服装和帽子。

（一）早期的鄂温克族服饰

鄂温克人自古以来一直从事狩猎与畜牧生产，他们拥有各种各样的野兽皮和牛羊皮，富有创造性的鄂温克人根据各种兽皮的特性，设计制作服装、佩饰等生活用品。他们制作的皮制衣服抗寒、耐磨，不易破损，特别适合在森林中穿梭狩猎，在草原上放牧牛羊。早期的鄂温克人日常生活里一年四季的衣服、鞋帽等服饰用品都是用兽皮制成，主要有狍皮衣裤、狍皮帽、狍皮靴以及羊皮衣裤、牛皮靴等。

1. 男子服装

鄂温克人的男子服装分为长袍和短袍两种，多数用狍皮、羊皮、鹿皮和熊皮等制成，用兽筋缝制而成。袍服式样较为肥大，立领斜襟，前后开气，便于骑乘，腰间系鲜艳长腰带。长袍用于狩猎，短袍则用作礼服，短袍的领口、袖口和襟边多用黑色兽皮镶宽边。袍子的纽扣多采用兽骨或是兽角，也用用铜扣或皮绒布条盘成的扣襻。男子的裤子也多用皮料制成，外系及于膝盖的无毛皮裤筒，冬季再套一条有毛的皮裤，以御寒冷。①

鄂温克族的狍皮衣裤主要有狍皮袄、狍皮长毛袍、夏季狍皮衣、狍皮裤。狍皮袄是狩猎鄂温克人的冬季服装，一般用 7 张带毛的狍皮制成，皮袄样式是大襟、前后左右四面开衩，领子的四周、袖口边、开衩处、大襟边镶上黑白相同的薄皮作为花边，绘上图腾或者自然中的花纹图案，这样的狍皮袄能穿上好几年。狍皮长毛袍是猎区鄂温克人在寒冷冬季狩猎时必不可少的服装，是用冬季猎获的厚皮、长毛的狍皮加工而成，样式和花纹与狍皮袄基本相同，长度达到脚面，而且是用鹿、狍等的筋捻

① 黄任远、那晓波：《鄂温克族》，辽宁民族出版社，2012，第 48 页。

图 5－2　狍皮大衣①

成的线缝制而成。夏季狍皮衣是狩猎鄂温克人经常穿的一种皮衣，是专门用夏季猎获的薄皮子、短毛的狍皮加工而成。衣长到膝盖以下，大襟，四面开衩，在夏季狍皮衣袖口边、衣领周围、开衩处均绣有不同图腾和自然界的花纹。狍皮裤子也是鄂温克人常穿的服装，狍皮裤子有两种，一种是套裤，一种是带毛的裤子。狍皮套裤是鄂温克人用夏季的狍皮制作的无毛皮套裤。样式呈筒式，上边有斜角，前面要比后面长一段，钉两个用皮绳制成的系带，其中一个皮带是长的，另一个皮带是短的。鄂温克人一般把狍皮套裤套在外裤上面，并把它的长皮带系在裤腰带上，狍皮套裤膝盖处还绣有云卷形花纹。鄂温克人春夏季在山林中打猎或秋季在牧场上割草时都穿狍皮套裤，狍皮套裤具有轻巧、耐磨、防寒防潮等优点，所以深受鄂温克人的青睐。带毛狍皮裤是冬季里进行狩猎的林区鄂温克人穿用的防寒裤，是用皮厚、毛长的狍皮制成。一般一条皮裤需要两张狍皮，其样式与夏季狍皮裤基本一样。

① 中国民族博物馆、黑龙江省民族博物馆、鄂温克博物馆《中国鄂温克族鄂伦春族赫哲族文物集萃》，民族出版社，2014，第 117 页。

图 5-3　贴绘狍皮男装①

图 5-4　羊皮男装②

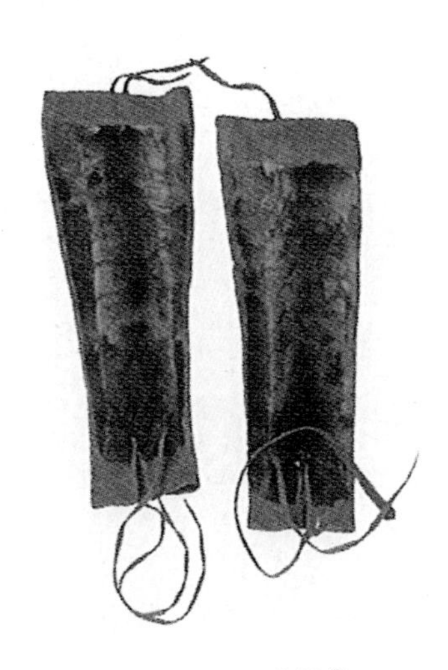

图 5-5　犴皮裤③

狍头皮帽是鄂温克男子非常喜欢戴的帽子，尤其是出去狩猎的猎人。狍头皮帽是用完整无损的狍头皮制成，一个狍头皮只能做成一顶帽子。制作时首先把狍头皮用猎刀剥下来晒干揉软，在狍子的两只眼睛上镶上

① 中国民族博物馆、黑龙江省民族博物馆、鄂温克博物馆《中国鄂温克族鄂伦春族赫哲族文物集萃》，民族出版社，2014，第 115 页。

② 中国民族博物馆、黑龙江省民族博物馆、鄂温克博物馆《中国鄂温克族鄂伦春族赫哲族文物集萃》，民族出版社，2014，第 116 页。

③ 国家民委事务委员会全国少数民族古籍整理研究室《中国少数民族古籍总目提要鄂温克族卷》，中国大百科全书出版社，2012，第 29 页。

黑皮子，而且将两只上翘的狍头角和耳朵完美无缺地保留下来，最后再通过细心加工和修饰并在狍头皮帽下端接一圈毛朝内的皮子做帽耳即可。鄂温克猎人常说："要想去打猎，别忘狍皮帽，戴上狍皮帽，准保猎获丰。"①

图 5－6　狍皮帽②

用羊羔皮制作的羊皮衣裤礼服是鄂温克人心目中最贵重、最高档的服装，只有在重大场合及参加婚礼、逢年过节、走亲访友时才穿。这种礼服的样式是带大襟，立领、长及膝盖，上身比较紧，下身较宽大。皮毛朝里，皮板朝外，在外层缝上蓝、黑等颜色的布料做面。这种羊羔皮礼服需要 10 多张羊羔皮，制作出来的礼服轻巧、保暖、耐寒。羊皮长毛大衣是牧区鄂温克人放牧牛羊时经常穿的劳动装，制作方法和羊羔皮礼服基本一致，但里外层均不用布料做面，可以两面穿。羊皮裤是毛朝里，皮板朝外，样式宽松，在膝盖处缝有云朵形的花纹。

狍皮靴是鄂温克人用熟好的狍腿皮制作的靴子，缝制成一双成人的

① 汪立珍：《鄂温克族宗教信仰与文化》，中央民族大学出版社，2002，第 149 页。

② 中国民族博物馆、黑龙江省民族博物馆、鄂温克博物馆《中国鄂温克族鄂伦春族赫哲族文物集萃》，民族出版社，2014，第 119 页。

靴子大约需要 10 条狍腿皮。制作狍皮靴是将带有金红色皮毛的一面作为靴子的外层，靴底需要用狍脖子上的皮制作，靴子后跟上钉有 2 条用狍脖子皮削制而成的特别结实的细皮带，靴鞠高达膝盖。缝制狍皮靴子时全部使用狍子筋捻成的线，靴筒上绣有蛇神、鹰神的图案。狍皮靴子既防潮防水，又轻便耐磨，特别适合在森林里行走。牛皮靴是鄂温克人在草原上放牧时常穿的一种鞋，一年四季都穿。牛皮靴以牛皮为靴底、柔软的羊皮做靴鞠。皮靴有冬夏两种，夏季皮靴用单层皮子做成，冬季皮靴用带毛的皮子做成，带毛的一面朝里。鄂温克男子的鞋是用毛朝外翻的狍腿皮做鞋帮、狍脖皮做底的皮靴，行走起来轻便无声，宜于踏雪、登山①。

图 5－7　猂皮靴②

图 5－8　狍皮靴③

2. 女子服装

鄂温克族的女子服装多为长袍，与男子长袍的区别是前后不开气，袍长可及脚面。女袍多用云朵、蝴蝶、花卉等图案进行装饰。女裤比男

① 黄任远、那晓波：《鄂温克族》，辽宁民族出版社，2012，第 48 页。

② 中国民族博物馆、黑龙江省民族博物馆、鄂温克博物馆《中国鄂温克族鄂伦春族赫哲族文物集萃》，民族出版社，2014，第 120 页。

③ 中国民族博物馆、黑龙江省民族博物馆、鄂温克博物馆《中国鄂温克族鄂伦春族赫哲族文物集萃》，民族出版社，2014，第 120 页。

图 5-9　布鞡靴①

图 5-10　布鞡靴②

裤瘦小，前腰上带有肚兜，肚兜上钉有带子系于颈上③。女子的鞋类似男子，只是鞋面以下才是皮料，其余皆为布料制作。

3. 帽子

鄂温克人多戴皮帽，用整个狍头皮制作而成。西清《黑龙江外记》所记“以狍头为帽，双耳挺然，如人生角，又反披狍服，黄毳蒙茸”，形象生动地反映了鄂温克人的衣饰风貌。早年鄂温克人夏天喜欢戴的一种帽子叫桦树皮帽，形如斗笠，顶尖檐儿大，可遮光，可避雨。帽檐儿上镶有各种云纹、花纹和波浪纹，还刻有鹿、狍子的形象，十分美观。④ 鄂温克人喜欢戴毡帽，通常将毡帽改制成带有四个扇耳的帽子，俗称四块瓦，帽耳上多饰有毛兽皮，帽顶缝有貂尾，十分美观。

4. 手套

鄂温克族的手套与鄂伦春族相似，主要有手闷子、五指手套等。

---

① 中国民族博物馆、黑龙江省民族博物馆、鄂温克博物馆《中国鄂温克族鄂伦春族赫哲族文物集萃》，民族出版社，2014，第 121 页。

② 中国民族博物馆、黑龙江省民族博物馆、鄂温克博物馆《中国鄂温克族鄂伦春族赫哲族文物集萃》，民族出版社，2014，第 122 页。

③ 黄任远、那晓波：《鄂温克族》，辽宁民族出版社，2012，第 49 页。

④ 黄任远、那晓波：《鄂温克族》，辽宁民族出版社，2012，第 50 页。

图 5－11　羔羊皮帽①

图 5－12　狍头帽②

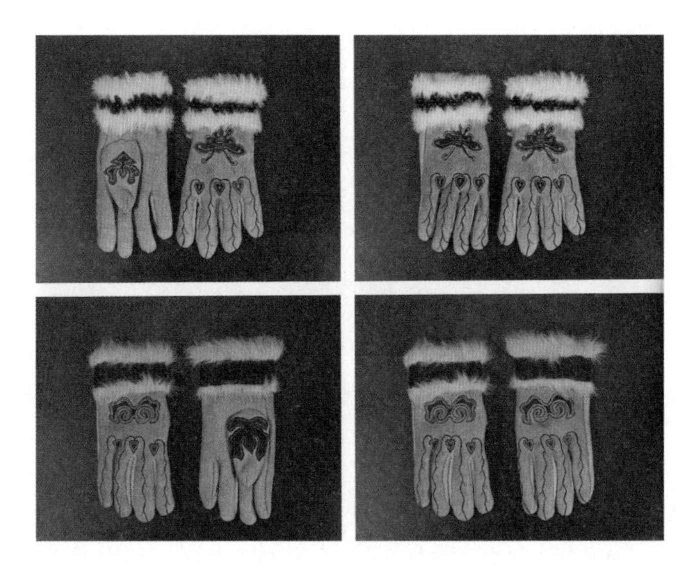

图 5－13　五指手套③

① 中国民族博物馆、黑龙江省民族博物馆、鄂温克博物馆《中国鄂温克族鄂伦春族赫哲族文物集萃》，民族出版社，2014，第 118 页。

② 中国民族博物馆、黑龙江省民族博物馆、鄂温克博物馆《中国鄂温克族鄂伦春族赫哲族文物集萃》，民族出版社，2014，第 119 页。

③ 中国民族博物馆、黑龙江省民族博物馆、鄂温克博物馆《中国鄂温克族鄂伦春族赫哲族文物集萃》，民族出版社，2014，第 124 页。

（二）鄂温克族服饰的现状

新中国成立后，随着鄂温克族的经济、贸易、文化等方面不断发展以及与其他民族的不断交流和接触，鄂温克人的服饰种类、样式也发生了变化，面料品种不仅仅局限于兽皮，又增加了布、绸、毛呢等多种面料。

1. 长袍

在鄂温克人的布料服饰中，用布和绸缎制成的长袍是最具有鄂温克族的服饰特色。鄂温克人特别喜欢穿长袍，一年四季都以长袍为主。长袍的式样基本一样：上身较紧，下身宽大呈裙形。男子的长袍一般用青色和蓝色布料制作，女子则多选用绿色和粉红色的布料制作。长袍的镶边多用金黄色和绿色布料，对比较为强烈，视觉效果较好。已婚女子长袍肩部有起肩，未婚女子的长袍上缝有倒垂直角的独特花边。男子长袍下边要开衩，女子长袍则没有开衩。男子长袍的腰带为金黄色，女子则是淡绿色居多。

图 5 - 14　男装①

图 5 - 15　女装②

① 国家民委事务委员会全国少数民族古籍整理研究室《中国少数民族古籍总目提要鄂温克族卷》，中国大百科全书出版社，2012，第 17 页。

② 国家民委事务委员会全国少数民族古籍整理研究室《中国少数民族古籍总目提要鄂温克族卷》，中国大百科全书出版社，2012，第 17 页。

2. 红穗帽

这种帽子是鄂温克人男女老少都喜欢戴的一种帽子，一年四季都戴它，是鄂温克族最有特色的服饰之一。红穗帽形状为倒圆锥形，帽顶尖端有类似红缨的穗子，男子的红穗帽帽面多用蓝布与红缨相配，女子的则多用绿色或天蓝色绸缎缝制。红穗帽还带帽耳，帽耳可放下遮耳，帽耳冬季用洁白的羔皮或水獭皮做里子，夏季则用蓝呢绒做里子。帽子上的红穗象征太阳和希望，蓝布表示蓝天，绿布表示草原，黑布象征成熟和意志。长袍、红穗帽是鄂温克族的布、绸服饰中具有代表性的两种服装，除此之外，还有衬衣、坎肩、裤子等其他种类。

图 5－16　红穗帽①

三　鄂温克族萨满服饰

鄂温克族的宗教信仰是萨满教信仰，主要包括自然崇拜、图腾崇拜和祖先崇拜。鄂温克族的祖先非常重视萨满教，认为自然界的任何事物都有神灵，人死后也有神灵，而萨满是神灵的化身，是沟通人与神之间的中介特使。鄂温克族有自己的法会“奥米那愣”，是鄂温克族盛大的宗

① 黄任远、那晓波：《鄂温克族》，辽宁民族出版社，2012，第 49 页。

教活动。鄂温克族一直保持氏族萨满，每个氏族都有本氏族的萨满。鄂温克族萨满服饰主要由神帽、神衣和腰裙组成。

（一）神衣

萨满举行宗教仪式时穿的衣服，一般用熟好的鹿皮或者犴皮制作，按照惯例应该用 3 年的时间完成制作。神衣上佩有众多的皮飘带、铁制神偶器件。神衣多用鹿皮制成，背部佩有脊椎骨、关节骨、臂骨、肋骨、大腿骨等饰物。神衣上有一条披肩，缝有红、黄、蓝三色，表示彩虹。披肩正中挂有蛇神偶、布谷鸟和天鹅神偶、太阳和月亮神偶、雷电神偶等，在神衣前胸有重叠的天鹅，这些装饰物再现了鄂温克人的萨满教的信仰世界，包含着神灵的房屋和彼此间的关系。[①]

图 5－17　萨满神衣[②]

（二）腰裙

鄂温克族萨满腰裙是用一些飘带制成，前后下摆佩有 50 个铜铃，腰

① 黄任远、那晓波：《鄂温克族》，辽宁民族出版社，2012，第 89 页。

② 国家民委事务委员会全国少数民族古籍整理研究室《中国少数民族古籍总目提要鄂温克族卷》，中国大百科全书出版社，2012，第 17 页。

裙摆动时带动铜铃响。裙上系有一对熊神神偶和一对狼神偶、一对鸟神偶，两把剪刀等，代表着鄂温克人自然崇拜、图腾崇拜的信仰观念①。

（三）神帽

萨满跳神时戴的帽子。神帽上有鹿角，有3叉、5叉、7叉和9叉之分，鹿角叉数的多少是萨满资历高低的主要标志。神帽后侧挂有皮条，神帽形似瓜皮帽，在帽的外沿用铁条做一个圆圈表示宇宙，在圈上有两条弧形的帽架，表示神灵的轨迹。弧线上端饰有一对相向的小鹿角，表示神灵的落脚地。

图5－18　神帽②

① 黄任远、那晓波：《鄂温克族》，辽宁民族出版社，2012，第89～90页。

② 吕大吉、何耀华总主编《中国各民族原始宗教资料集成》，中国社会科学出版社，1999。

第六章

达斡尔族服饰文化

达斡尔族是我国56个民族中的一员，是人口较少的民族之一，是我国北方具有悠久历史和农业文化的少数民族。达斡尔族主要分布在内蒙古自治区、黑龙江省、新疆维吾尔自治区，其中内蒙古自治区莫力达瓦达斡尔族自治旗、鄂温克族自治旗、黑龙江省齐齐哈尔市梅里斯达斡尔族区和新疆塔城地区。辽宁、吉林、北京、天津等省市也有人数不等的达斡尔族。2010年第六次全国人口普查数据统计显示，全国达斡尔族现有人口131992人，男性64866人，女性67126人，其中内蒙古自治区的达斡尔族人口76255人，占达斡尔族总人口的58%；黑龙江省的达斡尔族40277人、辽宁省的达斡尔族1858人、吉林省的达斡尔族587人，东北三省的达斡尔族人口共计42722人，占达斡尔族总人口的32%[①]，他们同鄂伦春、鄂温克、蒙古、满、汉等民族交错杂居，形成了大分散、小聚居的分布特点。

一　达斡尔族概说

达斡尔族是我国东北地区古老民族的后裔，有着悠久的历史。达斡

① 人口数据来源于中华人民共和国国家统计局网站，http://www.stats.gov.cn/。

尔族的形成同其他民族一样，经历了漫长的历史阶段，是在不断更迭、迁徙过程中逐步形成的。历史记载中，达斡尔族以本民族固有的民族名称出现于17世纪中叶，迄今已有300多年文字记载的历史。《清太祖实录》记载："天聪八年，甲戌，五月，丙戌朔（即1634年5月27日），黑龙江地方头目巴尔达齐率四十四人来朝，贡貂皮一千八百一十八张。"此后数年，巴尔达齐连续率众到盛京（沈阳）进贡貂皮。巴尔达齐系达斡尔族金奇里哈拉人，从巴尔达齐进贡貂皮起，达斡尔人的历史活动开始记载于清王朝的历史档案中。[①] 清代在达斡尔族地区对达斡尔人实行了200多年的八旗制度的管理，直到民国初年逐渐废止，新中国成立后确定族称为达斡尔族。

二　达斡尔族服饰溯源与现状

达斡尔族服饰是古代契丹族服饰的沿袭，据考古工作者发掘与研究证明，在内蒙古自治区赤峰市阿鲁科尔沁旗水泉沟村辽代壁画墓中发现，古代契丹人身"穿圆领长袍、戴幞头、束腰带和穿短靴"，不管壁画中的人物身份如何，它都真实地表现出古代契丹族服饰的基本面貌和固有特征。而长袍、束带、短靴和幞头，正是契丹后裔达斡尔人服饰文化特点，两者的承继关系十分明显。达斡尔族服饰是古老民族文化服饰的一种代表，达斡尔族的服饰丰富多彩，它既有传统民族服饰的特点，也吸收其他民族服饰的元素进行不断融合与改进，形成了既有本民族特点又有多元文化融合的达斡尔族服饰。

（一）早期的达斡尔族服饰

达斡尔族传统服饰与他们的生活环境和生产生活方式有着密切的联

① 内蒙古自治区编辑部、《中国少数民族社会历史调查资料丛刊》修订编辑委员会编《达斡尔族社会历史调查》，民族出版社，2009，第10页。

系。达斡尔族生活在黑龙江、嫩江流域的北方寒冷地区，以猎业生产为主，所以早年的达斡尔族服装多以兽皮为原料进行制作。达斡尔族的皮衣多以狍皮缝制，狍皮具有抗磨耐寒和穿着方便的优点。达斡尔人用狍皮做不同季节穿的长袍、帽、靴、套腿、手套等，也用其他兽皮、羊皮来做衣袍。随着气候的变化，达斡尔族人不断更换不同类型的皮衣。根据他们的生活经验，把穿皮衣分成几个阶段：春秋以刮掉毛的光板狍皮缝制的皮袍为主；冬季以皮毛一体、毛朝里的狍皮袍为主，内穿布衫或棉衣；狩猎者穿着毛朝外的皮袍，它可以作为迷惑野兽的伪装。各类衣袍都长达膝部左右，前后下摆处各开一衩，便于骑马射猎。在袖口、领口、襟衽下摆处，常配有寸半宽的黑布、黑大绒或染黑的皮板缝制的镶边。

达斡尔人虽然自己不织布，但是在17世纪中叶以前通过商业贸易获得一部分布料，用来制作布料服装。妇女在从事采集、挤牛奶、侍弄园田和家务劳动过程中，穿着狍皮服装不方便，所以很早就转向穿布料衣袍。17世纪中叶南迁嫩江流域以后，穿布制的单衣、棉衣的多了起来，不但妇女用布料制作衣袍，而且男人穿布制服装的也不断增多。清末以后，兽皮、布料兼用的情况逐渐增多，外衣为皮衣，内衣为布衣，冬为皮衣，夏为布衣。

（二）达斡尔族服饰的现状

1. 男子服饰

达斡尔族男装主要有皮衣袍、皮褂、皮裤、马褂、腰带、靴鞋、帽子和手套等。

（1）皮衣袍。皮衣袍是达斡尔族男子冬季所穿的主要服装。皮衣袍下摆长过膝盖，右侧开衽，用骨扣、铜扣或布条编结的扣，绒毛朝里，外面为皮板，穿时扎布腰带。皮衣袍有三种：第一种是用秋末冬初打的狍皮做的长袍，这个时期的皮子毛比较长，呈棕黄色，密度较大，绒毛厚密、毛皮结实耐用，不易脱落，适合在寒冷的冬天从事野外狩猎、捕鱼和其他劳动时穿着；第二种是在春秋两季男子一般穿长至膝盖的长袍，皮料多取自春、夏和秋初季节收获的皮子，这种皮子毛短、结实，便于野外作业；第三种是毛朝外的狍皮袍，适合于狩猎穿的皮衣，骑马方便，前后开衩。毛朝外的狍皮袍，多半是为迷惑野兽，便于猎取生产。达斡尔人也用貂皮、猞猁皮、羔羊皮或水獭皮制作绸缎吊面的长袍，很是讲究。男子的袍服都长达膝部左右，前后下摆处各开一衩，便于骑马射猎。在袖口、领口、襟衽下摆处，常配有寸半宽的黑布、黑大绒或染黑的皮板缝制的镶边。皮袍短衣是达斡尔族服饰中比较别致的服装，它与普通的长袍不同。普通长袍下摆多是正中开衩，便于骑马，而狍皮短衣是左下摆过膝，适合于收割庄稼的农民穿用。

图6-1 男子猎装①

图6-2 男子皮袍②

（2）皮褂。皮褂多是用鹿皮或者犴皮做成，即“以革制皮褂”，或称皮裙。因为革制品坚厚不易穿透的优点，所以达斡尔族猎人常常将这种皮褂子罩在毛朝外的狍皮袍上。在清代达斡尔族骑兵利用这种民族服装的优点，当作战甲，以致“箭矛不能（穿）透”，起到自卫作用。达

① 国家民委事务委员会全国少数民族古籍整理研究室《中国少数民族古籍总目提要达斡尔族卷》，中国大百科全书出版社，2009，第48页。

② 郭旭光：《达斡尔族文物图录》，内蒙古大学出版社，2008，第57页。

斡尔族男人在劳动时，还用去毛鞣软的狎皮或鹿皮做的围裙。它长过膝，内衬布里子，用于保持长袍干净和不受磨损。

（3）皮裤。皮裤是用狍皮做的裤子，它的前后样式差不多，裤腰稍高，皮面朝外，冬季穿毛绒较厚的裤子，春秋穿用夏天打的狍皮制作的裤子。[①] 男子的皮裤分为两种：一是春、秋穿的普通皮裤，多用夏季狍皮做成；二是冬季穿的狍皮裤子，叫作皮套裤，需要毛更厚的狍皮制作，皮内衬以白布做的内裤，适合于在冰雪天气户外活动。这种裤子是每条腿上一只，上部的尖端各系有带子，套在腿上后将带子系在裤腰带上，穿脱都比较方便。皮套裤分皮料和布料两种，这类套裤起到了不使裤子受刮和保暖的作用。新中国成立前，东北的汉族也普遍采用这种装束。[②]

图 6-3　兽皮套裤[③]

图 6-4　套裤[④]

① 毅松：《达斡尔族》，辽宁民族出版社，2014，第 64 页。

② 滕绍箴、苏都尔·董瑛：《达斡尔族文化研究》，辽宁民族出版社，2014，第 235 页。

③ 王永强、史卫民、谢建猷：《中国少数民族文化史图典东北卷》，广西教育出版社，1999，第 264 页。

④ 郭旭光：《达斡尔族文物图录》，内蒙古大学出版社，2008，第 57 页。

（4）腰带。腰束带是北方民族普遍性习俗，也是达斡尔族自先祖契丹族以来的民间传统佩饰。达斡尔族将束带作为民族的重要礼节，达斡尔族成年男子必系腰带，腰带用黑或蓝布制成，系腰带时将腰带两端分别掖在后腰的两侧，呈对称形下垂，垂下半尺多长带头，身前左侧常挂烟具、佩戴猎刀或其他装饰。

图6-5　中年男子腰带①

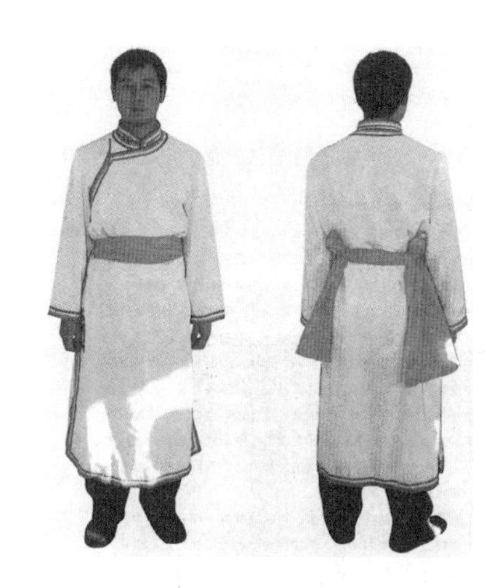

图6-6　现代男装及腰带的扎法②

（5）靴鞋。脚蹬靴子是达斡尔族承袭古代契丹的习俗，靴子分两种，有短靴和高筒靴之分，短靴是用毛朝外的狍腿皮缝制皮靿，高至小腿肚，用狍脖子皮缝制靴底，优点是暖和、轻便、跟脚，行走在冰雪中不滑。高筒靴是用结实、保暖性较强的犴子腿皮缝制皮靿，高可至膝。一般都是冬季穿用，防寒性能较好。后来，由于商品经济相对比较发达，布匹大量输入达斡尔族地区，高筒靴的皮靿或皮底，改用布靿、布底，或布靿、皮底，成为布皮兼做的高筒靴。改革后的高筒靴子多在春、秋、夏三季穿用。此外，东北地区各个民族普遍穿用的牛皮靰鞡是

① 国家民委事务委员会全国少数民族古籍整理研究室《中国少数民族古籍总目提要达斡尔族卷》，中国大百科全书出版社，2009，第46页。

② 季敏：《赫哲鄂伦春达斡尔族服饰艺术研究》，黑龙江美术出版社，2006，第302页。

用东北特产的靰鞡草絮成，防寒性能极佳，也是达斡尔族民间冬季的重要防寒服饰之一。

图6－7　布腰系扣软底花靴[①]

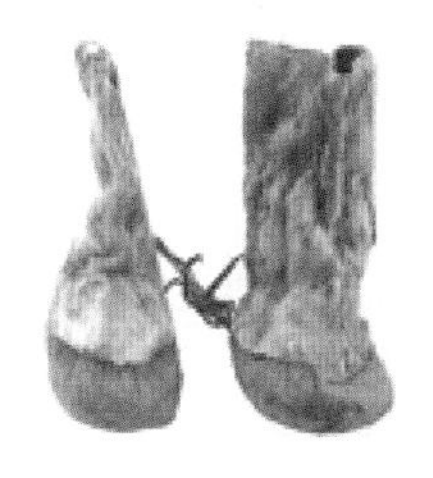

图6－8　皮制长筒软靴[②]

图6－9　布腰绣花软底靴[③]

（6）帽子。在近代达斡尔皮帽中，多用狍子、狼和狐狸的头皮做成，其中狍子皮头帽比较普遍。做法是将狍子皮头毛朝外，双耳挺立，耳旁犄角对称，耳前下方对应修出两只眼睛，用黑布或黑玻璃球为眼睛，看上去完全同狍子的头部一样，是猎人绝佳的狩猎帽。[④] 这种帽子源于达斡尔族民族狩猎生产的需要，在北方的鄂伦春族和鄂温克族等民族中也普遍流行这种狩猎的帽子。还有一种也是达斡尔族传统的帽子，称为圆顶式帽子，元宝形，后半部可以撩起来，也可以放下，帽顶带袭，用来结“各色帽缨子，具有浓郁的民族特色”，这种圆顶帽被认为是达斡尔族传统帽。[⑤] 遇到大型庆典时，中、青年男子多在帽顶插上貂尾、灰鼠星，或者野鸡翎等作为装饰。此外达斡尔族男子也戴狐、狼、貉皮制的大耳帽或绒制碗形四耳帽（也称四喜帽），春、夏、秋多戴礼帽、瓜皮帽和草帽，也有用白布包头的。

---

① 郭旭光：《达斡尔族文物图录》，内蒙古大学出版社，2008，第57页。
② 郭旭光：《达斡尔族文物图录》，内蒙古大学出版社，2008，第57页。
③ 郭旭光：《达斡尔族文物图录》，内蒙古大学出版社，2008，第57页。
④ 滕绍箴、苏都尔·董瑛：《达斡尔族文化研究》，辽宁民族出版社，2014，第235页。
⑤ 滕绍箴、苏都尔·董瑛：《达斡尔族文化研究》，辽宁民族出版社，2014，第236页。

图 6－10　有双角的狍头皮帽[①]

图 6－11　礼帽[②]

（7）手套。手套是北方民族冬季不可缺少的装束，达斡尔族民间手套有三种，第一种是带腰手套，俗称“手闷子”。做法是手心、手腕处，留有活口缝，拿东西的时候，手可以从活口缝中伸出来，而手套的巴掌仍然趴在手背上，既不影响做工，也能防寒；第二种是不带腰的手闷子，这种手套五指不分，全部套在手闷子中。有的是大拇指同其他四指分开，比较适合干粗活，保暖性能较好；第三种是分五指的手套，达斡尔族的各种手套早年用料，都是用兽皮和狗皮等做成，保暖性能较好。后来由于布匹、棉花传人，也有做成棉手套的[③]。手套背上有吉祥结，或云卷形图案，分指手套的各个关节上配有桃形或菱形等图案。手腕部位装饰有项链形或绳索形花纹等。

2. 女子服饰

（1）长袍、外套和坎肩。长袍、外套和坎肩是达斡尔族妇女服饰中

① 郭旭光：《达斡尔族文物图录》，内蒙古大学出版社，2008，第 63 页。
② 郭旭光：《达斡尔族文物图录》，内蒙古大学出版社，2008，第 63 页。
③ 滕绍箴、苏都尔・董瑛：《达斡尔族文化研究》，辽宁民族出版社，2014，第 237 页。

图 6－12　五指手套①

比较标致和讲究的装束。由于年龄不同，地区差异，选择的颜色也各异。清代至民国年间，年轻的少妇以鸭蛋青、浅蓝和天蓝等色为主，稍微年长的普通家庭妇女主蓝色，随着年龄增长，服饰颜色逐渐加重，到 50 岁以后，便用深蓝和黑色。② 达斡尔族长袍的款式，立领，长至脚面，多为右开襟。袖子及衣身自上而下渐宽，下摆大开衩，并在开襟、袖口、领口、下摆等沿边绣都配有精美图案的五彩镶边，长袍之外加上外套和坎肩。妇女在穿长袍、坎肩时，常常在右侧襟衽上佩带绣花荷包或手帕等。这些外套和坎肩多是旁开口，个别的也前开口。③ 在很早时期的狩猎生产时代，商品经济不发达，妇女同男人一样，都以兽皮做衣服，后期则以布料为主。达斡尔族女装以棉布为主制作服装，夏季穿单长袍和单布裤，冬季穿棉袍、小棉袄和棉裤，色彩以蓝色或黑色居多。除日常的棉服外，富有者还备置绸缎料长袍、上衣，供参加各种典礼时穿用。绸缎服装的花色依年龄不同而有别，老年长袍以蓝、灰色为多，外套黑缎上衣或过膝的外罩衣。年轻女子的绸缎服装颜色鲜艳，并镶以不同颜色的边，做工讲究，美观大方。④ 节庆、婚礼、串亲戚时，穿红色、朱色、褐色的绸

① 郭旭光：《达斡尔族文物图录》，内蒙古大学出版社，2008，第 63 页。

② 滕绍箴、苏都尔·董瑛：《达斡尔族文化研究》，辽宁民族出版社，2014，第 238 页。

③ 滕绍箴、苏都尔·董瑛：《达斡尔族文化研究》，辽宁民族出版社，2014，第 238 页。

④ 内蒙古自治区编辑组、《中国少数民族社会历史调查资料丛刊》修订编辑委员会编《达斡尔族社会历史调查》，民族出版社，2009，第 169 页。

缎大褂。随着生活的日益提高，达斡尔族的服装也有了变化，除一些老年仍穿传统样式的服装之外，多数人都已穿上现代时尚的服装，只有在节庆时才穿上民族服装。

图 6－13　女青年服饰①

（2）绣花鞋。绣花鞋是达斡尔族青年女子服饰中不可少的一部分，绣花技艺的高低是评论年轻女子的标准之一。在鞋的色泽方面，因年龄不同，青、中、老顺次由鲜艳到暗色，冬季外出也穿靰鞡。绣花的烟荷包是妇女在礼仪场合上不可缺少的装束，多以缎料为底，绣上各种图案。达斡尔族妇女多穿布袜子，以白色为主。

① 国家民委事务委员会全国少数民族古籍整理研究室《中国少数民族古籍总目提要达斡尔族卷》，中国大百科全书出版社，2009，第 47 页。

图 6－14 布袜①

图 6－15 绣花纹饰的皮袜②

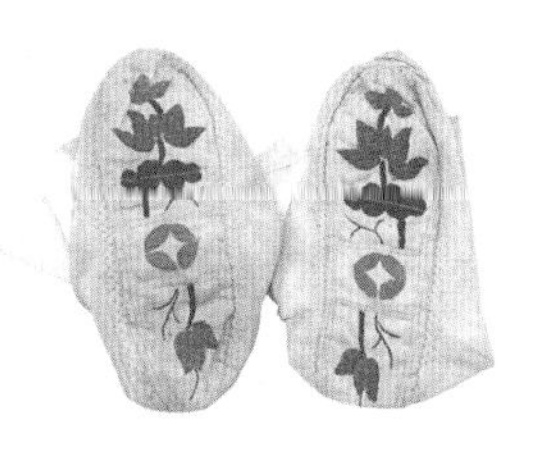

图 6－16 袜底绣有荷莲菊花卉③

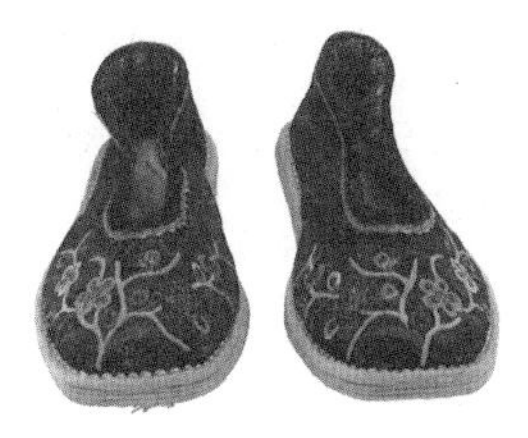

图 6－17 折枝梅绣花女式鞋④

图 6－18 满族式高底双额线绣花鞋⑤

图 6－19 八结盘肠纹补花老年女士鞋⑥

（3）佩饰。达斡尔族妇女喜欢修饰，不仅仅表现在服装方面，而且在帽鞋、袜子和荷包等方面也有特色。青年妇女多戴绣有各种图案的平顶圆帽，中年妇女多用黑大绒料，图案装饰比较朴实、讲究。越是年长，颜色越是偏重。冬季戴的帽子与夏季戴的又不同，一般是戴里外皆有毛的皮制平顶圆帽，取暖性能较好。帽子的制作形状以平顶帽为显著特色，经常戴帽的妇女，大半是休闲妇女和贵妇人。劳动妇女很少戴圆顶帽，凡是从事家内或田间劳动的妇女，都喜欢包白色头巾⑦。老年妇女用白毛

---

① 郭旭光：《达斡尔族文物图录》，内蒙古大学出版社，2008，第 61 页。

② 郭旭光：《达斡尔族文物图录》，内蒙古大学出版社，2008，第 61 页。

③ 郭旭光：《达斡尔族文物图录》，内蒙古大学出版社，2008，第 61 页。

④ 郭旭光：《达斡尔族文物图录》，内蒙古大学出版社，2008，第 118 页。

⑤ 郭旭光：《达斡尔族文物图录》，内蒙古大学出版社，2008，第 61 页。

⑥ 郭旭光：《达斡尔族文物图录》，内蒙古大学出版社，2008，第 61 页。

⑦ 滕绍箴、苏都尔·董瑛：《达斡尔族文化研究》，辽宁民族出版社，2014，第 238～239 页。

巾叠成细长一条，围住前额，系结于后脑。青年妇女用白毛巾，将整个头部包上。达斡尔族妇女喜欢佩戴各种首饰，有金、银、玉制耳环或吊坠，手镯，戒指，节庆、婚礼插簪戴花①，衣襟右侧佩挂绣花烟荷包、手帕等。荷包多以缎料为底，上面刺绣成各种美丽图案。

图 6－20　头戴白头巾的妇女②

图 6－21　少女头饰③

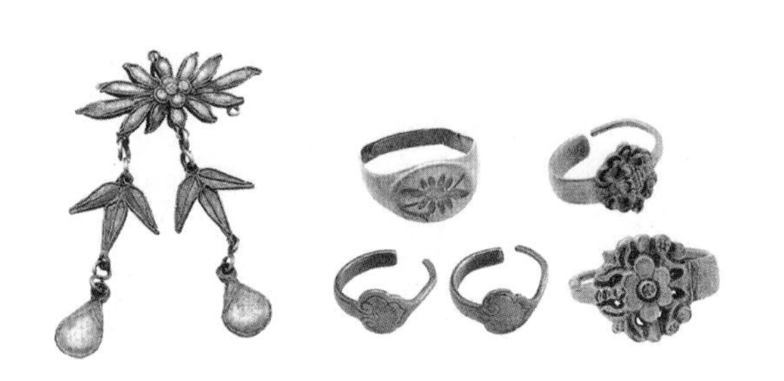

图 6－22　各种造型的耳环及耳坠④

图 6－23　二龙戏珠纹银手镯⑤

① 刘金明：《黑龙江达斡尔族》，哈尔滨出版社，2002，第 206 页。

② 国家民委事务委员会全国少数民族古籍整理研究室《中国少数民族古籍总目提要达斡尔族卷》，中国大百科全书出版社，2009，第 42 页。

③ 郭旭光：《达斡尔族文物图录》，内蒙古大学出版社，2008，第 85 页。

④ 郭旭光：《达斡尔族文物图录》，内蒙古大学出版社，2008，第 66 页。

⑤ 郭旭光：《达斡尔族文物图录》，内蒙古大学出版社，2008，第 66 页。

（4）发式。达斡尔族女子衣冠发结与满族人相同，从青年到老年，随着年龄的增长，多有变化。一般十二三岁少女，都梳齐耳短发，刘海齐眉，不修鬓角。到了十五六岁时，在头之前半部留发，分“人”字形，绕两耳上部，与头顶发合束一长辫。接近结婚年龄时，留全发，仍束一辫。未嫁女子不得露出鬓发。结婚时用线齐剪脸上汗毛（不服孝者每到春节也剪鬓发），并戴头饰。结婚以后，修成四方鬓角，头发向后背梳。到三十岁，发饰也有变化，头发仍然向后背梳，并向上拢，再绾起，用发卡夹在枕骨处。至四十岁，发式再变，将头发盘成法结。伴随着年龄的增长，发结日渐增高，待到五六十岁时，即老人的发结盘在头顶心的正中，罩以黑色网纱，用长长的簪子卡住。

图 6－24　满族式“两把头”发式[1]

图 6－25　老年妇女发式[2]

新中国成立后，随着达斡尔族的经济、贸易、文化等方面不断发展以及与其他民族的不断交流和接触，达斡尔人的服饰种类、样式也发生

① 郭旭光：《达斡尔族文物图录》，内蒙古大学出版社，2008，第 91 页。

② 国家民委事务委员会全国少数民族古籍整理研究室《中国少数民族古籍总目提要达斡尔族卷》，中国大百科全书出版社，2009，第 46 页。

了变化，面料品种不仅仅局限于兽皮，增加了布、绸、毛呢等多种面料。

三 达斡尔族萨满服饰

同北方其他少数民族的萨满服饰相比，达斡尔族的萨满服饰制作精良，外观华丽，饰物众多。萨满服饰不仅能够帮助萨满抵御恶神的侵害，而且还能够赋予萨满身份以合法性。达斡尔族萨满服饰主要由神帽、神服、神坎肩、神裙组成。

图 6－26 萨满①

图 6－27 女萨满②

（一）神服

达斡尔族传统的萨满神服是用兽皮制作，用去掉毛熟制的非常柔软

① 郭旭光：《达斡尔族文物图录》，内蒙古大学出版社，2008，第 143 页。
② 郭旭光：《达斡尔族文物图录》，内蒙古大学出版社，2008，第 148 页。

的犴皮或狍皮制作而成。萨满神服是对襟式，有 8 颗铜扣，长袍两侧有大开叉，前胸部左右各镶嵌着数量不等的小铜镜。每一处设计几乎都有其象征意义。萨满神服上的 8 个大铜纽扣，象征 8 座城门。长袍前左右襟上的小铜扣象征着城墙，背部钉的铜镜其中大的是护背镜。在左右袖筒及长袍前面左右下摆处各有黑大绒 3 条，共 12 条，象征人身的四肢八节。在左右下摆的每个绒条节上的小铜铃象征木城城墙。萨满神服的左右两旁钉有细皮条各 9 根，也是神灵降临的通道。[①] 达斡尔族斯琴掛萨满的神服是用熟软的犴皮制作，对襟，土黄色，周边镶滚着翠绿色缎带。领口用红、黄、绿三色彩条布镶嵌。袖筒及袍子左右下摆各佩绣花状的三条黑大绒，袍子两侧胯部，各垂长约 90 厘米，上缠红、蓝、分三色彩线的 9 个细皮条。[②]

图 6－28　神衣前身[③]

图 6－29　神衣后身[④]

① 萨敏娜、吴凤玲：《达斡尔族斡米南文化的观察与思考》，民族出版社，2011，第 245 页。

② 吕萍、邱时遇：《达斡尔族萨满文化传承》，辽宁民族出版社，2009，第 48 页。

③ 吕萍、邱时遇：《达斡尔族萨满文化传承》，辽宁民族出版社，2009，第 48 页。

④ 吕萍、邱时遇：《达斡尔族萨满文化传承》，辽宁民族出版社，2009，第 49 页。

（二）神坎肩

神坎肩是萨满服饰中的一个重要组成部分，它套在神服外面，外轮廓为曲直线结合的对称结构，底布是用黑色布制作，四边滚边，做工精美。神坎肩上面镶嵌有360个小海贝壳，海贝壳是按照一定的规律进行排列。[①] 达斡尔族斯琴掛萨满的神坎肩整个底儿是黑色大绒，周边镶嵌3厘米宽的红棉线、白银丝刺绣成图案的花边。上嵌360颗贝壳，分前后两片，没扣，上钉3组布条代替扣，穿时系上。[②]

图6－30　神坎肩[③]

图6－31　齐齐哈尔地区神坎肩[④]

图6－32　莫力达瓦地区神坎肩[⑤]

图6－33　黑河地区神坎肩[⑥]

① 季敏：《赫哲鄂伦春达斡尔族服饰艺术研究》，黑龙江美术出版社，2006，第312页。
② 吕萍、邱时遇：《达斡尔族萨满文化传承》，辽宁民族出版社，2009，第50页。
③ 吕萍、邱时遇：《达斡尔族萨满文化传承》，辽宁民族出版社，2009，第50页。
④ 王瑞华、孙萌：《达斡尔族萨满服饰艺术研究》，黑龙江大学出版社，2012，第15页。
⑤ 王瑞华、孙萌：《达斡尔族萨满服饰艺术研究》，黑龙江大学出版社，2012，第15页。
⑥ 王瑞华、孙萌：《达斡尔族萨满服饰艺术研究》，黑龙江大学出版社，2012，第15页。

（三）神裙

达斡尔族萨满神裙是神服中的重要组成部分，它由裙腰和条裙组成。后腰部的长方形黑绒布垫即裙腰，裙腰一般有金黄色滚边。达斡尔族斯琴挂萨满的裙腰长62厘米，宽20厘米，黑绒底儿黄缎带滚边。条裙是由上下两层共24条飘带组成，其中上层12条飘带，长20厘米，宽6厘米，下层12条飘带，长57厘米，宽6厘米。裙腰上坠3个铜铃，将裙连接在一起。[①]

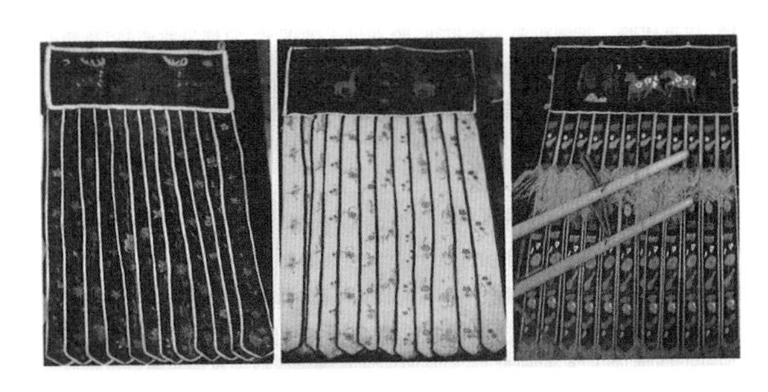

图6－34　神裙[②]

图6－35　神裙[③]

① 吕萍、邱时遇：《达斡尔族萨满文化传承》，辽宁民族出版社，2009，第49～50页。

② 王瑞华、孙萌：《达斡尔族萨满服饰艺术研究》，黑龙江大学出版社，2012，第21页。

③ 季敏：《赫哲鄂伦春达斡尔族服饰艺术研究》，黑龙江美术出版社，2006，第314页。

（四）神帽

达斡尔族萨满神帽有两种，一种是搭配皮袍服饰的金属（铁、铜片）制作框架的鹿角帽饰。在帽顶框架交叉的中部有一个直径约1.5寸的圆铜片，铜片上是仿鹿角的两个铁角，在两个鹿角中间部有个金属的小鸟。另一种是搭配红布衣袍的莲花瓣形状的帽子，帽的一周由9块上宽下窄的花瓣形状片组成，每组帽瓣上的中间部位都有装饰。[①] 萨满神帽上的鹿角叉能直接体现萨满的资历与等级。初学者无权戴神帽，跳神时只用红布包头，新萨满经过3年的学习，举行了第一次斡米南仪式后，才能戴有3个角叉的神帽，再经过一次斡米南仪式后才能戴有6个角叉的神帽。另外在鹿角叉上系着的各色哈达和绸绫象征着彩虹，萨满神灵附体通向天空时，便要踏上这条五彩路。帽顶的小鸟（一般认为是布谷鸟），是萨满所领神灵的象征。达斡尔族斯琴掛萨满的神帽是由宽4厘米的铜片组成的帽架，呈“十”字花状，上刻有花纹。“十”字花帽架上为铜质鹿角，上系若干红、黄、绿、蓝、白五色哈达，萨满神帽鹿角上系挂着哈达的多寡标志着该萨满神事阅历。[②]

图6-36　斯琴掛萨满的神帽[③]

---

① 季敏：《赫哲鄂伦春达斡尔族服饰艺术研究》，黑龙江美术出版社，2006，第311页。

② 吕萍、邱时遇：《达斡尔族萨满文化传承》，辽宁民族出版社，2009，第51页。

③ 吕萍、邱时遇：《达斡尔族萨满文化传承》，辽宁民族出版社，2009，第51页。

第七章

锡伯族服饰文化

锡伯族是我国56个民族中的一员，大兴安岭、嫩江北部和嫩江左岸呼伦贝尔草原、松花江流域的扶余、前郭尔罗斯等区域是锡伯族的发祥地，也是锡伯族先祖早期生产、生活的第一故乡。2010年第六次全国人口普查数据统计显示，全国锡伯族现有人口190481人，男性99571人，女性90910，主要分布在辽宁、新疆、吉林、黑龙江、北京和内蒙古等省区市。辽宁省锡伯族人口132431人，占锡伯族总人口的70%；黑龙江省的锡伯族人口7608人，占锡伯族总人口的4%；吉林省锡伯族人口3113人，占锡伯族总人口的2%。居住在辽宁、吉林和黑龙江的锡伯族共计143152人，占锡伯族总人口的76%。[①] 锡伯族与汉族、满族、蒙古族等民族交错杂居，形成了大分散、小聚居的分布特点。

一 锡伯族概说

锡伯族具有悠久的历史和灿烂的文化，是古代鲜卑人的后裔。17世

① 人口数据来源于中华人民共和国国家统计局网站，http://www.stats.gov.cn/。

纪中叶之前，锡伯族先祖繁衍生息在大小兴安岭和嫩江平原上。锡伯族由山戎/东胡—鲜卑—拓跋鲜卑—室韦—南室韦—锡伯发展演变而来，“锡伯”之称是明末清初才出现在古籍文献中，但其先祖的历史则是从 2000 多年前的东胡演变而来。[①] 东胡是活跃于我国北方比较强盛的部落联盟，是狩猎、游牧民族。鲜卑属于东胡系部族之一，公元 4 世纪末，拓跋鲜卑在华北黄土高原建立了北魏王朝，经孝文帝改制并迁都洛阳。留居大兴安岭、嫩江、黑龙江流域以及辽河、西拉木伦河流域的鲜卑人其他部落，开始被称为失韦（室韦）[②]。唐朝时期，室韦分为九个部落，处卓尔河、洮儿河流域的南室韦，则成为锡伯族祖先的主要组成部分。辽金时期，卓尔河、洮儿河是两朝重要的屯垦基地，锡伯族先祖一方面为辽扼守重镇，防范外部入侵，另一方面经常受到战火洗礼，培养了他们勇敢善战的民族性格。在契丹、女真统治的 200 多年时间里，又注入了新的成分——契丹和女真文化。到了金末，锡伯族先祖经过千余年的发展变化，已具雏形，清代锡伯族部落前期在蒙古科尔沁部的统治之下，成为蒙古八旗的组成部分。康熙三十一年（1692），清政府从科尔沁蒙古将锡伯族全部“赎出”，这在锡伯族历史上具有重要的意义[③]。随之而来的锡伯族文化开始走向兼收并蓄、自我完善、自我发展的道路。随后，锡伯族在清政府的安排下迁往齐齐哈尔、伯纳都（今吉林扶余）、乌拉（今吉林市）、盛京（今辽宁沈阳）等地，乾隆二十九年（1764）锡伯军民被派往新疆伊犁屯垦戍边，从此部分锡伯族先祖就在新疆伊犁扎下了根，直到今天。如今每年的农历四月十八，被锡伯族定为“西迁节”，就是为了纪念这个日子。直到新中国成立后，确定族名为锡伯族。当代的锡伯族呈现大分散、小集中的分布局面。

---

① 贺灵、佟克力：《锡伯族史》，新疆人民出版社，1993，第 51 页。

② 贺灵、佟克力：《锡伯族史》，新疆人民出版社，1993，第 68 页。

③ 贺灵、佟克力：《锡伯族史》，新疆人民出版社，1993，第 119 页。

二　锡伯族服饰溯源与现状

锡伯族由于在历史上和其他民族错居杂处以及被统治的原因，其服饰曾经历着几次大的变化，锡伯族吸收了蒙古族、满族、汉族等民族的服饰特点，但也一直保持着自己的特点。在元代蒙古族统治之前，锡伯族服饰一直保持着其先祖鲜卑人的服饰特点。元代受蒙古族服饰的影响发生了一些变化：戴圆顶帽、穿左右开叉的滚边长袍，腰间束大布腰带，脚穿长筒靴。明末清初，锡伯族在科尔沁蒙古以及满族贵族建立的清政府统治下，吸收融合了满族、蒙古族以及汉族等其他民族服饰的特点。新中国成立以后，锡伯族服饰形成了既有本民族的特点，也有融合其他民族服饰特点的风格。

（一）锡伯族先祖服饰

学术界关于锡伯族族源，其中主要一种观点认为锡伯是鲜卑的转音，鲜卑是锡伯族的先祖，是中国北方古代少数民族之一。[①] 在锡伯族概说中，可以看出锡伯族在长期的历史发展中，与鲜卑族有着不可分割的关系。因此鲜卑服饰是探究锡伯族先祖服饰的主要参考资料。

1. 鲜卑服饰

鲜卑人主要的生产方式是畜牧，鲜卑所产的皮毛被称为“天下名裘”，早期的鲜卑服装多用毛皮材料制成。随着鲜卑人的迁徙，鲜卑服装在面料和样式上都有了一定的变化。上衣下裤是北方少数民族尤其是骑马民族的基本服装款式，窄袖上衣、下裤裤口束紧，脚穿靴子，鲜卑早期服饰也是这样。小袖袍是北魏早期墓葬和石窟造像中最常见的服装，交领，左衽、右衽都有，也有对襟的样式，袍子的袖子都较为窄小，这

① 《锡伯族简史》，民族出版社，2008，第12页。

是和中原汉族服装明显不同的地方之一。袖子长及手腕，袖口较小，袖身长度在膝下或者长及膝下，领口和袖口边缘处均有边缘镶饰。圆领衫是穿在外衣内的一种内衣，领形呈圆形，有的领口边缘立起，形如杯口。圆领袍一般有两种款式：一是衣襟在胸前对开；二是衣襟开在身材正面右侧，属于侧襟。圆领衫皆为对襟窄袖袍服。[①] 褶衣是北魏鲜卑时期最有特点的一种服装款式，褶衣与裤子相搭配，称为裤褶衣。《晋书·舆服志》记载："袴褶之制，未祥所起。近世凡车驾亲戎中外戒严服之。服五定色……"，所以裤和袴为同义词。沈从文在《中国服饰史》中称："袴褶的上衣为短身大袖或小袖；下衣喇叭裤，有的在膝弯处用长带系扎，名为缚裤。这种服装源出军中，服无定色，外面还可以服裲裆衫。河南邓县学庄砖刻人物穿的，正是齐梁间有代表性的流行袴褶。《南史》叙述部族人民衣着时，还常说起，'小袖长袍小口袴，'一般式样多是圆领对襟，袖小衣长不过膝，加沿。上层统治者加罩披风式外衣。"裤褶不仅仅是男子所穿用，女子也穿。裲裆是缘起于北方民族的一种服装款式。《释名·释衣服》称："裲裆，其一当胸，其一当背也。"壁画和出土的陶俑对裲裆的形制反映得比较具体。一般为前、后两片，其一挡胸，其一挡背，比半臂短小，质以布帛，肩部用皮制的搭襻连缀，腰部皮系扎，这种服饰一直沿用到唐宋以后仍然十分流行。《晋书·舆服志》载："元康末，妇人衣裲裆，加乎交领之上。"[②] 裲裆既可以穿在里面，也可以用于外穿，男女都穿。

鲜卑族地处草原与农耕交汇地带，他们的饰品也具有不同的特色。《史记·匈奴列传》张晏注："鲜卑郭洛带，瑞兽也。东胡好服之。"鲜卑族装饰品种类繁多，质量贵重，制作精良。拓跋鲜卑金银饰件少，珠

① 包铭新：《中国北方古代少数民族服饰研究》匈奴、鲜卑卷，东华大学出版社，2013，第147页。

② （唐）房玄龄等撰《晋书·舆服志》，中华书局，1974，第751页。

饰、蚌饰却极多，在内蒙古陈巴尔虎旗完工墓出土了412件，大多数为头饰或者颈饰。其他饰品的质地则用绿松石、绿玉石、白石、滑石、珊瑚、海螺等。珠饰的形状有枣核形、橄榄形、扁球形、多面菱形和束腰长方形，此外还有铜制的环、带饰和铃①。从出土发掘看，鲜卑族的饰品在各少数民族中最为丰富。以榆树老河深鲜卑墓为例，1号墓的女性，颈有颈饰，左、右腕各有一银腕饰，十指共戴金指环五、银指环五。56号、57号、58号墓中还有各式花纹的鎏金铜饰牌、玛瑙珠串、银耳瑱以及各种铜饰品。其中玛瑙珠串十分华美，56号墓现存78颗珠，形状有圆形、椭圆形和多菱形，颜色有红、橘红、黄和橘黄。鲜卑饰品精美繁多，与其地居西部，距中原内地较近，文化较发达很有关系。②

图7－1　3－4世纪鲜卑人冠顶饰件③

鲜卑人的佩饰中主要有头饰、耳饰、项饰和首饰等。步摇是戴在妇女头上的一种头饰，形状多为花树状，有山题、枝干，步摇上有垂珠或

① 佟冬：《中国东北史》第1卷，吉林文史出版社，2006，第413页。转引自内蒙古文物工作队：《内蒙古陈巴尔虎旗完工墓清理简报》。

② 佟冬：《中国东北史》第1卷，吉林文史出版社，2006，第414页；转引自吉林省文物工作队等《吉林榆树县老河深鲜卑墓群部分墓葬发掘简报》。

③ 关伟：《锡伯族》，辽宁民族出版社，2009，第34页。

者金质叶片。汉代刘熙在《释名·释首饰》中记载：“步摇，上有垂珠，步动则摇动也。”[①] 辽宁朝阳的王子坟山墓地出土的步摇冠“为花树状，底为片状帽形，中央有竖形凸脊，两侧镂雕出对称卷叶形纹，主干于上顶中央，形似圭状，中央镂空。主干周围分出六条枝干，枝干每隔一段绕成一环，内套桃形叶片，每枝有三个叶片，高 14.5 厘米”[②]。1981 年在内蒙古包头达尔罕茂明安联合旗西河子北魏时期窖藏中出土的牛首鹿角状金步摇冠，头部边缘饰鱼子纹，内作连弧纹装饰，原镶嵌蓝、白、绿色料石，现已部分脱落。耳作桂叶形，内镶桃叶形的白色料石。角由主根向上分枝，似盘曲多枝的连理扶桑，又像变形鹿角，每个枝梢上挂桃形金叶一片，高 19.5 厘米，宽 14.5 厘米。另一件马首鹿角金步摇冠，头额部原镶嵌料石，现已脱落，眉梢上端另加一对圆圈纹。所有花纹和脸框周围饰鱼子纹，面部嵌白、浅蓝色料石。耳朵作尖桃形，内嵌白色料石。角作三枝并列向上，分叉处嵌桃形绿、白色料石，枝梢挂桃形金叶，高 18.5 厘米，宽 12 厘米。[③]

在鲜卑族墓葬出土的耳环与耳坠一般由金、银、铜等材质制成，形制分为简单和复杂两种。简单的耳环就是用金属材质制成圆环，比较讲究的则是在其上面镶坠绿松石或珍珠。榆树老河深鲜卑墓中的 1 号墓出土实物中，女性两耳有金饰，金耳饰制作极精美，上端有一弯钩及桃形金叶；向下金丝扭结分为二枝，上各悬一四圭形叶片；再下又分二枝，各悬一九圭形叶片；再下金丝绕成一大环，大环中又缠两小环，大环下穿一颗红色玛瑙珠，制作很是精美。[④] 榆树老河深鲜卑墓中的 56 号墓出土的耳坠：上端有一弯沟及圆形金叶，向下两丝相扭后分别向两侧绕成

---

① 《释名》，中华书局，1985，第 74 页。

② 孙危：《鲜卑考古学文化研究》，科学出版社，2007，第 60 页。

③ 包铭新：《中国北方古代少数民族服饰研究》匈奴、鲜卑卷，东华大学出版社，2013，第 159 页。

④ 佟冬：《中国东北史》第 1 卷，吉林文史出版社，2006，第 414 页；转引自吉林省文物工作队等《吉林榆树县老河深鲜卑墓群部分墓葬发掘简报》。

八小环，底部为一小环。耳坠长4.9厘米，宽1.5厘米。更复杂的要数大同南郊北魏墓出土的耳坠则有环和坠组成，环由中间粗两头细的金丝弯成，断面呈八边形，下挂金耳坠。坠形制相同，上部由两根金丝圈成小圆环，两根金丝相绞，与一个腹中部带凸弦纹的球形铃相接，下接六朵桃形花瓣的金片。花瓣末端成钩状，各钩吊一条金索链，索链的下端再接一小钟形铃或一小球形铃。花瓣内中央也下垂一条索链接一小球形铃，即下垂四个小球形铃和两个小钟形铃，相间隔排列。①

鲜卑项饰主要以串珠为主，材质一般用骨质、绿松石、玛瑙、珊瑚、水晶等制成。在达茂旗西河子窖藏出土的金龙项饰尤为珍贵，龙头用金片卷成，龙角用金丝盘绕而成。龙眼两侧有金丝盘曲的龙须，在鼻须之间有一串钉，直通领部，用以贯连衔在嘴里的金环，所有纹饰外围都饰鱼子纹。龙身用金丝编缀成管状中空的绞索式，犹如细鳞片片相叠，可以自由错动，盘曲自如，富有灵活浮游之感。②

鲜卑的戒指和指环比较丰富，一般由金、银、铜等金属材料制成，指环比较简单，而耳环则比较精美和复杂。鲜卑族动物形状的戒指具有独特特点，内蒙古包头土默特右旗美岱村发掘的北魏早期墓葬中出土了一件动物形状的戒指，在界面上有一只镶嵌宝石的立羊，戒指通高3.2厘米，戒圈呈环形，戒面上的立羊，昂首，盘角，戒圈两侧各有一兽面。羊周身及兽面轮廓焊接连珠纹，并镶嵌绿松石。③

鲜卑男子发式分为三种，一是髡发，二是披发，三是辫发。髡发是鲜卑代表性发式，也是区别于中原汉族人的主要特征。髡发是将头部的某一部分的头发全部剃光，只在两鬓或前额等地方分留少量余发作为装饰，有的在前额蓄留一排短发；有的在耳边披散着鬓发，也有将左右两

---

① 山西大学历史文化学院等：《大同南郊北魏墓群》，科学出版社，2006，第276~279页。

② 陆思贤、陈棠栋：《达茂旗出土的古代北方民族金饰件》，《文物》1984年第1期。

③ 张景明：《中国北方草原古代金银器》，文物出版社，2005，第89页。

绺头发修剪整理成各种形状，然后下垂至肩。东部鲜卑无论男女都“以髡发为轻便”，即剃去头顶之发，其余部位的头发任其下垂。“妇人至嫁时乃养发，分为髻，着句决，饰以金碧，犹中国有簂步摇”①。披发主要是在慕容鲜卑里出现，即披散的长发。在鲜卑辫发被称为“索头”，是一条垂于脑后、披在肩背的发辫。“索头，鲜卑种，……以其辫发，故称谓索头。”② 元胡三省注释称：“索虏者，以北人辫发，谓之索头。”③ 鲜卑女子发式分为高髻、垂髻两种，高髻主要包括螺髻、丫髻、单高髻、偏高髻、双月髻、兔耳髻和蝴蝶髻；垂髻主要有倭堕髻、双倭坠髻、中分发。螺髻是一种形似螺壳的发髻；丫髻是将头发分成两股，左右两侧各扎一髻，丫髻是最为常见的一种侍女发式；单高髻是在头顶中央扎一个不高的圆柱形发髻；偏高髻则是将头发集中至头顶，分为三股，似山字形，并向右倾斜；双月髻是将头发集中至头顶并分梳两髻，其形如新月；兔耳髻也是先将头发集中于头顶，在一髻圈中分梳两条长短大小相同的发髻，发髻微微向后倾斜；蝴蝶髻则是头发集中于头顶，再分别向两边横向各梳一髻。垂髻中的倭堕髻是将头发集中于头顶，在头顶中部扎一发髻，发髻朝一侧向下倾垂，用发簪将下垂部分绾住；双倭坠髻与倭堕髻有些相像，先在头顶处扎好髻基，发髻主题低垂至脸颊旁，双髻两倾垂，头部两侧各有一髻；中分发属于短发，将短发从正中梳向两边。④

2. 室韦服装与发式

《魏书·室韦传》中记载：“室韦妇女束发，作叉手髻。……男女悉衣白鹿皮襦袴。……俗爱赤珠，为妇人饰，穿挂于颈，以多为贵，女不得此，乃至不嫁。”⑤《北史·室韦传》中记载：“南室韦其俗，丈夫皆披

---

① （宋）范晔撰《后汉书·乌桓鲜卑传》卷90，（唐）李贤等注，中华书局，1974，第3632页。
② （宋）司马光等撰《资治通鉴》卷95《晋纪十七·成帝咸康》，中华书局，1956，第3007页。
③ （宋）司马光等撰《资治通鉴》卷69《魏纪一·文帝黄初》，中华书局，1956，第2186页。
④ 包铭新：《中国北方古代少数民族服饰研究》匈奴、鲜卑卷，东华大学出版社，2013，第132～134页。
⑤ 贺灵、佟克力：《锡伯族史》，新疆人民出版社，1993，第80页。

发，妇人盘发，衣服与契丹同。”[①]《旧唐书·室韦传》记载：“……畜宜犬豕，豢养而噉之，其皮用以为韦，男子女人通以为服。被发左衽，其家富者项着五色杂珠。”[②]从上述文献记载中可以看出室韦的服装以皮毛为主要面料，形制为左衽，发式为束发和披发，喜爱珠饰品。辽金时期锡伯族先祖服饰文化，由于缺乏资料，只能通过对契丹和女真文化的记载，分析出与锡伯部族相同或相近之处加以论证。

3. 契丹服装与发式

契丹族源于东胡，生活在辽河和滦河上游，隋唐时期处在氏族社会，过着游牧渔猎生活。辽时由于契丹族和汉族并未完全混居，契丹族在吸取了汉族及中亚文化的同时仍保留了较多的民族特点。《辽史·仪卫志》记载，辽太祖在北方称帝时，朝服只穿胄甲，其后在行瑟瑟礼、大射柳等重要场合也穿此服，衣冠服制尚未具备。辽太宗入晋以后，受汉族文化的影响，创衣冠之制：“北班国制（辽制），南班汉制，各从其便焉。”所以服制也分两种，北管仍用契丹本族服饰，南管则承晚唐五代遗制。从史料的禁令看，契丹、女真装束在社会上相当流行，受其影响最多的是左衽形制。契丹人以左衽长袍、圆领、窄袖为主。妇女效学女真状式，作束发垂脑的式样，称为“女真状”。契丹男子服饰以圆领长袍为主，左衽圆领，袍长多至膝下，袍外也有围“捍腰”者，就是在腰间系一皮围，既可减少袍子磨损又便于佩挂弓箭等物，袍子的外面还要束带，下裳为裤，穿靴。按契丹族习俗，契丹男子的发式多作髡发。一般是将头顶部分的头发全部剃光，只在两鬓或前额部分留少量余发作为装饰，有的在前额蓄留一排短发；有的在耳边披散着鬓发，也有将左右两绺头发修剪整理成各种形状，然后下垂至肩。契丹女子服饰主要是衫子，女子上穿黑、紫、绀的等色的直领对襟衫子，也有左衽的式样，称为团衫。团衫

① （唐）李延寿撰《北史·室韦传》卷94，中华书局，1974，第3129页。
② （后晋）刘昫等撰《旧唐书·室韦传》卷199，中华书局，1975，第5357页。

非常宽大，前长拂地，后长曳地尺余，双垂红黄带。女子束腰裙摆宽大，多以黑紫色上绣以全枝花，下不裹足而穿靴。宋朝禁契丹服装时曾禁女子穿吊敦，可见也是契丹女子的常用服饰之一。契丹地处北疆，织物面料多为动物纤维，如羊毛、驼毛织品，颜色多为白色、褐色。在辽宋敌对期间，除禁穿契丹服饰外，宋庆历八年还曾下令“禁……妇人衣铜兔褐之类”。天圣三年禁令则详细到了花色：“在京士庶不得衣黑褐地白花衣服，并蓝、黄、紫地撮晕花样。妇女不得将白色褐色毛缎并淡褐色帛做衣服。”从这些禁令，人们可以了解到当时契丹族服装常用的花色及质料。

（二）锡伯族服饰的现状

自民国时期以来，随着社会的变迁、生产的发展以及经济生活和文化生活的提高，锡伯族的服饰从质量到样式都有了很大变化。锡伯族老年男子会保持以前的长袍马褂服装款式，长袍长及脚面、右衽、布做的纽扣。长袍内穿对襟小白褂，圆领，外穿蓝、青或黑色的长袍，左右下摆开衩。脚穿白袜、布鞋，扎裤脚，头戴礼帽。锡伯族青年男子一般喜欢穿坎肩，款式为对襟或者大襟，沿边多绣有花纹图案，是套在袍、短衫或短袄外。腰带多用青、蓝色布或绸子做成，长约 70 厘米、宽 6 厘米左右，过去在腰带上经常挂有烟袋、荷包。帽子多用草、毡子做成圆顶帽和双沿帽。

锡伯族年轻妇女的服装要比男子讲究和精细，并且样式比较丰富，喜欢穿用各色花布、花格布旗袍，旗袍长及脚面、右衽，用布做纽扣。旗袍大襟镶花边或者绣花边，外套对襟或者大襟的坎肩，穿绣花鞋，戴额箍等头饰，插簪子、绢花，无论年老或年轻妇女都喜欢戴耳环、手镯和戒指，特别是逢年过节，会打扮得更加漂亮。锡伯族少女和未婚姑娘均梳长辫，辫根儿、辫梢儿扎各色绒线，头上爱戴花，耳戴金环或者银环。辽宁锡伯族女青年在节庆时戴头饰，平时极少戴头饰。老年妇女多

图 7－2　长袍①

图 7－3　结婚服装②

图 7－4　穿着传统服饰的男子③

图 7－5　烟荷包④

① 大连市锡伯族协会、大连市政协文史委员会编《锡伯族图录》，民族出版社，1994，第 63 页。
② 大连市锡伯族协会、大连市政协文史委员会编《锡伯族图录》，民族出版社，1994，第 102 页。
③ 关伟：《锡伯族》，辽宁民族出版社，2009，第 27 页。
④ 关伟：《锡伯族》，辽宁民族出版社，2009，第 35 页。

穿长袍，将头发盘成“疙瘩鬏”，梳在头顶稍后部位，并用头簪和头网固定。春夏秋三季里多包白头巾，冬季戴棉帽，叫作坤秋帽。儿童的服饰则仿照大人式样，一般有肚兜，肚兜和衣服上用丝线绣有花鸟等图案。有些老年妇女还抽大烟袋。锡伯族男女结婚时，新郎新娘普遍穿民族服饰，新郎的典型服饰是穿绣花边的内衣和坎肩、新娘则头戴头饰、身穿鲜红的绣花旗袍。[①]

图 7-6　年轻妇女[②]

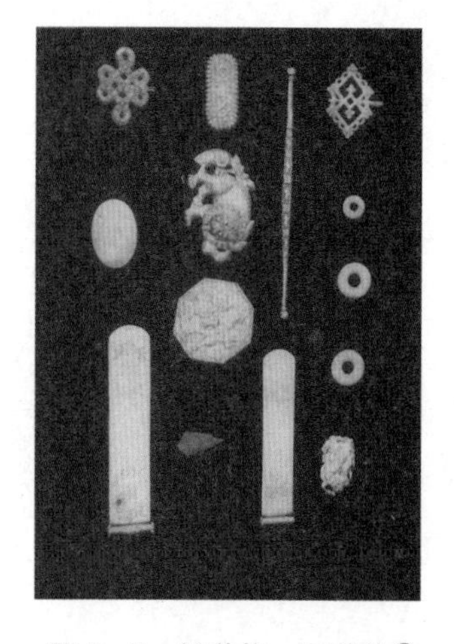

图 7-7　银首饰、玉首饰[③]

图 7-8　锡伯族老人像[④]

① 关伟：《锡伯族》，辽宁民族出版社，2009，第 32 页。

② 大连市锡伯族协会、大连市政协文史委员会编《锡伯族图录》，民族出版社，1994，第 63 页。

③ 大连市锡伯族协会、大连市政协文史委员会编《锡伯族图录》，民族出版社，1994，第 64 页。

④ 大连市锡伯族协会、大连市政协文史委员会编《锡伯族图录》，民族出版社，1994，第 64 页。

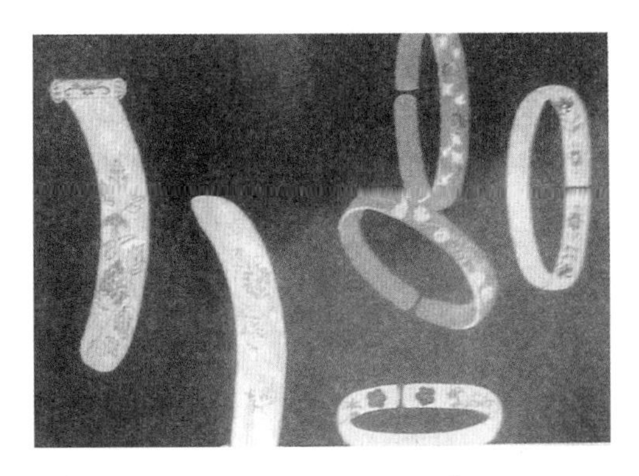

图 7-9　扁方、手镯①

锡伯族的鞋靴多用棉布、缎、绒、毡做成，有棉、单之分。棉鞋多为高帮，头高大，底子厚而结实，是男女老少冬春穿用的鞋子；单鞋为圆口矮帮，做工精细，尤其是女子的绣花鞋，鞋面宿友莲花、桃花、牡丹、菊花等各类花卉图案，鞋垫上也绣有形式各异的图案，生动活泼。锡伯族还有一种鞋为毛毡靰鞡棉鞋，这是北方少数民族尤其是东北少数民族均穿的一种鞋，只是在鞋子用料上有所区别。毛毡靰鞡棉鞋形制为圆口、羊毛毡制成。②

图 7-10　鞋③

① 关伟：《锡伯族》，辽宁民族出版社，2009，第 34 页。

② 贺灵、佟克力：《锡伯族史》，新疆人民出版社，1993，第 439 页。

③ 大连市锡伯族协会、大连市政协文史委员会编《锡伯族图录》，民族出版社，1994，第 65 页。

三　锡伯族萨满服饰

“萨满”一词的词根“Sam”，是通古斯语的音译，即“巫”的意思，现今锡伯语中意为“知晓”。萨满教是锡伯族信仰的原始宗教，锡伯族信奉萨满教历史久远，在鲜卑、乌桓时期，信仰萨满教就较为盛行。当时，在鲜卑、乌桓中原始宗教萨满教较盛行：“敬鬼神，祠天、地、日、月、星辰、山川，及先大人有健名者”。这和“匈奴五月大会龙城，祭其先、天、地、鬼、神”、匈奴单于“朝出营拜日之始生，夕拜月”、“举世而候星月，月盛壮则攻战，月亏则退兵”等信仰现象是相同的。鲜卑、乌桓的丧葬礼仪与其宗教信仰密切相关。

锡伯族萨满教信仰的基本观念是崇拜大自然，相信存在鬼神，万物有灵。由于锡伯族长期崇拜自然神，幻想以祈祷、祭祀或巫术来影响主宰自然界的神灵。锡伯族将萨满视为一种通晓一切的特殊人物，是沟通人和精灵世界的使者，可做鬼神的代言人，向人转达鬼神的意愿和要求，也可代人去向鬼神祈祷、问卜。锡伯族的萨满有男萨满和女萨满，男者为觋，女者为巫。

锡伯族萨满服饰分为萨满衣、神裙、萨满神帽、铜镜、神鼓几个部分。

（一）萨满衣与神裙

萨满所穿萨满衣、神裙共分三层：内层裙用白布制作，中层为近百根包白布的麻绳缝在腰带上，外层为20条飘带组成。萨满在跳神时，配有服饰和法具。跳神治病时戴上铁制的萨满帽子，帽子前面中央有一块玻璃镜，叫“照妖镜”。后面中央有两条飘带，胸前垂一面“护心铜镜”，腰上系“神裙”，布裙上又围有12条飘带，每根飘带均绣有各种图案，在飘带外围有圆形布条裙子，腰上系有大小不等的13块（有的19块）铜镜，重达四五十斤，萨满跳神时铜镜互相碰撞，发出响亮的声音，以吓跑“鬼怪”。萨满作法时手拿神矛，由铁制矛头和木柄制成，供萨满跳神时与妖魔搏斗用。萨满跳神时所用“神鼓”，由山羊皮蒙面而制，背面用铁条或皮绳穿着铜线，作法时发出急促的撞击声似驱鬼。萨满除治病跳神外，还在每年春季为消除邪恶跳神，秋季为丰收跳神。

（二）萨满神帽与铜镜

萨满神帽铁架（即神帽，锡伯族称“萨门玛哈拉”）及飘带（一般十条，锡伯语叫“索尔孙”，有红、黄、蓝、绿等不同颜色，其中四条上绣着花草样的纹饰），萨满神帽铁架前有铜镜一面，为“照妖镜”。萨满神符上的铜镜大小不等，其中 3 块为护心镜，有的镜背面铸有“喜生贵子”“金玉满堂”“五子登科”等吉祥文字，大铜镜起护身作用。①

图 7－11 萨满②

图 7－12 萨满给人治病③

① 关伟：《锡伯族》，辽宁民族出版社，2009，第 78～80 页。

② 关伟：《锡伯族》，辽宁民族出版社，2009，第 77 页。

③ 大连市锡伯族协会、大连市政协文史委员会编《锡伯族图录》，民族出版社，1994，第 102 页。

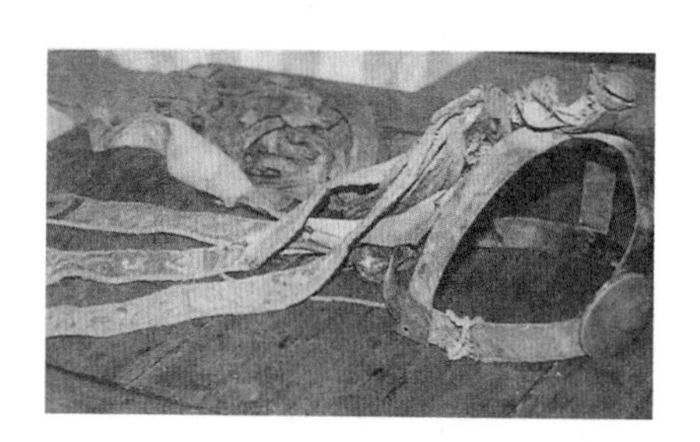

图 7 - 13　萨满神帽①

图 7 - 14　萨满服饰上的腰铃②

图 7 - 15　神帽、神鼓③

① 关伟:《锡伯族》,辽宁民族出版社,2009,第 79 页。

② 大连市锡伯族协会、大连市政协文史委员会编《锡伯族图录》,民族出版社,1994,第 36 页。

③ 大连市锡伯族协会、大连市政协文史委员会编《锡伯族图录》,民族出版社,1994,第 36 页。

第八章

朝鲜族服饰文化

朝鲜族是我国56个民族中的一员，主要分布在祖国东北的鸭绿江、图们江沿岸和绥芬河流域，逐渐向北部和西部方向延伸，并向东北内地移动和扩散[①]。朝鲜族主要聚居在我国东北地区的黑龙江省、吉林省和辽宁省。2010年第六次全国人口普查数据统计显示，全国朝鲜族现有人口1830929人，男性910535人，女性920394人，吉林省的朝鲜族人口1040167人，占朝鲜族总人口的57%，主要居住在延边朝鲜族自治州；黑龙江省的朝鲜族人口327806人，占朝鲜族人口的18%；辽宁省的朝鲜族人口共计239537人，占朝鲜族总人口的13%；居住在东北三省的朝鲜族人口1607510人，占朝鲜族总人口的88%[②]。东北地区朝鲜族人口分布呈现出由南而北、由东往西逐渐稀少的态势，具有散居中有聚居、聚居中有杂居，既有聚居又有散居的特点[③]。

---

① 韩俊光：《朝鲜族》，民族出版社，1996，第17页。

② 人口数据来源于中华人民共和国国家统计局网站，http://www.stats.gov.cn/。

③ 韩俊光：《朝鲜族》，民族出版社，1996，第18页。

一　朝鲜族概说

朝鲜族与我国其他民族一样有着悠久的历史，中国朝鲜族是19世纪中后期从朝鲜半岛移民至我国的东北地区。随着历史的变迁，他们与其他民族长期共同生活并与其联姻，成为中国大家庭中的一员。新中国成立后，确定族名为朝鲜族。

二　朝鲜族服饰溯源与现状

中国朝鲜族在长期共同劳动、生活过程中，形成了有别于其他民族的特有的风俗习惯。朝鲜族喜欢白色素服，有史以来被称为“白衣民族”，白衣成为象征朝鲜族的一种文化符号。

（一）日常服饰

1. 男子服饰

朝鲜族的传统男装主要有上衣、裤子、长袍、帽子、鞋袜以及日常佩饰。男子上衣为白色右衽斜襟，衣领为斜交领，在颈下相交，并与衣襟连成一体，形成掩襟。衣身长而肥，以布打结作为纽扣，穿着后用钉在两襟的两条长布带系结，外面加穿带纽扣的黑色坎肩，衣袖和衣服胸围都很宽松，上衣分为单衣、夹衣、棉衣。男裤裤腰很宽，肥大轻松，便于盘腿席坐，裤脚用一条小布带系紧，这种服饰与朝鲜族喜欢盘腿坐炕和经常上山打柴劳动的生活、生产习惯有关。男裤也按季节分为单裤、夹裤、棉裤。男子外出时，外罩长袍，长袍既是朝鲜族的传统外套，也是其传统礼服，长袍当大衣穿，分单、夹、棉三种。长袍的形状款式与朝鲜族传统上衣基本相同，只是衣身更长，长及膝盖或过膝，也是右襟，穿着后用钉在左右襟上的两条长布带系结，朝鲜族在外出时和正式场合必穿长袍。

图 8-1　传统服饰①

图 8-2　男子传统服饰②

图 8-3　男子白上衣③

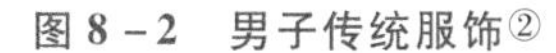

① 辽宁省工艺美术工艺公司、辽宁省轻工业研究所、吉林省工艺美术公司、黑龙江省工艺美术工艺公司：《兄弟民族形象服饰资料》（蒙古族、朝鲜族、鄂伦春族、达斡尔族）（内部资料），1976，第 79 页。

② 禹钟烈：《辽宁省朝鲜族史话》，辽宁民族出版社，2001。

③ 《延边朝鲜族自治州概况》，延边人民出版社，1984。

朝鲜族的传统男帽主要有斗笠和黑笠，斗笠是用芦苇或竹条做成，其形状为圆锥形。它在朝鲜族的传统帽子中戴用历史最为悠久，是朝鲜族农民平时用来遮阳遮雨的工具。黑笠是朝鲜族成年男子的传统礼帽，其形状为圆柱形，帽子下端有一圈宽大的帽檐，以遮阳防晒。做黑笠的材料为马尾、绸、麻布、竹条等，其中以马尾为上品。过去朝鲜族成年男子在出门和正式场合上都戴黑笠，这个风俗一直持续到 20 世纪 40 年代。①

图 8-4　朝鲜男子黑笠②

图 8-5　朝鲜族的白衣③

朝鲜族传统男鞋有草鞋、麻鞋、木鞋、胶鞋等。草鞋是把稻草搓成细绳编成，早期朝鲜族男女都穿草鞋，到了近代大多穿胶鞋。麻鞋是用细麻绳编制而成的，这两种鞋是新中国成立前朝鲜族常年所着之履，在家穿草鞋，出门则穿麻鞋。木鞋是把木头按鞋的样子抠成的，多用椴木，这种鞋是朝鲜族的传统雨鞋。胶皮鞋是用橡胶制作，其形状为船形，自 20 世纪 30 ~ 60 年代初朝鲜族大多穿这种胶皮鞋。到了现代，朝鲜族男女皆穿皮鞋、胶鞋或旅游鞋、运动鞋、布鞋等，穿草鞋的已看不到了。朝

① 许辉勋：《鲜族民俗文化及其中国特色》，延边大学出版社，2007，第 97 页。

② 杨丰陌主编《朝鲜族》，辽宁民族出版社，2009，第 84 页。

③ 《延边朝鲜族自治州概况》，延边人民出版社，1984。

鲜族的传统男袜是用棉布做的布袜，其前尖向上翘起形成小勾，袜腰长过脚踝。男袜分为单袜、夹袜、棉袜，还有一种袜子是用狗皮做的皮袜，它是山区的朝鲜族在冬季穿用的防寒袜。

2. 女子服饰

朝鲜族女性的传统服饰主要有上衣、裙子、坎肩和冠巾、鞋袜等。传统的女上装是穿短袄，比男袄短许多，只到胸部。女上装也是右襟，衣领与衣襟相连成斜线，无扣，穿着后用钉在两边衣襟上的两条花色绸缎飘带在胸前系结。系结后垂于胸前，一直垂到膝上。由于飘带是用花色绸缎做成的，穿着后格外鲜艳、醒目。幼女和少女的上衣较短，多用鲜艳的绸缎制成，袖筒用七色绸缎条缝制而成，穿起来好像彩虹在身上飞舞。朝鲜女上衣与男上衣不同之处在于女上衣缝有“回装”的装饰。“回装”也就是镶边，是指在上衣的领子、袖口、裉等部位缝上深颜色的布。把领子、袖口、裉都加以镶边的叫作“三回装”上衣。“三回装”上衣一般用紫色或深蓝色布镶边。做“三回装”镶边的一般为深绿色或黄色上衣，这样的“三回装”上衣多为年轻妇女穿用者。在领子、袖口、衣裉三个部位中，任选一个或两个镶边的叫作“半回装”上衣。“半回装”上衣一般用紫色布镶边，其做法是只在领子和袖口镶边或只把衣带做成紫色的。这种“半回装”上衣，多由中老年妇女穿用。“回装”女上衣一般用紫色布做衣带，这与朝鲜把紫色看作吉利的色彩的习俗有关，因此古时候朝鲜族寡妇的衣带不能用紫色布来做。

朝鲜族女性的传统下装为裙子，裙子有筒式长裙、短裙或折裙、缠裙等款式，裙子由裙腰、裙摆、裙带组成。裙摆又宽又长，没有缝合，一边开叉，其上部有很多细褶，裙摆缝在裙腰上，裙腰上有两个裙带，用来系住裙子。朝鲜族裙子上窄下宽。未婚女子不穿缠裙，青年妇女常穿筒式长裙。筒裙上部接约 30 厘米长的背心式上衣，长裙裙边垂到脚跟，在背心与裙子相接处纳成一些细褶，穿着时可直接从上套在身上。儿童和少女的下装一般穿筒式短裙，裙边到膝，穿着后更显轻盈，活泼

图 8 - 6　三回装①

图 8 - 7　朝鲜族女装②

可爱。中老年妇女常穿开衩缠裙，穿时把裙子裹向一边，围一周后，把裙子的左下端提上来掖在腰带间，裙边垂到脚跟，冬季在上衣袄外再套一件棉坎肩以防寒。年轻妇女和姑娘们穿上这种短袄长裙，显得亭亭玉

① 常沙娜主编《中国织绣服饰全集》少数民族服饰卷，天津人民出版社，2005，第 21 页。

② 禹钟烈：《辽宁省朝鲜族史话》，辽宁民族出版社，2001。

立，充分体现了女人的整体美感。朝鲜族传统女装其款式独特，色彩鲜艳，具有秀丽、淡雅、轻盈的美感特征。随着社会的发展，如今朝鲜族妇女所穿用的衣服其质料色彩不拘一格，但朝鲜族女装的袄窄小、裙子宽长的传统样式结构没有改变。

图 8－8　朝鲜族妇女盛装①

图 8－9　女子服饰②

① 常沙娜主编《中国织绣服饰全集》少数民族服饰卷，天津人民出版社，2005，第 23 页。

② 杨丰陌主编《朝鲜族》，辽宁民族出版社，2009，第 85 页。

坎肩是朝鲜族女性的传统外衣，穿在上衣外面，这种坎肩外面为锦缎，里面为毛皮，穿起来显得雍容大雅。自迁入初期至20世纪60年代，朝鲜族妇女在出门和正式场合时穿这种坎肩。

朝鲜族女性的传统冠巾主要有圈帽、额掩、白毡头巾等。圈帽是朝鲜女孩戴用的，没有顶盖，只有遮住额头的帽圈，后面还有长长的飘带。其质料春秋季用纱绸，冬季用黑绸。额掩是朝鲜族妇女的传统防寒帽，其式样类似于圈帽，也没有顶盖，只有遮住额头的帽圈，后面也有飘带，但其质料为毛皮和黑绸。白毡头巾为正方形，是朝鲜族老年妇女的头巾，戴用时把它折叠成三角形，先盖住头顶，再包好额头后把两端掖进去即可。这些传统女冠巾一直传承到20世纪50年代，随着现代服饰广泛流行，渐渐消失。朝鲜族传统女鞋与男鞋基本相同，只是比男鞋更瘦小而更为好看。女胶皮鞋则不同于男胶皮鞋，其独特之处在于其前端有向上翘起的小勾，所以俗称“勾勾鞋”。朝鲜族女胶鞋因为有这个小勾，显得秀美俏丽。朝鲜族女性的传统袜子也是用棉布做的布袜，其式样与男袜基本相同，只是比男袜瘦小。女袜也分为单袜、夹袜、棉袜，夏季穿单袜，春秋穿夹袜，冬季穿棉。这些传统女鞋袜中，富有民族特色的“勾勾鞋”一直传承到今天，不过其质料由胶皮变为皮革，其鞋跟也变成高跟。

朝鲜族女性的传统佩饰主要有笄簪、发带、戒指、胸腰饰物、荷包等。笄簪是把头发盘起来加以固定的器具。它既具有束发的实用功能，也起到一定的装饰作用。朝鲜族妇女所用的传统笄簪，按其材料可分为金簪、银簪、玉簪、珊瑚簪、白铜簪、黄铜簪、木簪、骨簪等，又按其形态可分为龙簪、凤簪、梅竹簪、梅鸟簪、竹节簪、莲苞簪、石榴簪、花叶簪等[①]。发带是用来系住发辫的布条，它可分为少女用发带和夫人用发带。少女用发带其质料为绸或薄纱，颜色多为红色并在发带上绣有表示吉祥的文字或图案。夫人用发带多用紫绸布做成，用来系在发髻上。

① 许辉勋：《朝鲜族民俗文化及其中国特色》，延边大学出版社，2007，第101页。

朝鲜族妇女结发髻一般多采用把发辫盘成发髻的方式，即先把头发在脑后梳成一个辫子，再把这条辫子盘成发髻。这时在梳好的辫子下端系上发带。少女的发带和妇女的发带有所不同，就是两者的宽度，前者较宽，而后者稍窄些。戒指是戴在手指上的饰物，朝鲜族妇女所戴的戒指有单戒指和双戒指两种。单戒指不管结婚与否，谁都可以戴用，但双戒指只限于已婚妇女戴用。这种双戒指可戴在手指上，也可系在裙带上。双戒指一般是在结婚时由新娘的母亲作为纪念品送给新娘的，这是朝鲜族的传统婚俗之一。朝鲜族妇女的戒指用金、银、玉、铜等做成，朝鲜族妇女特别喜欢的是银戒指。

胸腰饰物是朝鲜族妇女佩戴在上衣衣带或裙腰上的装饰品，其材料为金、银、铜、白玉、红玉、翡翠、玛瑙、琥珀、珊瑚、玳瑁、珍珠等，其形状按蝙蝠、龟、蝴蝶、鸟、鱼、蝉等动物、昆虫形象和葡萄、仙桃、胡桃、松球、棉花、茄子、辣椒的样子做成。起初朝鲜族妇女的胸腰饰物主要也太香盒、针囊、佩刀等，它们是以实用性为目的的。如香盒是用来装香料的，把它戴在身上，以散发香气。针囊是用来装针线的，随时可按需要取用，佩刀是为了护身而准备的。后来胸腰饰物渐渐成为纯粹的装饰品，其材料和式样也变得多种多样。朝鲜族妇女佩带胸腰饰物有两种方式，一为一套三件，二为单件。一套三件是把三个饰物作为一套一起佩戴，而单件为只佩带一个饰物。一套三件多在正式场合或喜庆日子里佩戴，单件在平时戴用。荷包是朝鲜族妇女用来装香粉等小件物品的布袋子。一般用绸布缝制，其上半部为方形，上端串有系绳，还有打上装饰结的佩带用丝绳，其下半部为五边形，上面绣有“寿”“福”“喜”等吉祥文字或莲叶、不老草、梅花、兰、菊花、梨花等花草以及蝙蝠、凤凰等。

（二）礼仪服饰

礼仪服饰是礼仪性活动时穿用的盛装，朝鲜族的礼仪服饰包括周岁生日服饰、成年礼服饰、婚礼服饰、寿庆服饰、丧葬服饰等。

1. 周岁生日服饰

周岁生日服饰是在出生后的第一个生日所穿用的服饰。朝鲜族的传统周岁生日服饰按性别分为男童服饰和女童服饰。朝鲜族男孩过一周岁生日时上身穿彩色袖上衣（其衣袖用红、黄、绿、蓝、灰、粉红、白等7种颜色的彩缎条拼成，很像彩虹）和蓝色坎肩，下身穿青紫色绸裤，头上戴幅巾。幅巾是朝鲜族男孩戴用的传统帽子，用深色绸布（多为黑色）做成，其形状为上尖下圆，后面有披肩，两侧有两个带子，戴幅巾时把它们绕到后面系住。因为用一整幅布做成，所以叫幅巾。这个帽子原是中国东汉时隐士和道士们戴用的帽子，后来传到朝鲜，成为青少年喜欢戴的帽子，并渐渐成为孩子们周岁生日的礼帽。此外，在腰部系上生日腰带（用蓝色绸布做成），佩带生日荷包。朝鲜族女孩过一周岁生日时，上身也穿彩色袖上衣，下身穿深色粉红色或红色裙子，头上戴圈帽，也在腰上系上生日腰带（用紫色绸布做成），佩带生日荷包。上述的朝鲜族儿童周岁生日服饰，在朝鲜族民间至今还延续着。

2. 成年礼服饰

成年礼服饰是指男女青年在跨入成年阶段时举行的仪式上穿戴的服饰。成年礼服饰由于性别差异，男女有所不同，男服为“冠礼”服饰，女服为“笄礼”服饰。行“冠礼”时，给男青年加三次冠，首次戴上淄布冠，穿上深衣（过去成人的日常服），表示获得成人的地位；其次戴上草笠，穿上道袍（过去成人外出时的服装），表示获得建立家庭的权利，再次戴上幞头，穿上襕衫（过去成人的礼服），表示获得承担社会责任和义务的权利。过去女子的成年标志是盘头插笄，所以女子的成年礼又称为“笄礼”。在“笄礼”上，给女青年穿上圆衫或唐衣（两者皆为从古代中国传到朝鲜半岛的女衣，成为过去朝鲜族妇女的传统结婚礼服），把头发在脑后盘成发髻，用簪子插住，表示可以成婚。朝鲜族的成年礼服饰，在20世纪40年代以后随着传统“冠礼”“笄礼”渐渐消失而成为历史文物。

3. 婚礼服饰

婚礼服饰是指在婚礼上新郎和新娘穿戴的礼仪服饰，朝鲜族的婚礼服饰分为新郎服饰和新娘服饰。朝鲜族新郎的传统礼仪服饰为古代官服，头衣为“纱帽”，是用黑纱制作，通体皆圆，前低后高，两旁有翅，其式样仿造明代时的“乌纱帽”。体衣仿造古代官服，这种官服用朝鲜语称为“冠带”，是朝鲜古时候官吏们执行公务时穿的公用服制。足衣为黑靴，是用鹿皮制成，外面包上黑色缎，靴底很厚，是古时候官吏们办公时所穿的官鞋。纱帽、冠带、黑靴就成为朝鲜族新郎的传统婚礼服饰。朝鲜族传统的新郎服饰一直流传到20世纪初。自20世纪20年代以来，农村的朝鲜族继续穿用传统新郎服饰，而城市的朝鲜族开始把西装作为新郎服饰，出现了传统婚礼服饰和西式婚礼服饰并存的局面，这种局面持续到20世纪40年代。到了20世纪50年代，传统新郎服饰为西装和中山装所取代，又出现了西装与中山装并存的局势。而在20世纪60~70年代，我国的服饰生产与消费单调划一，朝鲜族的新郎服饰多为蓝色中山装。改革开放以后，朝鲜族的婚礼服饰也走向国际化，西装革履已经成为时尚的婚礼服饰。21世纪以来，民族传统的新郎服饰出现复兴的势头。

朝鲜族新娘的传统礼仪服饰比起新郎的服饰更为华美，其式样多种多样。婚礼时新娘上身穿绿色袄或黄色袄，下身穿红裙，头上戴“簇头里”或花冠以及大钗、发带，外衣则穿阔衣、圆衫、唐衣等。“簇头里”是朝鲜族新娘的礼帽。其底为圆形，其顶端为不明显的六边形，两侧有带子，上面饰有七宝。朝鲜族把金银等贵金属和各种玉、宝石统称为七宝，并把它们加工成圆珠形或花卉模样，用来装饰穿戴，并多用于装饰礼仪服装，如装饰新娘的礼帽“簇头里”等。戴用“簇头里”时，把它放在头顶，再把带子绕在下巴系住。这种“簇头里”是元朝时期从中国传到朝鲜半岛的蒙古习俗。开始只在贵族中戴用，后来在民间广为流行。花冠也是朝鲜族新娘的一种礼帽，饰有五彩玉，并插上许多用彩纸或彩绢做的花朵。这种花冠是唐朝时期从中国传到朝鲜半岛，开始只在社会上层人士戴用，到封建后期民间也把它作为喜庆日子的礼帽戴用。大钗是比普通簪子长得多的簪子，用来固定发髻以及挂住装饰用的长发带。这种大钗上端雕刻有龙或凤，所以又称“龙簪”或“凤簪”，这是朝鲜族妇女特有的一种传统头饰。发带是比普通发带更宽更长的专门用来装饰的发带，用黑缎做成，上面绣有“富贵”、“寿”、“福”、“双喜”等吉祥文字或花鸟香草等。这种发带有前发带和后发带两种，戴前发带时，先把它缠绕在大钗上，再把它的两端从肩向前垂下来。戴后发带时，把发带中间的细绳缠绕在发髻上，使发带垂于身后。

图 8-10　婚礼装①

① 常沙娜主编《中国织绣服饰全集》少数民族服饰卷，天津人民出版社，2005，第 21 页。

朝鲜族新娘的传统外衣主要有红长袍、圆衫、唐衣，这是朝鲜族新娘的传统礼服。红长袍是用大红色绸缎制作的，直领，对襟，两侧开衩，前面的衣摆稍短，只到膝部，后衣摆则长及脚跟。袖子很宽，袖子后部为直角形，袖子前端缝有红、黄、蓝三个彩绸条，没有纽扣，穿用时把前胸的两个衣带系上即可。红长袍的特点是在袖子和衣摆上绣有华丽的图案，其图案主要为十长生（朝鲜族风俗中的 10 种长生物，即太阳、云彩、山、水、岩石、松树、灵芝、龟、鹤、鹿）、莲花、牡丹、凤凰、蝴蝶等和“二姓之合，万福之源”、“寿比山，福如海”等吉祥文字，红长袍在传统新娘礼服中最为华丽。圆衫是用绿色绸缎制作，其形状与红长袍基本相同，不同之处一是没有绣上图案，二是其袖子后部为圆形，三个彩绸条缝在袖子的后部，圆衫是民间最受欢迎的、最为普遍的朝鲜族传统新娘礼服。唐衣是用绿色绸缎制作，式样和朝鲜族传统女上衣基本相同，所不同的是其长及膝，从腋下开始开衩，下摆为圆形。它既不像红长袍那样华丽，也没有圆衫那样庄重，但具有简便俏丽的特点。朝鲜族的传统新娘服饰一直传到 20 世纪 40 年代，自 20 世纪以来随着西式婚礼服饰的流行，朝鲜族的传统新娘服饰开始发生一些变化，如传统新娘礼帽为西式婚纱所取代，还有红长袍、圆衫、唐衣等新娘的传统外衣也渐渐消失。然而传统的新娘袄裙和勾勾鞋继续保存下来，传承至今，充分显示出朝鲜族传统女性服饰经久不衰的文化生命力。

4. 寿庆服饰

寿庆服饰是给上了年纪的老人过花甲时穿用的服饰，这些服饰按性别分为男服和女服。朝鲜族做寿老人的男装普遍为民族传统服饰，包括上衣、裤子、坎肩。20 世纪 60 ~ 80 年代，农村的做寿老翁仍保持传统的民族服装，而城市的做寿老翁则多穿用中山装或西装。20 世纪 90 年代以来，不管农村还是城市，很多做寿老翁都普遍穿用民族服饰。如今朝鲜族做寿老人穿用民族服饰的传统习俗已经得到恢复。朝鲜族做寿老人服装为短袄、长裙、坎肩，基本式样保留着传统款式。随着日趋丰富的物

图 8－11　新娘婚席①

质生活，朝鲜族做寿老人的服装面料日益高档化。朝鲜族做寿老人的服饰由其子女事先准备，并在寿庆当天早晨给老人穿上。

图 8－12　过花甲②

图 8－13　过花甲③

5. 丧葬服饰

丧葬服饰可分为给死者穿的寿衣和亡者的家属亲戚穿的丧服，按其

① 《延边朝鲜族自治州概况》，延边人民出版社，1984。

② 《延边朝鲜族自治州概况》，延边人民出版社，1984。

③ 王永强等主编《中国少数民族文化史图典》东北卷一，广西教育出版社，1999，第 268 页。

性别差异，分为男服和女服。朝鲜族传统男寿衣按民族服饰样式做成，包括上衣、内裤、裤子、长袍以及袜子等。这些寿衣比平时衣服做得大一些、宽一些、长一些。其面料一般为麻布，较为高级的有绸布，其色彩多为白色或玉色。朝鲜族传统女寿衣也是按民族服饰式样做成，包括上衣、内裤、裙子以及袜子等。这些女寿衣也比平常衣服做得大一些、宽一些、长一些。在女寿衣中，上衣为三件，依次给套着穿，最里面为粉色上衣，中间层为黄色上衣，最外层为绿色上衣；裙子为两件，也是依次套着穿，即先穿蓝色裙子，再套上红色裙子。朝鲜族女寿衣的面料，一般为麻布或绸布。朝鲜族的传统丧服，自迁入至20世纪30年代，基本上继承了自古以来的“五服”制度。20世纪40年代以来，朝鲜族的丧服大为简化，其服丧者分为直系亲属和旁系亲属。居丧服饰，直系亲属按“五服”制度的基本要求穿着，旁系亲属则简单地佩戴居丧标志。直系亲属的丧服，分为男服和女服。男服丧者身穿麻布长袍，头戴麻布丧帽，并用大麻纤维拧成的首带缠绕，腰部系上也用大麻拧成的腰带，手持丧杖，脚穿草鞋或麻鞋。丧杖分为父丧用和母丧用，前者为竹杖，表示“天圆”之意，寓意为父承天象。后者为柳木杖，其下端削成方形，表示“地方”之意，寓意为母承地象。女服丧者身穿衣裙连着的麻布长衣，头顶盖上一个方形麻布，并用大麻纤维拧成的首带缠绕，腰系用大麻纤维拧成的腰带，脚穿草鞋或麻鞋。旁系亲属的丧服，也按性别分为男女服。男服丧者只在头上戴丧帽，不着麻衣，女服丧者也是只在发髻系上麻布条或白布条，也不穿麻衣。

20世纪60年代以后，朝鲜族传统的丧服渐渐消失，而各种丧葬标志取代了丧服。如男的在臂上系麻布条或白布条，女的在头发系麻布条或白布条，并且男女都在胸前戴白色纸花，或只在手臂或头发系上麻布条或白布条，不戴纸花等。尽管如此，戴丧帽的习俗还是断断续续地沿袭下来。

三 朝鲜族服装材料

服装材料主要是指制作服装所使用的面料，朝鲜族的传统服装材料主要有麻布、苎麻布、棉布、绸缎等种类，这是有别于东北其他民族服装的材料，是朝鲜族服饰独有的特点。

（一）麻布

早在远古时期，朝鲜族先人就开始用麻布来制作衣服，麻布是用大麻的纤维织出来的布。朝鲜族自迁入初期至建国以前，一直把麻布作为主要服饰材料之一。对当时朝鲜生产麻布的状况，有关史料记载如下："不论哪个地方，麻布织造在韩人（指当时居住在中国的朝鲜族）农家中普遍盛行……"。[①] 1917 年延边地区几乎没有不生产麻布的地方。各家织出的麻布，其一半自家使用，另一半予以贩卖。麻布的总销售额达 14 万 ~ 15 万元。销售麻布的主要方法是：朝鲜的商人们从元山、镜城、茂山等地带着粗棉布或其他物品，来到织造麻布的韩人农民家里进行交易，到第二年的 5 月织麻布开始以后，再来取走相当于交易额的麻布。

织造麻布是在秋季收割大麻、冬季把大麻纤维纺成线，每年 4 ~ 5 月织造麻布。麻布可分为细布和粗布。细布一匹，其幅宽 1 尺 2 寸 ~ 1 尺 3 寸，其长度为 19 ~ 23 尺……粗布一匹，其幅宽一尺左右，其长度为 35 ~ 37 尺。自古以来，"织造麻布是朝鲜农村重要的副业生产之一，这已经成为传统风俗。朝鲜农民即使到了外地，也继续承袭这一良好风俗。"[②] 朝鲜族民间的麻布织造一直持续到 20 世纪 50 年代。随着工业产品棉布的广泛利用，麻布及其织造逐渐消失。

---

① 许辉勋：《朝鲜族民俗文化及其中国特色》，延边大学出版社，2007，第 92 页。

② 许辉勋：《朝鲜族民俗文化及其中国特色》，延边大学出版社，2007，第 92 页。

（二）苎麻布

苎麻布也是朝鲜族的传统衣料之一，苎麻布是用苎麻纤维织成的布。苎麻布通风性好，适合于夏天穿用，而且比麻布、棉布薄而轻，有光泽，属于较为高档的衣料。苎麻布的织造类似于麻布织造，但其技术更为复杂，难度较高，而且价钱也比麻布、棉布高。据历史记载，朝鲜迁入后，曾大量种植苎麻，仅1917年延边地区的苎麻产量为40万～50万斤。随着新中国成立后工业产品棉布的广泛利用，朝鲜族民间的苎麻布生产和穿用苎麻布衣服则渐渐消失。棉布是朝鲜族的传统衣料最为普遍的服饰材料。朝鲜族从迁入初期到20世纪50年代，一直用传统手工业方式织造土棉布，并用这种土棉布来做衣料。据民俗调查资料，吉林省南部（集安一带）和辽宁的朝鲜族曾种植棉花，并用自己生产的棉花织出棉布。当时，在朝鲜族农民中最为普遍的服饰材料是麻布和棉布，前者主要用来做夏天的衣料，后者则多用于做冬天的衣料。朝鲜族民间的土棉布及其织造，随着工业产品棉布的广泛利用而逐渐消失。

（三）绸缎

绸缎是朝鲜族传统服饰材料中的高级衣料。1949年前，朝鲜族所需的绸缎衣料主要靠从外地购进，但朝鲜积极发展养蚕业，自己织造绸布。据记载，1925年延边地区的养蚕户共有320多户，1926年增加到670多户，1925年延边地区的养蚕户共收获蚕茧50多石，1926年收获的蚕茧增至140余石。然而在朝鲜族中，织造绸布的却不多。因为用简单的手工方法织出来的绸布用处并不多，其经济价值不如蚕茧。所以，朝鲜族养蚕主要是为了通过出售蚕茧，获得比其他副业较高的经济利益。

由此可见，新中国成立前朝鲜族的主要衣料是用传统方法织造的麻布、苎麻布、棉布等，其获得途径为家庭手工制作或从外地商贩那里购买。新中国成立后，随着服饰材料由工厂大批量生产，工厂生产出来的衣料美观耐用，其价格也有优势。手工织造的麻布、棉布渐渐减少。20世纪60年代以来，我国纺织工业有了较大发展，这使我们的服饰材料由传统的植物纤维时代转入了工业化的化学纤维时代。随着这样的变化，朝鲜族也基本告别了传统的植物纤维面料。

第九章

回族服饰文化

回族是我国56个民族中的一员，是我国人口超过千万、分布最广的少数民族之一。在我国辽阔的土地上，北自黑龙江，南到海南岛，西起帕米尔高原，东至东海之滨，都有回族居住，全国绝大多数的县市都有回族，以宁夏、甘肃、青海、新疆、河南、河北、山东、云南等省区人数较多。2010年第六次全国人口普查数据统计显示，全国回族现有人口10586087人，男性5373741人，女性5212346人，在全国各民族中仅次于汉族、壮族和满族的人口，居于第四位。其中辽宁省的回族245798人、吉林省的回族118799人，黑龙江省的回族101749人，东北三省的回族人口共计466346人，占回族总人口的5%[①]，他们同满、汉、回、鄂伦春、鄂温克、蒙古等民族交错杂居，回族大多信仰伊斯兰教，形成了大分散、小集中的分布特点。

一 回族概说

回族形成于元明时期的中国，最早可以追溯到唐宋时期在华侨居的

① 人口数据来源于中华人民共和国国家统计局网站，http://www.stats.gov.cn/。

穆斯林“蕃客”，当时唐宋政府为照顾他们的生活习惯，还专门为其拨出留居区“蕃坊”，供他们集中居住，这时候穆斯林“蕃客”还属侨居的性质，没有构成中国境内的一个民族。回族的主要来源是13世纪由成吉思汗及其继承者西征而随之东迁的中亚人、波斯人和阿拉伯人，以及由于当时东西交通大开而纷纷东来的穆斯林商人。回族的族源中还有汉、蒙古、维吾尔等族的成分，回族形成于中国，以伊斯兰教为纽带，不同于中国许多古老的民族，也不是纯粹移植而来的外来民族，基本上是来自域内域外信仰伊斯兰教的各族人为主，在长期历史发展中吸收和融合了多种民族成分而逐渐形成的民族。[①]

二　回族服饰溯源与现状

回族服饰是古老民族文化服饰的一种代表，回族的服饰丰富多彩，它既有传统民族服饰的特点，也吸收其他民族服饰的元素进行不断的融合和改进，形成了既有本民族特点又有多元文化融合的回族服饰。

（一）回族先祖服饰

《新唐书》第一次记载了回族先民的形象和服饰。据称“大食本波斯之地，男子鼻高，面黑而髯，女子白皙，出门障面，系银带，佩银刀……”宋代朱彧在《萍洲可谈》中记载：“广州番坊，番人衣裳与华异……”。唐宋时期，有不少波斯、阿拉伯来的商人，一般都被称为“番客”，这是回族的先民。顾炎武《天下郡国利病书》中则记载的更明确：“宋时番商巨富，服饰皆珍珠罗琦，器用皆金银器皿。”可见他们当时穿的是有各种特色花纹的丝织品，佩戴戒指，使用金银器具等。[②] 宋时广州蕃坊的蕃官

---

① 杨圣敏主编《中国民族志》，中央民族大学出版社，2003，第54页。

② 丁克家：《至真至美的回族艺术》，宁夏人民出版社，2008，第144页。

“巾袍履笏如华人”，元代回族人的服饰与华人有很大差异。元时回族人喜穿斗篷、缠头或盖头，妇女用头袖作盖头布，喜欢用珠翠装饰，与中世纪阿拉伯人装饰一样。元代回族人散布全国各地，多数与汉人杂处，因此在服饰上的“华化”趋势也是难免。[①] 元代回族人的服饰习俗和其他习俗一样，都是自由的，没有任何限制。有穿汉族服装的，有穿古波斯、中亚各族、阿拉伯等民族样式的，有戴自制白帽、头巾和长袍、鞋等，开始向民族服装发展。[②] 元时大批回族人“仕于中朝”，充任上自丞相，下至吏员，这些为官者必穿朝服；而一般民间，“学于南夏”也成为时尚，穿汉人服装也是越来越多。回族男子头缠“戴斯塔尔”、戴各种样式花色帽子的习俗，也在很早以前就有了。到了明代，回族人的服饰习俗就开始受到限制。明代以前进入中原的回族人，其服饰与华人有很大差异。明以后，明太祖朱元璋建国后采用禁止“胡服”的政策以及随着各民族相互之间的通婚和生活习俗的交相影响，回族的服饰逐渐趋于汉化和地方化，平时衣着大体与汉族相似。但在回族聚居区，回族人的服饰仍保持着明显的特点。这些特点直到民国年间仍保留着，而且还因地域不同有了新的发展。[③]

（二）近现代的回族服饰

从全国范围来看，回族服饰基本上“入乡随俗”，和邻近民族，主要和汉族服饰大体相似。回族服饰较为简朴，主要特征表现为在头饰上，即俗称“男子顶帽女盖头”。回族的传统服饰，根据性别形成了男子服饰和女子服饰两大类。

1. 男子服饰

（1）服装。回族男子的传统装扮是上身穿白色对襟衣，外套是黑色

---

① 邱树森：《中国回族史》，宁夏人民出版社，1996，第321页。

② 丁克家：《至真至美的回族艺术》，宁夏人民出版社，2008，第145页。

③ 邱树森：《中国回族史》，宁夏人民出版社，1996，第990页。

图 9－1 《皇清职贡图》中的男女服饰①

图 9－2 回族男女服饰②

图 9－3 回族男女服饰③

① 常沙娜主编《中国织绣服饰全集》少数民族服饰卷，天津人民出版社，2005，第 138 页。
② 常沙娜主编《中国织绣服饰全集》少数民族服饰卷，天津人民出版社，2005，第 139 页。
③ 常沙娜主编《中国织绣服饰全集》少数民族服饰卷，天津人民出版社，2005，第 140 页。

坎肩，冬天穿棉花或羊羔皮做的坎肩，再罩上外衣。老人和宗教职业人员还喜穿一种阿拉伯语称为“仲白”的大衣或长袍，有单、夹之分。面料色彩以白色居多，还有黑、灰、深蓝，力求简朴、庄重、素洁。款式近似现代的大衣，小领口或翻领。冬天穿大领皮袄或白板皮袄，大领皮袄有宽大的裘皮翻领，毛皮为里，布料为面，衣宽而袖长，下摆饰以氆氇，穿时系红色或青色腰带。白板皮袄即老羊皮袄，以熟制的老羊皮制成，无面无扣，仅用氆氇绲边，穿时系腰带。下穿黑色或蓝色长裤，鞋为黑布鞋或白线勾的线帮鞋。回族人还爱穿保暖性好的毡窝儿，肥大厚实，用多层毛毡做鞋帮，鞋底亦多层。穿白土布袜，袜头及后跟处纳花。老人夏天穿白布高筒袜。冬天穿皮袜，用薄而软的牛皮做成。[①]

图9－4　回族男装[②]

① 钟茂兰、范朴：《中国少数民族服饰》，中国纺织出版社，2006，第54页。

② 常沙娜主编《中国织绣服饰全集》少数民族服饰卷，天津人民出版社，2005，第146页。

（2）坎肩。坎肩是回族传统服饰的一个重要组成部分，表现了回族简朴、大方的特点。回族男女都喜欢穿坎肩，特别是回族男子喜欢在白色的衬衫上套一件对襟青坎肩，即“白汗褡青袄袄”，黑白对比鲜明，既清新，又文雅，也有带精美花纹图案的坎肩。由于季节不同，坎肩的质地也不同，分夹、棉、皮几种，它既可当外套穿，又可穿在里面[①]。

（3）回族白帽。回族白帽是回族男子特征显著、具有鲜明的民族性、地域性的日常服饰标志。白帽，也称为“经帽”、“号帽”、“回帽”、“顶帽”。回族白帽历史悠久，几经演变，成为回族服饰的代表性符号。被称为蕃客的阿拉伯人、波斯人在唐宋时期来中国经商定居，多数缠头巾，回族白帽自此在中国大地上生根发芽[②]。其帽无檐，多为白、黑、棕色，也有灰、蓝、绿色。白帽多用白布制作，或用白线钩织而成。回族人喜戴白帽是因为根据伊斯兰教规，人们在礼拜磕头时，前额和鼻尖必须着地，戴无檐帽比较方便[③]。这与伊斯兰教信仰有关，因为伊斯兰教的“五功”之一——做礼拜时要求，礼拜者的头部不能暴露必须遮严。礼拜扣头时，前额和鼻尖要着地。这样，不戴帽子礼拜不符合教义，戴有檐帽子礼拜时不方便。而无檐小白帽则能弥补二者的不足，所以又称之为“礼拜帽”。现在回族人戴白帽，不完全是做礼拜或者是宗教的原因，它俨然已成为回族身份的一种标志。

回族除了戴小白帽外，还有在头上戴“太斯达尔”礼拜。戴“太斯达尔”时有许多讲究：前面只能缠到前额发际处，不能把前额缠到里面，这样不利于扣头礼拜。缠巾的一端要留出一肘长吊在背心后，另一端缠完后压至脑勺缠巾层里[④]。“太斯达尔”多用有色的布料或缎料、纱料制

① 杨圣敏主编《中国民族志》，中央民族大学出版社，2003，第59页。

② 陶红、白洁、任薇娜：《回族服饰文化》，宁夏人民出版社，2003，第13页。

③ 钟茂兰、范朴：《中国少数民族服饰》，中国纺织出版社，2006，第54页。

④ 杨圣敏主编《中国民族志》，中央民族大学出版社，2003，第59页。

图 9－5　男子白帽[1]

图 9－6　男子白帽[2]

成，庄重大方。通常有白、灰、蓝、绿、红、黑等颜色，有的是纯色，也有很多带西亚、中亚民族风格花边或图案、文字，如花草图案、各种花纹等，可根据季节和场合的不同选择戴哪种合适。一般春夏秋冬戴花色和浅色帽较多，冬季戴灰色、蓝色或黑色。[3]

2. 女子服饰

（1）服装。回族妇女服饰比较简洁，讲求宽、松、大、肥。回族妇女传统的衣服是大襟衣服和长及膝盖的袍子，中老年妇女多着暗色，穿蓝布大褂或旗袍，外套深灰色过膝坎肩。姑娘则穿红着绿，并喜欢在衣服上嵌线、镶色、滚边等，有的还在衣服的前胸、前襟处绣花。未婚姑娘平时穿玫瑰红对襟或大襟短褂和绣花坎肩。结婚时穿粉红长袍和绣花鞋。现在回族女性虽然在衣饰上"入乡随俗"，但一般不穿超短袖衫及超短裙。在回族文化中心清真寺，禁止穿裙子的女性进入。

① 常沙娜主编《中国织绣服饰全集》少数民族服饰卷，天津人民出版社，2005，第 146 页。
② 常沙娜主编《中国织绣服饰全集》少数民族服饰卷，天津人民出版社，2005，第 147 页。
③ 丁克家：《至真至美的回族艺术》，宁夏人民出版社，2008，第 147 页。

图9-7 回族女子服装[①]

图9-8 女子坎肩[②]

图9-9 女子服饰[③]

① 常沙娜主编《中国织绣服饰全集》少数民族服饰卷，天津人民出版社，2005，第142页。
② 常沙娜主编《中国织绣服饰全集》少数民族服饰卷，天津人民出版社，2005，第141页。
③ 常沙娜主编《中国织绣服饰全集》少数民族服饰卷，天津人民出版社，2005，第139页。

（2）盖头。回族妇女的衣着打扮也是别具特色的，其中最有特点的是盖头。回族称盖头为“古古”，采用丝绸、纱、绒等精细的面料做成，盖头的式样一般是统一的，从头套下，披在肩上，遮住两耳，颌下有扣，将头发全部盖住，只露面孔在外。有的盖头只把两眼露在外面，有的露眼、鼻、嘴，形如风帽。盖头的颜色分为绿、黑、白三种，少女和已婚的妇女戴绿色的盖头，中年妇女戴黑色的，老年妇女戴白色的。盖头的长度特长，长过背心甚至过臀部。戴盖头前，先将头发盘在头顶和脑后，戴上白色小帽后再戴盖头。这种特殊装束源于阿拉伯游牧民族防止风沙尘埃的生活习惯，后来成为伊斯兰教规定的穆斯林妇女头饰。在我国回族妇女传统服饰中，弃用面纱，而是用盖头把头发、耳朵、脖子都遮盖起来。[①] 如今许多妇女的盖头选用精美的料子做成，以有花纹的轻纱为美，昔日的宗教色彩已被装饰趣味所取代，尤其是年轻女子，戴绿色的盖头，显得青俊、秀丽。

图 9－10　女子头巾[②]

① 杨圣敏主编《中国民族志》，中央民族大学出版社，2003，第 60 页。
② 常沙娜主编《中国织绣服饰全集》少数民族服饰卷，天津人民出版社，2005，第 141 页。

（3）首饰。回族妇女喜欢佩戴首饰，如银簪、银珈、金银耳环、耳坠、戒指、项链以及花头卡、胸针等。金、银、玉、石手镯是回族妇女最喜爱的首饰，几乎人人都佩戴。[①]

图 9-11 银手链[②]

三 回族宗教服饰

回族是中国信仰伊斯兰教的少数民族之一，他们在进行宗教活动时所穿着的服装形成了回族宗教服装的特点，主要由三个部分组成。

（一）朝觐服装

回族每年朝觐时所穿的服装为“戒衣”，朝觐时要脱去平时穿着的五颜六色的服装，仅仅用两块白布包裹着身体，以最朴素的身体穿着进行朝觐。“戒衣”一般采用白色棉布制成，纯白且没有任何的装饰，男性的

① 钟茂兰、范朴：《中国少数民族服饰》，中国纺织出版社，2006，第 55 页。

② 常沙娜主编《中国织绣服饰全集》少数民族服饰卷，天津人民出版社，2005，第 140 页。

“戒衣”是用两块不缝合的白布，一块用于围下身至膝盖之下，脚踝之上的地方围着，另一块则披上肩膊之上，遮盖着上身。女性没有规定的“戒衣”，穿着洁净朴素、衣长至腕、身长至脚跟并遮盖头即可。[①]

（二）神职人员服装

神职人员服装主要是指回族阿訇在礼拜的时候所穿着的服装。在清真寺里，冬季都是穿厚的蓝色大褂，夏天穿白色长褂，长度达膝盖，头上缠“太斯达尔”。“太斯达尔”长约 3 米多，缠于脑后垂下一段，用方巾缠头时需先将方巾折叠成三角形，拖在背后的一段成尖形。缠头时左右交叉，缠出层次。[②] 在戴“太斯达尔”之前先戴礼拜帽，在礼拜帽外面缠上白布，“太斯达尔”是男性服饰中最具有伊斯兰教的特点。

图 9－12　女阿訇的服饰[③]

图 9－13　男阿訇的服饰[④]

（三）礼拜服装

礼拜服装主要是指回族男女到寺里做礼拜时所穿的服装，女性服装以“宽、松、遮”为原则，盖头多为白色，长度以遮住上半身为标准。回族女子以裤装为主，不穿裙子做礼拜。男性服饰以庄重为原则，色彩

① 郭平建：《北京回族服饰文化研究》，中央民族大学出版社，2013，第 40 页。
② 钟茂兰、范朴：《中国少数民族服饰》，中国纺织出版社，2006，第 54 页。
③ 杨丰陌主编《回族》，辽宁民族出版社，2009，第 41 页。
④ 杨丰陌主编《回族》，辽宁民族出版社，2009，第 95 页。

素雅，戴无檐圆帽，长衫和裤腿的长度不过脚踝。

图 9-14　回族礼拜男装①

图 9-15　回族阿訇头饰②

① 杨丰陌主编《回族》，辽宁民族出版社，2009，第 18 页。

② 钟茂兰、范朴：《中国少数民族服饰》，中国纺织出版社，2006，第 54 页。

第十章

东北服饰文化的特征

岁月在流逝，社会在发展，人类在进步，服饰也在这其中发生着不断的变化和改变。如今充满浓郁民族特色的东北少数民族传统服饰已经渐渐消逝在历史的长河里。曾经丰富多彩、活泼生动的民族服饰如今已经被现代服饰所取代。如今的我们虽然只能在博物馆或民俗村内一寻芳踪，虽然这些陈列在展厅中的少数民族服饰早已不具备实用价值，只能作为文物让人们在观赏中体味其中的艺术价值，但是它所给我们带来的历史记忆、文化启迪以及民族传承发展等方面的气息，将会永远给我们带来美丽与温暖……[①]

东北各个民族是勤劳、勇敢、智慧的民族，也是善于学习、勇于进取的民族，东北少数民族在中国历史的发展中起到了重要作用，对统一的多民族祖国的发展、繁荣和强盛做出了突出的贡献。

在历史熔炉中，每一次大的动荡后，民族成分都进行了再次组合，民族的风俗习惯都要发展变化，各民族之间学习、借鉴、融会是历史发展的必然，中华民族的文化是各族文化的总和，各族的风俗习惯都要受

---

① 王为华：《鄂伦春族》，辽宁民族出版社，2014，第93页。

新的科学文化所改变，服饰的发展和变化也不例外。满族服饰不仅在自身的发展中继承和创造了本民族的优秀文化，形成了优秀的民族精神，使自己的民族不断发展壮大，而且在中国历史发展的进程中产生了深远的影响，发挥了重要的作用。

服饰与其他文化现象一样，不是孤立的、静止的、封闭的。它随着自然环境的变化、时代的发展而变迁，并在各民族的交往中，互相影响而不断丰富它的内容。古老的东北民族服饰，既包括本民族数千年来世代相因的旧俗，也包括在其发展过程中吸收、融合其他民族的新风，源流汇一，构成了满族服饰的总体。

在探寻东北民族服饰发展过程中，我们可以看到东北民族服饰主要受到自身经济、生产生活方式的影响、居住的地理位置、环境、气候和居住方式的影响、与中原汉族人民的交流以及其他少数民族的影响，他们之间存在着相互制约和相互作用的关系，所以任何一个民族它的发生、发展，进化和演变不是独立存在的。东北民族服饰就是在这样一个大环境下一步一步形成、发展和成熟起来的，成为最为直观、最为根本的特征文化。

东北民族服饰文化是揭示其在不同时期的特点、源流及其传承、演变的过程；分析其形成的原因，揭示其传承、演变的规律；揭示服饰的传承性、变异性、民族性、阶级性、地域性、时代性等特点。“研究一个民族的文化，首先要了解它的特点。中国文化在同一时期的不同地方并非同一面貌，这就是文化地区性的特点。文化的地区性必然影响到文化的精神面貌。因为文化是一定社会历史条件下的产物，它不能不受特定地区的政治、经济、历史传统的影响。另外，社会发展阶段、社会的生产方式对文化更具有决定性作用。文化发展是不同地区的文化、不同民族的文化不断融合的过程，同时也是不断分化的过程。民族融合带来了文化融合。文化的融合，开始众派分流，然后汇成巨川，最终汇归大海。一个民族、国家，不可避免地要吸收外来文化作为自己的营养和补充。

融合是个巨大的熔炉，有的冶炼外来文化为己用，用来增加自己的营养，也有被其他文化侵蚀了去，消失在别的强大文化激流中。”①

清代中期以后直至今日，东北各民族的融合愈来愈多，它是中华民族历史发展的必然趋势。但是这种融合并不是东北民族服饰的消失，而是在新的历史条件下，民族服饰所表现出的新特点。从民族发展上来说，民族特征的形成经历了一个不断丰富发展的过程，这个过程从她产生之日起就从来没有停止过，随着历史的进步，环境的变迁，条件的变化，民族特征也可能在一定程度、一定范围内发生变化，在历史上形成的某些民族特征在今天就有可能减弱、消失或增加新的内容，演变为新的形式——再生。这种变化是正常的，是符合民族发展规律的。任何一个民族都不会在历史发展了的情况下永远保持原貌，或永久地、一成不变地保存最初形成的那些特征。满族服饰是这样，汉族服饰也是这样，东北其他民族服饰都是这样。

任何事物在变的过程中都遵循一个原则：变的原理就是扬弃不好的事物，吸收好的事物，好的、优秀的事物本身就具有吸引力。所以满族的旗袍就成为中国的“国服”，马褂和坎肩成为近现代中国百姓喜爱的服饰之一。变的过程中也有不变的东西被保留了下来，即具有民族特色的地方，也是优秀的地方。但不变的部分也是相对而言，相对于它自身而言，实际上相对于它自身也是在变化的，没有绝对不变的事物。迁就是变动、改变，原来的事物因为接触其他民族和环境的改变而发生了变动。“文化变迁的源泉是发现和发明，他们可以在一个社会的内部产生也可以在外部产生。但是，发现和发明却不一定就会导致变迁。如果人们对某项发现或发明不加理睬，那就不会引起文化变迁。只有当社会接受了发明或发现并且有规律的加以运用时才谈得上文化变迁。发现是给知识增

① 任继愈：《民族文化的形成和特点》，《中国文化》研究集刊第一集（创刊号），复旦大学出版社，1984。

添新的东西，发明是知识的新运用。发明是社会本身规定了一个特定的目标之后所产生的结果。一个社会的新文化要素的源泉也可能是另一个社会。一个群体向另一个社会借取文化要素并把它们溶合进自己的文化之中的过程就叫做传播。”① 东北民族服饰在历史发展的过程中，突显现出了如下几个方面的特点。

一　实用与审美的结合

生存需要是人类的首要需求，服饰的起源和发展都与需求有关。东北民族服饰从满足实用的需要到满足精神的需要，并逐渐形成自发的审美需要，体现出人们的理想和愿望。实用技术的进步提高了人们驾驭形式的能力，它使服饰的工艺更为实用，更为精致美。其节奏、对称、色彩等体现着自然法则。

人们把作为自然物的人体通过添加某些象征性的符号将它转化为表现文化的对象。在一切社会中，人们都对身体进行修饰或装饰。这种装饰可能是永久性的（如疤痕、文身或改变人体某个部位的形状）也可能是暂时的（如彩绘或用诸如羽毛、金属、皮毛等物体作装饰）。这些装饰的大多数都是以审美需求为动机的。正像马克思所说的：“凡属人类的生产，一开始就是‘不仅按照需要的法则’，而且总是同时‘按照美的法则’造成东西。”

除了满足审美需要之外，人体装饰或装饰品还可以用来表明社会内部的社会地位、阶层、性别、职业或宗教。随着社会的分层就出现了靠视觉表明地位的视觉手段。虽然衣着本身没有阶级性，但在阶级社会里，什么人想穿什么衣服或以什么衣服为美，往往反映或渗透着他们的阶级

① 〔美〕C. 恩伯、M. 恩伯：《文化的变异——现代文化人类学通论》，杜杉杉译，辽宁人民出版社，1988，第532~534页。

观念和审美意识。皇帝头上的实用性和象征性相结合的冠饰、王公大臣的官服、朝袍，这些高贵地位的标志都在阶级社会中得到人们的认可。

清代时期的官定服饰作为文化的表征，它体现了两个意义：一是将人的自然形体转变成文化，使人成为高级的人还是低级的人。二是将等级不同、从而本质不同的人清楚明白地区分开来。这就决定了清代官定服饰的区分性大于服饰的同一性。服饰具有美学特征：服饰中的图案、佩饰，服装的款式构成了中国服饰的美学特征。静态的图案、佩饰、款式及其面料同站立、行走中的人结合起来，一展开一行走转为一种线的流动，加之色彩的闪烁、佩饰物发出的自然音响等，使服饰变成了一种线的艺术。静，是线的分明；动，是线的变化。线是中国美学的基本原则，也是服饰的基本原则。中国民族服饰潜在的多样性不靠形体，而靠服饰本身就可以发挥得淋漓尽致。

满族妇女头戴扇形旗头，身穿旗袍，足着高跟木底旗鞋。这套旗装，保留了民族传统风范和实用特色，同时又具有宫廷生活所要求的端庄华贵气质。旗装之美，就造型而言：宽大扁平的旗头下连垂长体的旗袍，下面所穿的旗鞋仅只两个细木跟着地，构成一个上大下小，具有动感的倒置三角形体。鲜明的形式感，使充满青春活力的年轻女性形神得以完美展现。旗袍的结构单纯、造型简练大方，在静态中，由于两臂自然下垂，肩头圆润的转折，娟秀宜人。腰身和两袖形成的富于装饰感，并有对称变化的楔形形体，益增体态修长、亭亭玉立之感。服装不是静态的展品，更重要的是穿着在身的效果，因而更应着重从行动艺术角度对旗装进行审美评价。戴上宽长的旗头，限制了脖颈的扭动，使之身体挺直，再加上长长的旗袍和高底旗鞋，使她们走起路来显得分外稳重、文雅。两把头的燕形扁髻贴在后脑，使人不得不挺起颈项，脚踏中心落地的旗鞋必然使身体保持挺胸收腹态势，这两个“挺起来”，对于人体的举止动作具有规定性作用，促使人焕发精神，举止动作有矩度，呈现庄重、优雅、矜持的闺秀风度。旗鞋使脚尖、脚跟虚空离地、待要行走，不可能拖沓或撇足，必然要提胯，抬腿并将小腿轻轻甩出，每移一步，都自然会有微妙的蹲步、跳跃，使步履有着狐步的韵致，出现一种历代宫廷妇女十分罕见的活泼，潇洒的风韵；同时在举足换步之间，小腿踢动前襟，丝绸衣襟悬垂的直线衣襞和运动中弧形皱折的交替变化：旗袍外轮廓线静态中的舒展直线与运动中腰肢纤细而成的柔美曲线的交替变换，使本来简洁的袍身有了丰富变化的线性律动，增加年轻女性形体的柔美和楚楚动人的神韵风姿。在行走顾盼之间，头部旗头两侧长长的流苏，摇曳抖动，使端庄、娴雅的举止注入灵气，而显得俏丽俊美。高跟鞋把身体凌空托起，无论伫立或行走，都使体态显得轻盈灵巧，如风摆柳。[①] 赫哲族的鱼皮衣、达斡尔族、鄂温克族、鄂伦春族的兽皮衣等，都经历了从实用到审美的发展过程。[②]

二　符号与象征的统一

德国哲学家卡西尔说过："语言、神话、艺术和宗教则是这个符号宇宙的各部分，它们是织成符号之网的不同丝线，是人类经验的交织之网。人类在思想和经验之中取得的一切进步都使这符号之网更为精巧和牢固。"[③] 所谓符号之网，具体来说，即人的衣、食、住、行，参与政治、文化、经济等各方面的活动，都离不开符号。符号表现活动是人类智力活动的开端。符号科学是人类借助必要的规范帮助自己表达思想时产生的，是研究各种事物的一门学科。正是由于符号能力的产生和运用，才使得文化有可能永存不朽。反过来说，如果没有符号作为媒介，就没有文化，没有文化的传承和创造；从这个意义上说，没有符号活动，就没

① 王智敏：《龙袍》，台湾艺术图书公司，1994，第140页。

② 曾慧：《满族服饰文化变迁研究》，《辽东学院学报》（社会科学版）2010年第1期。

③ 〔德〕恩斯特·卡西尔：《人论》，上海译文出版社，1985，第33页。

有人类的文明，没有人类的进步。怀特指出："符号是全部人类行为和文明的基本单位。"[①]

服饰同语言一样，也是一种符号，法国著名美学家、符号学家罗兰·巴特明确指出，包括服装系统在内的整个文化都是一种语言，即事无巨细，文化结构和语言结构一样，总是由符号组成的。服饰实际上作为一种无声的语言参与了人际关系的协调。服饰的创造和传承是以符号为媒介的。不论是古代人还是现代人，不论是汉族人还是兄弟民族，都被包裹在这个或原始或摩登的外壳里不能脱身，所以说，服饰是记录人类物质文明和精神文明的历史文化符号。每一个民族的服饰，既是一种符号，又是一个自成一体的符号系统。它的生成、积淀、延续、转换，都与人类文化生活的各种形式——神话、宗教、历史、语言、艺术、科学的发展有关。[②] 每一种民族服饰的生成，都是这个民族精神、文化发展的一部史诗。民族服饰既是一种功能符号，又是一种艺术符号。它的意指作用具有两重性：能指与所指。服饰是标志人的社会地位、阶层或阶级的一种符号。汉代贾谊云："是以天下见其服而知其贵贱，望其章而知其势位。"格罗塞在比较了原始社会和文明社会中服饰的变化后指出："在较高的文明阶段里，身体装饰已经没有它那原始的意义。但另外尽了一个范围较广也较重要的职务：那就是区分各种不同的地位和阶级。在原始民族间，没有区分地位和阶级的服装，因为他们根本就没有地位阶级之别的。在狩猎民族间，很难追溯出社会阶级的影迹。"[③] 但是人类社会一旦进入阶级社会，人以群分打上了阶级的烙印，衣着的色彩、质料等也成为区分社会地位高低的一种标志。清代满族服饰在这方面表现得尤为突出。服饰上的图案是官阶的符号。起源于唐朝盛行于明、清时期的补

---

① 〔美〕怀特：《文化科学》，浙江人民出版社，1988，第 21 页。

② 戴平：《中国民族服饰文化研究》，上海人民出版社，2000，第 277 页。

③ 〔德〕格罗塞：《艺术的起源》，商务印书馆，1987，第 81 页。

子就是最好的例证。在服饰中帽子、帽饰也是展示一个人的身世地位、学识和财产的符号。在清代，顶戴花翎是身份、品级的象征。

服饰是人类生活的重要物质资料，由于它的不可缺少的实用价值和日益增长的欣赏价值，使其成为民族文化的重要载体。当代饮誉世界的法国服装设计大师皮尔·卡丹在观看了我国京剧演出之后说："这些服装，表现了一定民族的、历史的、人民的性格特征，体现了中国人民的丰富多彩的深厚文化素养和审美特征。""如果地球上的人都不着衣服，通通赤裸着自己的身体，那么，彼此都是一样，没有什么区别；但是一旦穿上服装，佩上各种金属首饰，我们就能看出不同时代、不同国度、不同民族、不同性格、不同爱好的人群来。"①

符号区分原则决定了色彩、图案、佩饰在东北民族服饰中的重要性。只有不同的色彩和图案才能把等级和本质不同的人直观而清楚地区别开来。要在立体人体的服装上突出图案，一是要求把有立体倾向的服装转为平面，这就要求服装本身要为图案服务，图案在平面上易于显出；二是让图案具有装饰性，具有装饰风格的图案最容易一眼识出，清代后期的服饰因此出现了"十八镶"一说，镶嵌的花边和图案使衣服的本料基本见不到；三是在服装上加些佩饰，如冠饰、朝珠、金约、领约、带、耳饰等。服装上的附加成分越多，越容易区分。因此清代官定服饰的符号区分性体现了中国民族服饰的平面性、图案性、装饰性。

服饰本质和符号区分都是为突出等级中的权力。权力不是来自人的自然形体，而是来自人的文化定义。它需要一种意识形态的神圣原则，这就决定了官定服饰在色彩、图案、佩饰上的象征意义。②

---

① 崔大寿：《陪比尔·卡丹先生看京剧》，《北京晚报》1994 年 11 月 8 日。

② 曾慧：《满族服饰文化变迁研究》，《辽东学院学报》（社会科学版）2010 年第 1 期。

三　多元一体与文化自觉的融合

一个民族的文化发展，是在与其他民族的交往互动中，以先祖文化为基础，广泛吸收优秀的他族文化，并经过精心雕琢细选，融入自己的文化体系，这是一个民族在文化互动中的价值取向。“我们真要懂得中国文化的特点，并能与西方文化做比较，必须回到历史研究里面去，下大功夫，把上一代学者已有的成就继承下来。切实做到把中国文化里边好的东西提炼出来，应用到现实中去。在和西方世界保持接触，进行交流的过程中，把我们文化中好的东西讲清楚使其变成世界性的东西。首先是本土化，然后是全球化。放眼世界，关注世界大潮流的变化。我们一方面要承认中国文化里面有好的东西，进一步用现代科学的方法研究我们的历史，以完成我们‘文化自觉’的使命，努力创造现代的中华文化。另一方面了解和认识这世界上其他人的文化，学会解决处理文化接触的问题，为全人类的明天做出贡献。”①

东北民族服饰的发展过程是多元与一体相结合的过程，多元是指东北民族服饰在其发生、发展的过程中，继承了许多前一代的优秀部分，在交流和融合中形成了具有民族特色的服饰；一个民族要想在世界民族之林占有一席之地，最重要的就是保持自己民族的特点，有自己的自尊和尊严。但同时也要吸取外来文化的长处，并与本民族的文化相结合，这样的文化才能立于不败之地，旗袍的民族性和世界性正说明了这一点。②

四　继承与发展、创新与融合的再生

文化是随着历史的发展而变迁，它的生命力体现在与时代共进的时

① 费孝通：《论人类学与文化自觉》，华夏出版社，2002，第197页。

② 曾慧：《满族服饰文化变迁研究》，《辽东学院学报》（社会科学版）2010年第1期。

尚风格和创新意识上。满族服饰在近现代社会的变化正说明，凡是先进的文化都会被社会吸纳并融入时尚的社会文化。

文化的继承性有其鲜明的历史特点，即历史给它留下的文化痕迹，在后来发展的文化中会有体现。在我国长期封建统治下，民俗的历史面貌呈现出一种相对稳定的保守状态，这是就整个封建时代的面貌而言；但是也应当看到，即使是整个封建社会，由于改朝换代、民族交往、生产发展等政治、经济因素的影响，各个阶段也会显示出不同的历史特点；满族服饰继承了先世女真族的服饰，继承了明代及其前代汉族的某些服饰特征，它的继承性是文化发展中的一个重要特点。

民俗发展过程中显示出的规律性的特征具有普遍性，它是世代相传的一种文化现象，在发展过程中有相对稳定性。好的习俗以其合理性赢得广泛的承认，代代相传，不断地继承下来；恶习陋俗也往往以其因袭保守的习惯势力传之后世，这种传袭与继承的活动特点正是民俗的传承性标志。服饰本身所具有的传承特征十分鲜明，即使服饰有了某些改变，往往也可以找到这种传承特点所显示的继承与发展的脉络。

服饰文化是一定社会、一定时代的产物，每一代人都生长在一个特定的文化环境中，他们自然地从上一代那里继承了传统文化，又一定会根据自己的经验和需要对传统文化加以改造，在传统文化中注入新的内容，抛弃那些不适时的部分。服饰文化既是一份遗产，又是一个连续不断的积累、扬弃过程。在面对人类文化遗产的时候，人们首先想到的就是“保护”，尤其是工艺美术方面。但是，保护并不能改变资源的有限性，因此，问题的根本不在于单纯的“保护”，而在于在保护的过程中“创新”。时尚是时代的风向标，引领着时代的潮流和消费。时尚是服饰发展的趋势之一。创新是服饰发展立于不败之地的精髓。东北民族服饰之所以能够保存下来，说明它有自己的优越之处。要使民族服饰既不落伍又能长久保持，就必须对服饰有所改革，有所创新，赋予它蓬勃的生命力。传统的图案和工艺运用在现代服饰上，是服饰再生性的体现。在传统的服装上稍加修改，便使民族服装既保持了民族风格，又感觉到简洁、明快、美观，给人一种清新秀丽的感觉。从而顺应了民族服饰的发展趋势。

纵观东北民族服饰文化的变迁历程我们可以看到，文化既是某个民族的，同时也是世界的。文化有自己的历史，有历史的继承性，有自身的发展规律，并体现在民族精神上。同时，文化本身是变的，不可能永远复制上一代的老传统。文化是流动和扩大的，有变化和创新的特点。在人类进入21世纪时，世界碰到了更广泛的文化融合问题，不同的文化碰到了一起。不同的文化如何保留自己的特点同时开拓与其他文化相处之道，应引起更大范围的关注。费孝通先生提出的“美美与共”“和而不同”应是解决这一问题的基本原则。

新事物在最初出现的时候总是比较弱小的，但由于新事物符合历史发展的客观规律、代表了社会前进的方向，克服了事物中一切消极的、腐朽的东西，批判继承了旧事物中一切积极的、合理的因素，所以，它在内容上总是比旧事物丰富，在形式上比旧事物高级，具有旧事物不可比拟的优越性。尽管新事物的成长要经历由小到大、由弱到强的曲折发展过程，但新事物取代旧事物是历史的必然。满族服饰从古至今的发展正是如此。东北民族服饰是一个整体，具有整体性和系统性，每一部分之间存在着相互关联、相互制约与促进的有机联系，它们相互影响，并随着时代的发展而不断变化。马林诺夫斯基主张“应通过有机地、整体地把握文化诸要素的功能，把文化作为一个合成体来理解”。[①]“每一个活生生的文化都是有效力功能的，而且整合成一个整体，就像是个生物有机体。若把整个关系除去，则将无法了解文化的任何一个部分。对于在整个文化中任何一项文化特质所具备的功能的了解，不在于重建它的

① 黄淑娉、龚佩华：《文化人类学理论方法研究》，广东高等教育出版社，2004，第107页。

起源和传播情形，而在于它的影响和其他特质对它的影响。”[1] 70多岁的张冬阁[2]先生说：“什么事物完全死守保持原汁原味，她就不能发展，那就发展不了。在发展的过程中，在不停地改变，但是总的根不变就行了。满族服饰也是，就像旗袍要是不加腰，还是大袍似的，跟一个大布口袋似的，谁穿？但是你一看到现在的旗袍，就知道是满族的东西。”

服饰是人类智慧的创造，也是人类独有的特殊技巧。服饰有其自身的古老传承，既有历史的继承性和融合性，又有不同时代的革新与创造。文化的继承性是体现垂直式的文化联系，是后人对前人所创造的文化成果的吸收和继承。在人类的文化活动中，祖辈改造环境的文化创造并非与日俱逝，而是以符号或物化的形式作为后辈活动的条件而遗传下来；后辈总是通过自己的活动来掌握前辈所创造的文化成果，并在新的历史条件下从事新的文化创造。满族服饰流传下来的旗袍、马褂和坎肩，就是后人在前人的基础上进行发展和创新的。“它是一种积淀，是文化诸因素的分化，是文化发展中选择机制和变异的表现，通过层层沉淀而不断积累，沉淀的不同层次是积累关系，前一个层次成为后一个层次的发展基础，后一个层次是前一个层次的发展结果。沉淀和积累是一个间断性与连续性相统一的过程，它表明文化发展的过去、现在和未来是绵延不断的，传统和现代是脉息相通的。”[3]

普列汉诺夫曾经说过：“任何一个民族的艺术都是由它的心理所决定的，它的心理是由它的境况所造成的，而它的境况归根结底是受它的生产力状况和生产关系制约的。”[4] 服饰作为一种艺术，归根结底是由生产力和生产关系决定的。满族服饰生长在一个特殊的时期，在社会转型时

① 黄淑娉、龚佩华：《文化人类学理论方法研究》，广东高等教育出版社，2004，第121页。

② 中国非物质文化遗产226个传承人之一——丰宁剪纸的传承人。

③ 邵汉明：《中国文化研究二十年》，人民出版社，2003，第433页。

④〔俄〕普列汉诺夫：《普列汉诺夫哲学著作选集》，曹保华译，生活·读书·新知三联书店，1984，第57页。

期，内部的生产力和生产关系的变化加上外部的社会结构和环境的影响，是满族服饰发生变化的决定性因素。任何一个民族要想让自己在世界民族之林占有一席之地，就必须要思考：如何重新认识我们的传统，认识我们的历史文化，以确立我们民族的主体意识；如何更新我们的文化，从传统向现代转化，将自己民族的文化融入世界的文化体系中，并在这里找到自己文化的位置与坐标。也就是费孝通先生所说的文化自觉："文化自觉是指生活在一定文化中的人对其文化有'自知之明'，明白它的来历，形成过程，所具的特色和它发展的趋向……。自知之明是为了加强对文化转型的自主能力，取得决定适应新环境、新时代的文化选择的自主地位。""文化自觉是一个艰巨的过程，首先要认识自己的文化，理解所接触的多种文化，才有条件在这个已经形成中的多元文化的世界里确立自己的位置，经过自主的适应，和其他文化一起，取长补短，共同建立一个有共同认可的基本秩序和一套各种文化能和平共处，各抒所长，联手发展的共处守则。"[①] 东北民族服饰就是这样在继承中创新，在发展中再生的一种文化事项，她越来越融入中华民族这个大家庭中，它们的服饰已经不再是从前的服饰，它发生了转变，发生了变化，它的影子出现在现代社会中，出现在人们的生活中，几乎每个阶段都有它的踪迹。[②]

① 费孝通：《论人类学与文化自觉》，华夏出版社，2004，第188页。

② 曾慧：《满族服饰文化变迁研究》，《辽东学院学报》（社会科学版）2010年第1期。

主要参考文献

（北齐）魏收：《魏书》，中华书局，1974。

（汉）司马迁：《史记》，中华书局，1959。

（后晋）刘昫：《旧唐书》，中华书局，1975。

（晋）陈寿撰：《三国志》（宋）裴松之注，中华书局，1959。

（唐）房玄龄：《晋书》，中华书局，1974。

（唐）魏徵：《隋书》，中华书局，1973。

（宋）陈准：《北风扬沙录》，商务印书馆，1930。

（南朝宋）范晔：《后汉书》（唐）李贤等注，中华书局，1974。

（宋）欧阳修、宋祁：《新唐书》，中华书局，1986。

（宋）鄱阳、洪皓：《松漠纪闻》续卷。

（宋）徐梦莘：《三朝北盟会编》，明抄本。

（宋）宇文懋昭：《大金国志》，明抄本胶片版。

（宋）李心传：《建炎以来系年要录》，商务印书馆，1936。

（元）脱脱：《金史》，中华书局，1975。

（元）脱脱：《辽史》，中华书局，1974。

（清）阿桂、于敏中等纂修《钦定满洲源流考》（二十卷），清乾隆四十三年内府刻本。

（清）阿桂等纂辑《八旬万寿盛典》，学苑出版社，2004。

(清)托津:《钦定大清会典图》(嘉庆朝),影印本,文海出版社,1991。
(清)王原祁等绘:《万寿盛典图》,学苑出版社,2001。
(清)赵尔巽:《清史稿》,中华书局,1976。
〔美〕C. 恩伯、M. 恩伯:《文化的变异——现代文化人类学通论》,杜杉杉译,辽宁人民出版社,1988。
〔美〕安妮·霍兰德:《性别与服饰》,魏如明译,东方出版社,2000。
〔美〕怀特:《文化科学》,曹锦清等译,浙江人民出版社,1988。
〔德〕恩斯特·卡西尔:《人论》,上海译文出版社,1985。
〔日〕鸟居龙藏:《金上京及其文化》,《燕京学报》1948 年第 35 期。
包铭新、赵丰编著《中国织绣鉴赏与收藏》,上海书店出版社,1997。
包铭新:《近代中国女装实录》,东华大学出版社,2004。
包铭新主编《中国染织服饰史文献导读》,东华大学出版社,2006。
包泉万:《中国民间荷包》,百花文艺出版社,2005。
曾慧:《满族服饰文化研究》,辽宁民族出版社,2010。
曾慧:《满族服饰文化变迁研究》,中央民族大学博士学位论文,2008。
陈高华、徐吉军主编《中国服饰通史》,宁波出版社,2002。
崔大寿:《陪比尔·卡丹先生看京剧》,《北京晚报》1994 年 11 月 8 日。
戴平:《中国民族服饰文化研究》,上海人民出版社,2000。
定宜庄:《满族的妇女生活与婚姻制度研究》,北京大学出版社,1999。
《吉林西团山石棺发掘报告》,《考古学报》1964 年第 1 期。
段梅:《东方霓裳——解读中国少数民族服饰》,民族出版社,2004。
费孝通:《论人类学与文化自觉》,华夏出版社,2004。
费孝通主编《中华民族多元一体格局》,中央民族大学出版社,1999。
冯林英:《清代宫廷服饰》,朝华出版社,2000。
高春明:《中国服饰名物考》,上海文化出版社,2001。
〔德〕格罗塞:《艺术的起源》,商务印书馆,1987。

故宫博物院：《故宫珍本丛刊》第309册，钦定内务府则例二种第四册，海南出版社，2000。
《清代服饰展览图录》，台北故宫博物院，1986。
胡铭、秦青主编《民国社会风情图录——服饰卷》，江苏古籍出版社，2000。
常沙娜主编《中国织绣服饰全集》，天津人民出版社，2005。
黄淑娉、龚佩华：《文化人类学理论方法研究》，广东高等教育出版社，2004。
金易、沈义羚：《宫女谈往录》，紫禁城出版社，2010。
金毓黻：《东北通史》，五十年代出版社，1981，翻印。
李燕光、关捷主编《满族通史》，辽宁民族出版社，2003。
〔韩〕林基中：《燕行录全集第八册》，韩国东国大学出版社，2001。
刘小萌、定宜庄：《萨满教与东北民族》，吉林教育出版社，1990。
刘永华：《中国古代军戎服饰》，上海古籍出版社，2003。
《满族简史》，中华书局，1979。
〔俄〕普列汉诺夫：《普列汉诺夫哲学著作选集》，曹保华译，生活·读书·新知三联书店，1984。
《清会典事例》（光绪朝），影印，中华书局，1993。
《清实录二·太宗文皇帝实录》，影印本，中华书局，1985。
《清实录三·世祖章皇帝实录》，影印本，中华书局，1985。
《清实录·世祖实录》，中华书局，1985。
《清实录·满洲实录》，影印，中华书局，1986。
任继愈：《民族文化的形成和特点》，《中国文化》研究集刊第一集（创刊号），复旦大学出版社，1984。
崔元和总编辑《平阳金墓砖雕》，山西人民出版社，1996。
上海市戏曲学校中国服装史研究组编著《中国历代服饰》，学林出版社，1984。

邵汉明:《中国文化研究二十年》,人民出版社,2003。

沈嘉蔚:《莫理循眼里的近代中国》,福建教育出版,2005。

铁玉钦:《清实录教育科学文化史料辑要》,辽沈书社,1991。

《图说清代女子服饰》,中国轻工业出版社,2007。

王肯、隋书金:《东北文化史》,春风文艺出版社,1992。

王受之:《世界时装史》,中国青年出版社,2002。

王宇清:《旗袍里的思想史》,中国青年出版社,2003。

王云英:《清代满族服饰》,辽宁民族出版社,1985。

王智敏:《龙袍》,台湾艺术图书公司,1994。

王锺翰:《中国民族史》,中国社会科学出版社,1994。

(清)徐珂:《清稗类钞》第13册,中华书局,1986。

俞兵主编《清末兵阵衣制图录》,学苑出版社,2005。

袁仄、蒋玉秋编著《民间服饰》,河北少年儿童出版社,2007。

张佳生:《中国满族通论》,辽宁民族出版社,2005。

张琼主编《清代宫廷服饰》,上海科学技术出版社,商务印书馆(香港)有限公司,2006。

政协妇女满族自治县文史资料研究委员会、丰宁满族自治县民族文史研究会:《丰宁满族史料》,1986。

中国第一历史档案馆、中国社会科学院历史研究所译注《满文老档》,中华书局,1990。

中国第一历史档案馆:《清代档案史料丛编第五辑》咸丰四年穿戴档,中华书局,1990。

王永强等主编《中国少数民族文化史图典》东北卷,广西教育出版社,1999。

周锡保:《中国古代服饰史》,中国戏剧出版社,1984。

朱诚如主编《清史图典》,紫禁城出版社,2002。

(清)傅恒等:《皇清职贡图》卷三,辽沈书社,1991。

《皇室旧影》，紫禁城出版社，1998。

宗凤英：《清代宫廷服饰》，紫禁城出版社，2002。

杨圣敏主编《中国民族志》，中央民族大学出版社，2003。

钟茂兰、范朴：《中国少数民族服饰》，中国纺织出版社，2006。

刘兆和：《蒙古民族文物图典——蒙古民族服饰文化》，文物出版社，2008。

《蒙古族通史》，民族出版社，2001。

白晓清：《黑龙江蒙古族》，哈尔滨出版社，2002。

王瑜：《中国古代北方民族与蒙古族服饰》，北京图书馆出版社，2007。

项福生：《蒙古族》，辽宁民族出版社，2009。

白歌乐、王路、吴金：《蒙古族》，民族出版社，1991。

凌纯声：《松花江下游的赫哲族》上、下册，民族出版社，2012。

《赫哲族简史》，民族出版社，2009。

季敏：《赫哲鄂伦春达斡尔族服饰艺术研究》，黑龙江美术出版社，2007。

黄任远、黄永刚：《赫哲族萨满文化遗存调查》，民族出版社，2009。

政协佳木斯市委委员会文史资料委员会：《三江赫哲》（佳木斯文史资料第十三辑）（内部发行），1991。

张嘉宾：《黑龙江赫哲族》，哈尔滨出版社，2002。

张敏杰、王益章：《渔家绝技——赫哲族鱼皮制作技艺》，黑龙江人民出版社，2008。

郝庆云、纪悦生：《赫哲族社会文化变迁研究》，学习出版社，2016。

刘忠波：《赫哲族》，民族出版社，1996。

王世卿、王积信、吕品：《赫哲鱼文化》，黑龙江教育出版社，2011。

张琳：《赫哲族鱼皮艺术》，哈尔滨工业大学出版社，2013。

王英海、孙熠、吕品：《赫哲族传统图案集锦》，黑龙江教育出版社，2011。

《民族问题五种丛书》黑龙江省编辑组《赫哲族社会历史调查》，黑龙江朝鲜民族出版社，1987。
中国民族博物馆、黑龙江省民族博物馆、鄂温克博物馆《中国鄂温克族鄂伦春族赫哲族文物集萃》，民族出版社，2014。
韩有峰：《黑龙江鄂伦春族》，哈尔滨出版社，2002。
鄂·苏日台：《鄂伦春狩猎民俗与艺术》，内蒙古文化出版社，2000。
郭建斌、韩有峰：《鄂伦春族——黑龙江黑河市新生村调查》，云南大学出版社，2004。
内蒙古自治区编辑组《中国少数民族社会历史调查资料丛刊》修订编辑委员会：《鄂伦春族社会历史调查》（一、二），民族出版社，2009。
吴雅芝：《最后的传说——鄂伦春族文化研究》，中央民族大学出版社，2006。
王为华：《鄂伦春族》，辽宁民族出版社，2014。
季敏：《赫哲鄂伦春达斡尔族服饰艺术研究》，黑龙江美术出版社，2006。
关小云、王宏刚：《鄂伦春族萨满文化遗存调查》，民族出版社，2010。
中国民族博物馆、黑龙江省民族博物馆、鄂温克博物馆《中国鄂温克族鄂伦春族赫哲族文物集萃》，民族出版社，2014。
何青花、宏雷：《鄂伦春族》，民族出版社，2010。
关小云、王再祥：《中国鄂伦春族》，黄河出版传媒集团、宁夏人民出版社，2012。
《鄂伦春族简史》，民族出版社，2008。
辽宁省工艺美术工艺公司、辽宁省轻工业研究所、吉林省工艺美术公司、黑龙江省工艺美术工艺公司《兄弟民族形象服饰资料》（蒙古族、朝鲜族、鄂伦春族、达斡尔族）（内部资料），1976。
白兰：《鄂伦春族》，民族出版社，1991。
洪英华：《黑龙江鄂伦春族》，哈尔滨出版社，2002。
林盛中：《鄂伦春族》，中国人口出版社，2012。

中国社会科学院考古研究所、中国社会科学院蒙古族源研究中心、内蒙古自治区文物局、内蒙古蒙古族源博物馆、北京大学考古文博学院、呼伦贝尔民族博物馆《呼伦贝尔民族文物考古大系——鄂伦春自治旗卷》，文物出版社，2014。

黄任远、那晓波：《鄂温克族》，辽宁民族出版社，2012。

中国民族博物馆、黑龙江省民族博物馆、鄂温克博物馆《中国鄂温克族鄂伦春族赫哲族文物集萃》，民族出版社，2014。

汪立珍：《鄂温克族宗教信仰与文化》，中央民族大学出版社，2002。

孔繁志：《敖鲁古雅鄂温克人的文化变迁》，天津古籍出版社，2002。

《鄂温克族简史》，内蒙古人民出版社，1983。

阿本千：《鄂温克历史文化发展史》，中国社会科学出版社，2015。

《鄂温克族简史》，民族出版社，2009。

国家民委事务委员会全国少数民族古籍整理研究室《中国少数民族古籍总目提要鄂温克族卷》，中国大百科全书出版社，2012。

滕绍箴、苏都尔·董瑛：《达斡尔族文化研究》，辽宁民族出版社，2014。

毅松：《达斡尔族》，辽宁民族出版社，2014。

刘金明：《黑龙江达斡尔族》，哈尔滨出版社，2002。

内蒙古自治区编辑组《中国少数民族社会历史调查资料丛刊》修订编辑委员会：《达斡尔族社会历史调查》，民族出版社，2009。

萨敏娜、吴凤玲：《达斡尔族斡米南文化的观察与思考》，民族出版社，2011。

季敏：《赫哲鄂伦春达斡尔族服饰艺术研究》，黑龙江美术出版社，2006。

丁石庆、赛音塔娜：《达斡尔族萨满文化遗存调查》，民族出版社，2011。

王瑞华、孙萌：《达斡尔族萨满服饰艺术研究》，黑龙江大学出版社，2012。

吕萍、邱时遇：《达斡尔族萨满文化传承》，辽宁民族出版社，2009。

郭旭光：《达斡尔族文物图录》，内蒙古大学出版社，2008。

韩俊光：《朝鲜族》，民族出版社，1996。

禹钟烈：《辽宁省朝鲜族史话》，辽宁民族出版社，2001。

杨丰陌主编《朝鲜族》，辽宁民族出版社，2009。

〔韩国〕姜栽植：《中国朝鲜族社会研究——对延边地区基层民众的实地调查》，民族出版社，2007。

《延边朝鲜族自治州概况》，延边人民出版社，1984。

许辉勋：《朝鲜族民俗文化及其中国特色》，延边大学出版社，2007。

政协延边朝鲜族自治州委员会、文史资料与学习宣传委员会编、千寿山执笔《中国朝鲜族风俗百年》，辽宁民族出版社，2008。

关伟：《锡伯族》，辽宁民族出版社，2009。

《锡伯族简史》，民族出版社，2008。

贺灵、佟克力：《锡伯族史》，新疆人民出版社，1993。

吴克尧：《黑龙江锡伯族》，哈尔滨出版社，2002。

辽宁省民族研究所：《锡伯族史论考》，辽宁民族出版社，1986。

克力、博雅、奇车山：《锡伯族研究》，新疆人民出版社，1990。

关方：《漫话锡伯族》，辽宁民族出版社，1988。

白友寒：《锡伯族源流史纲》，辽宁民族出版社，1986。

安振泰：《辽宁锡伯族史话》，辽宁民族出版社，2001。

杨丰陌主编《锡伯族》，辽宁民族出版社，2009。

《锡伯族简史》，民族出版社，2008。

沈阳市民委民族志编撰办公室编《沈阳锡伯族志》，辽宁民族出版社，1988。

中国第一历史档案馆：《锡伯族档案史料》上、下册，辽宁民族出版社，1989。

陶白洁、任薇娜：《回族服饰文化》，宁夏人民出版社，2003。

大连市锡伯族协会、大连市政协文史委员会编《锡伯族图录》，民族出版社，1994。

郭平建：《北京回族服饰文化研究》，中央民族大学出版社，2013。

陈冬梅：《回族历史文化典籍与文献检索研究》，中国书籍出版社，2015。

邱树森：《中国回族史》，宁夏人民出版社，1996。

丁克家：《至真至美的回族艺术》，宁夏人民出版社，2008。

马文清、杨耀恩、丁岐江：《辽宁回族史话》，辽宁民族出版社，2001。

杨丰陌主编《回族》，辽宁民族出版社，2009。

傅朗云、杨旸编著《东北民族史略》，吉林人民出版社，1983。

佟冬：《中国东北史》，吉林文史出版社，2006。

张景明：《中国北方草原古代金银器》，文物出版社，2005。

郭旭光、金铭锋、苏日台：《神话·民俗与萨满服饰》，内蒙古文化出版社，2012。

方衍：《黑龙江少数民族简史》，中央民族学院出版社，1993。

李宏复：《萨满造型艺术》，民族出版社，2006。

孟慧英：《中国北方民族萨满教》，社会科学文献出版社，2000。

孙进己：《东北民族源流》，黑龙江人民出版社，1987。

吕大吉、何耀华总主编《中国各民族原始宗教资料集成》，中国社会科学出版社，1999。

后　记

书稿已接近尾声，该写后记了，可是迟迟未能动笔，要写的内容很多，要说的话很多，要感谢的人更多，不知从何说起，遂不知从何写起……

2015年10月，经辽宁省民族宗教问题研究中心何晓芳研究员引荐，我与辽宁省社科院历史所所长廖晓晴先生结识。2016年3月吉林省社科院历史所黄松筠所长在寻找参与撰写《东北文化丛书》中《东北服饰文化》的作者时选中了我，因与我不相识无法联系，后经廖晓晴先生引荐，使我成为撰写这套丛书的其中一员，于是我与《东北服饰文化》这本书结下了缘分。

自2000年从事满族服饰文化研究已近20年，这期间在东北地区进行的田野调查也基本覆盖了这地区的少数民族。虽然研究成果总是以满族服饰为主要内容，但自己内心深处一直有种强烈的愿望要将东北地区的服饰进行文化梳理，使之成为有机整体，让自己的学术研究有更宏观的人文关怀。恰逢此时，这套丛书成为我实现心中理想的平台，尽管书稿的内容还有很多地方不尽如人意……感谢吉林省社科院领导如此信任，给予我参与撰写这套丛书的机会！

撰写此书过程中，手中翻阅着各个民族古老文献、图书资料以及各类图片，让自己仿佛穿越回到了每个民族的生活之中。我仿佛穿着清代的皇家礼服，头戴旗头，脚穿花盆底鞋，婀娜摇曳般行走在故宫大殿中；又仿佛穿着蒙古族服饰，骑马纵横在一望无际的大草原上；我仿佛穿着狍皮制作的服装，游走于鄂伦春、鄂温克人生活的大小兴安岭；又仿佛穿着鱼皮服装，唱着古老优美的乌苏里船歌、吃着赫哲族的杀生鱼，畅游在乌苏里江畔；我仿佛置身于锡伯族的西迁节中，眼含泪水，遥望着一直西行的队伍渐渐远去；又仿佛置身于原始宗教祭祀仪式之中，叩跪在祖先神像前，听着萨满腰铃有节奏的晃动声音，祈祷着祖先给予力量……

昨夜参加了中国丝绸博物馆举办的“3D 时尚之夜”秀，让我看到了科技进步为我们未来生活提供的无限可能性，也为传统文化的继承与创新提供了新的发展空间与路径，古老服饰文化的传承必定会在我们这一代薪火相传，也促使我提笔写下此后记。

本套丛书主编吉林省社科院院长邵汉明先生、副院长刘信君先生以及副主编黄松筠所长在筹划、筹备、定期组织作者召开工作会、后期出版等等方面，让我看到了他们在责任的担当、使命的践行、治学的严谨、组织的精心等方面体现了一代学者的精神风貌，这套丛书能够顺利出版，离不开他们辛苦的付出，谢谢他们为东北文化做出的努力和贡献！谢谢吉林社科院科研处李丽莉处长和社会科学文献出版社在出版过程中自始至终给予全力相助，在此，对他们表示由衷的感谢！

此外，这部著作中所采用的图片主要来源于朱诚如的《清史图典》，张琼的《清代宫廷服饰》，常沙娜的《中国织绣服饰全集》，宗凤英的《清代宫廷服饰》，吕大吉、何耀华的《中国各民族原始宗教资料集成》，黄能馥、陈娟娟的《中国服饰史》，钟茂兰、范朴的《中国少数民族服饰》，刘兆和的《蒙古民族文物图典——蒙古民族服饰文化》，凌纯声的《松花江下游的赫哲族》，中国民族博物馆、黑龙江省民族博物馆、鄂温克博物馆的《中国鄂温克族鄂伦春族赫哲族文物集萃》，中国社会科学院考古研究所等著的《呼伦贝尔民族文物考古大系——鄂伦春自治旗卷》，何青花、宏雷的《鄂伦春族》，国家民委事务委员会全国少数民族古籍整理研究室的《中国少数民族古籍总目提要鄂温克族卷》《中国少数民族古籍总目提要达斡尔族卷》，郭旭光的《达斡尔族文物图录》，吕萍、邱时遇的《达斡尔族萨满文化传承》，季敏的《赫哲鄂伦春达斡尔族服饰艺术研究》，关伟的《锡伯族》，大连市锡伯族协会、大连市政协文史委员会的《锡伯族图录》，禹钟烈的《辽宁省朝鲜族史话》等，在此，对他们表示衷心的感谢！

在撰写本书时，前辈和专家的成果是非常重要的参考内容，特别感谢在本书中所采用的文字资料与图片资料的专著作者，由衷感谢！特别感谢在我做田野调查时给予我帮助的朋友们！特别感谢一直以来在学术道路上引领我成长、成熟起来的导师、前辈、专家以及朋友们！感谢我的家人一如既往地支持着我！写此后记之时也是老父亲离开我百日之际，谨以此书告慰父亲的在天之灵！

今天正值立春，春天是美好季节的开始，“春，大地回暖，万物生长……”

2018 年 2 月 4 日写于
杭州西湖畔玉皇山脚下邂逅时光酒店 206

图书在版编目(CIP)数据

东北服饰文化 / 曾慧著. -- 北京 : 社会科学文献出版社, 2018.9
(东北文化丛书)
ISBN 978-7-5201-3346-3

Ⅰ. ①东… Ⅱ. ①曾… Ⅲ. ①服饰文化-研究-东北地区 Ⅳ. ①TS941.12

中国版本图书馆 CIP 数据核字 (2018) 第 199940 号

东北文化丛书
东北服饰文化

著　　者 / 曾　慧

出 版 人 / 谢寿光
项目统筹 / 宋月华　韩莹莹
责任编辑 / 范　迎

出　　版 / 社会科学文献出版社 · 人文分社 (010) 59367215
地址: 北京市北三环中路甲 29 号院华龙大厦　邮编: 100029
网址: www.ssap.com.cn
发　　行 / 市场营销中心 (010) 59367081　59367018
印　　装 / 三河市东方印刷有限公司

规　　格 / 开　本: 787mm × 1092mm　1/16
印　张: 20.5　字　数: 281 千字
版　　次 / 2018 年 9 月第 1 版　2018 年 9 月第 1 次印刷
书　　号 / ISBN 978-7-5201-3346-3
定　　价 / 198.00 元

本书如有印装质量问题, 请与读者服务中心 (010-59367028) 联系